IUV-ICT 技术实训教学系列丛书

窄带物联网(NB-IoT)原理与技术

陈佳莹　胡　蔚　刘　忠　林　磊　编著

西安电子科技大学出版社

内 容 简 介

本书共 11 章，主要内容包括 NB-IoT 概述、网络架构、NB-IoT 空口协议、物理信号与物理信道、NB-IoT 关键信令流程、NB-IoT 关键技术、无线网络规划、无线室内分布工程设计及概预算、EPC 核心网规划、NB-IoT 关键参数配置、业务开通及网络优化基础等。

本书以 NB-IoT 技术的发展及结构组成为主要内容，并结合"IUV-NB-IoT 全网规划部署与应用教学软件"和"IUV MicroLab 统一教学资源平台(NB-IoT 方向)"进行实训。本书既能加深读者对理论知识的掌握，又能提升读者的工程实践技能，适用于需要通过综合实训软件以及资源平台学习提升通信技术知识的技术人员，也可作为高职高专及本科院校移动通信专业的网络教材或参考书。

图书在版编目(CIP)数据

窄带物联网(NB-IoT)原理与技术 / 陈佳莹等编著. —西安：西安电子科技大学出版社，2020.7(2022.11 重印)
ISBN 978-7-5606-5626-7

Ⅰ. ① 窄… Ⅱ. ① 陈… Ⅲ. ① 互联网络—应用 ② 智能技术—应用 Ⅳ. ① TP393.4 ② TP18

中国版本图书馆 CIP 数据核字(2020)第 047213 号

策　　划　高　樱
责任编辑　雷鸿俊
出版发行　西安电子科技大学出版社(西安市太白南路 2 号)
电　　话　(029)88202421　88201467　　邮　　编　710071
网　　址　www.xduph.com　　电子邮箱　xdupfxb001@163.com
经　　销　新华书店
印刷单位　陕西博文印务有限责任公司
版　　次　2020 年 7 月第 1 版　2022 年 11 月第 2 次印刷
开　　本　787 毫米×1092 毫米　1/16　印张 16
字　　数　376 千字
印　　数　3001～5000 册
定　　价　39.00 元
ISBN　978-7-5606-5626-7 / TP
XDUP 59280001-2

前　言

随着“中国制造 2025”方针的稳步推进，万物互联的一站式信息化生活方式已逐步进入千家万户，通信领域的连接交互正从人与人扩展到人与物、物与物，成功打破传统沟通壁垒。在未来网络加速演进的浪潮之下，NB-IoT 以其独一无二的技术特性，已成为移动通信领域的主角，携手助力物联网技术发展。截至 2018 年年底，移动、电信、联通三大运营商已在全国重点城市完成超百万 NB-IoT 基站商用。预计到 2025 年，NB-IoT 基站规模将达到 300 万，规模化建设与商用将为我国物联网应用产业的发展奠定坚实的基础。

物联网技术的飞速发展，将带来更多的就业岗位。为满足日益增长的岗位技能需求，促进 NB-IoT 网络技术的推广，IUV-ICT 教学研究所针对 NB-IoT 网络的初学者、高职高专及本科院校的学生，结合“IUV-NB-IoT 全网规划部署与应用软件”和“IUV MicroLab 统一教学资源平台(NB-IoT 方向)”编写了 IUV-ICT 技术实训教学系列丛书，其中包括一本理论教材和一本实训手册。本书即为理论教材，旨在以通俗易懂的方式讲解理论，帮助读者理解并掌握 NB-IoT 基础原理与关键技术，从而提升网络规划建设和日常维护优化技能。实训手册为《窄带物联网(NB-IoT)技术实战指导》，理论教材和实训手册可配套使用。

本书在编写过程中，在充分介绍 NB-IoT 网络无线网、核心网的基础上，引入现网工程规划原理与工程配置参数规范，涵盖基础原理、关键技术、网络规划、网络优化等重点知识。第 1 章主要介绍窄带物联网的基础概念，主要内容包括窄带物联网 NB-IoT 技术产生的背景及特点，结合 3GPP 规范介绍窄带物联网 NB-IoT 技术演进过程，并介绍窄带物联网 NB-IoT 技术的应用实例；第 2 章主要讲解窄带物联网 NB-IoT 的基础原理，主要内容包括 NB-IoT 网络架构、网元功能以及主要业务接口，结合 NB-IoT 数据传输方案介绍常见基础概念；第 3 章主要介绍窄带物联网 NB-IoT 的空口协议原理，主要内容包括窄带物联网 NB-IoT 空口协议架构及各协议层功能，通过对比 LTE 空口协议层功能，让读者了解窄带物联网 NB-IoT 空口协议层架构，为信令流程及参数规划储备相关知识；第 4 章主要介绍窄带物联网 NB-IoT 的空口物理信道原理，主要内容包括窄带物联网 NB-IoT 空口上下行物理信号及上下行物理信道，让读者了解窄带物联网 NB-IoT 空口物理信道，为无线规划及参数配置做好知识铺垫；第 5 章主要介绍窄带物联网 NB-IoT 的关键信令流程，主要内容包括窄带物联网 NB-IoT 空口无线 RRC 信令流程、附着流程、去附着流程、TA 更新流程、业务请求流程、数据传输方案流程，让读者了解窄带物联网 NB-IoT 相关流程，为参数配置以及利用信令判断网络故障做好知识铺垫；第 6 章主要介绍窄带物联网 NB-IoT 的空口关键技术，主要内容为窄带物联网 NB-IoT 空口相关技术，例如系统消息调度、小区选择与重选、随机接入、寻呼、功率控制及 HARQ 相关技术原理；第 7 章基于“IUV-NB-IoT 全网规划部署与应用软件”，通过一个完整的无线网络站点规划实例来介绍无线网络规划相关原理，包括无线覆盖规划和无线容量规划，覆盖规划包括覆盖基础特性分析、NB-IoT 覆盖增强技术以及链路预算内容，容量规划包括用户密度估算、业务模型选择以及信道容量和站点规模估算内容，让读者能通过仿真软件的操作实践，深入了解无线网络规划的细节；第 8 章基于资源平台“IUV MicroLab 统一教学资源平台(NB-IoT 方向)”的实验演示，如室分系统部署实验、室分系统天馈设计实验、室分系统设计原理图制作实验、室分系统设计投资估算实验以及室分系统设计综合实验等，让读者能通过仿真软件的操作实践，了解无线室内分布工程设计及概预算；第 9 章基于“IUV-NB-IoT 全网规划部署与应用软件”，通过站点网络拓扑规划、系统容量规划、IP 地址规划、物理设备布放及连线，以及核心网的主要网元 MME、SGW、PGW 及 HSS 的相关配置等内容进行讲解，让读者能通过仿真软件的操作实践，深入了解 EPC 网络的部署细节；第 10 章基于“IUV-NB-IoT 全网规划部署与应用软件”介绍 NB-IoT 无线基站和核心网 EPC 的关键参数配置；第 11 章基于“IUV-NB-IoT 全网规划部署与应用软件”介绍 NB-IoT 业务开通及网络优化基础，让读者深入了解业务开通及网络优化工作的细节。

由于编者水平有限，书中难免存在一些欠妥之处，恳切希望广大读者批评指正。

编　者

2019 年 12 月

目　　录

第 1 章　NB-IoT 概述

知识点

本章主要介绍窄带物联网 NB-IoT 的基础概念，主要内容包括窄带物联网 NB-IoT 技术产生的背景及特点，结合 3GPP 规范介绍窄带物联网 NB-IoT 技术演进路线，并介绍窄带物联网 NB-IoT 技术的应用实例。通过基础概念的学习，为读者了解窄带物联网 NB-IoT 技术打下坚实基础，同时为后面的工程实践学习做好铺垫。本章主要介绍以下内容：

(1) NB-IoT 技术需求背景；

(2) NB-IoT 技术特点；

(3) NB-IoT 技术演进及应用实例。

1.1　NB-IoT 技术需求背景

本节主要从技术需求背景、物联网简介以及物联网技术对比三个方面进行介绍。

1.1.1　技术需求背景

窄带物联网(Narrow Band Internet of Things，NB-IoT)是基于全新空口设计的物联网技术，是 3GPP 标准组织针对低功耗、广覆盖类业务而定义的新一代蜂窝物联网接入技术。

移动通信技术经历了从模拟信号调制到数字信号调制、从电路交换传输到分组交换传输、从纯语音业务到数据业务、从低速数据业务到高速数据业务的快速发展，不但实现了人们对于移动通信的梦想，即“任何人，在任何时间和任何地点，同任何人通话”，而且还实现了在高速移动过程中发起视频通话、互联网冲浪、实时上传下载文件、照片、视频等功能。未来将在人与人、人与物之间互联通信的基础上，走进物与物的物联网通信时代。

1991 年的“特洛伊咖啡壶服务器”打开了人们对人与物连接的市场需求。剑桥大学特洛伊计算机实验室的科学家发明特洛伊咖啡壶服务器，在咖啡壶旁边安装一个便携式摄像头，利用终端计算机的图像捕捉技术，把煮咖啡过程的图像实时传递到实验室计算机上，以方便工作人员随时查看咖啡是否煮好，这项技术一经推出立刻引起轰动。“特洛伊咖啡壶服务器”在互联网概念的基础上，将其用户端延伸和扩展到任何物品与物品之间，进行信息交换和通信，改善人们的生活方式。同时，人们发现万物互联的连接数成倍增长，将给网络负荷带来更大的冲击，且物联网的小数据传输和广覆盖的需求，也对网络的部署和运营带来挑战。为满足万物互联的需求，物联网技术的研发和标准化逐渐提上议程。

物联网需求可根据速率、时延及可靠性要求，分为三大类。

(1) 业务类型一：低时延、高可靠业务。该类业务对吞吐率、时延或可靠性要求较高，其典型应用包含车联网、远程医疗等。

(2) 业务类型二：对速率、时延及可靠性要求低于类型一，部分应用有移动性及语音要求，典型应用包含智能安防、可穿戴设备等。

(3) 业务类型三：低功耗广域覆盖业务。这类业务特征包括低功耗、低成本、低吞吐率、广覆盖及大容量，其典型应用包含智能抄表、环境监控、物流等。

1.1.2　物联网简介

本小节将从物联网定义、物联网组成、物联网相关产业及结构几个方面进行介绍，并通过一个实例，让读者了解物联网。

物联网(Internet of Things，IoT)是一个基于互联网、传统电信网等信息承载体，让所有能够被独立寻址的普通物理对象实现互联互通的网络，主要是把所有物品通过信息传感设备与互联网连接起来，进行信息交换，即物物相息，以实现智能化识别和管理。

物联网网络架构由感知层、网络层和应用层组成。

(1) 感知层实现对物理世界的智能感知识别、信息采集处理和自动控制，并通过通信模块将物理实体连接到网络层和应用层。

(2) 网络层主要实现信息的传递、路由和控制，包括延伸网、接入网和核心网，网络层可依托公众电信网和互联网，也可以依托行业专用通信资源。

(3) 应用层包括应用基础设施/中间件和各种物联网应用。应用基础设施/中间件为物联网应用提供信息处理、计算等通用基础服务设施、能力及资源调用接口，以此为基础实现物联网在众多领域的各种应用。

物联网的组成结构如图 1-1 所示。

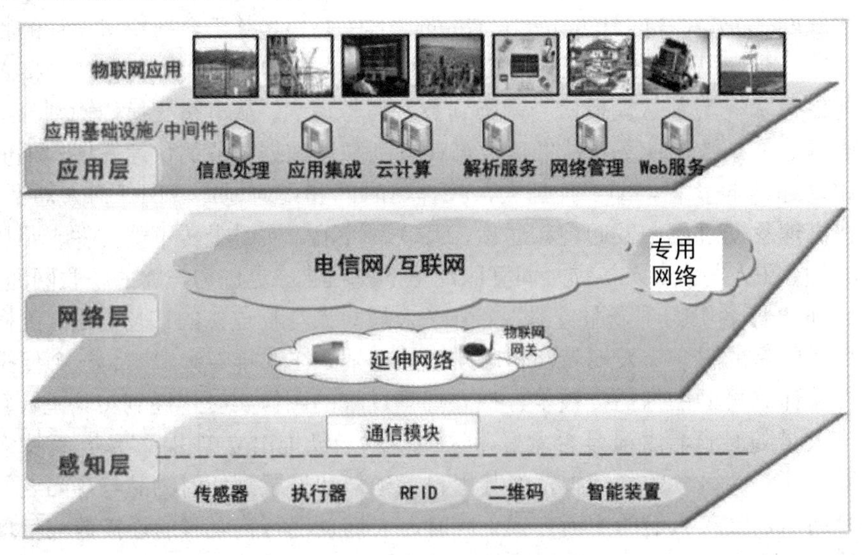

图 1-1　物联网组成结构图

物联网产业是实现物联网功能所必需的基础条件，从结构上主要包括服务业和制造业两大范畴。

物联网服务业主要包括物联网应用基础设施服务业、物联网软件开发与应用集成服务业、物联网应用服务业和物联网网络服务业四大类。

(1) 物联网应用基础设施服务业主要包括云计算服务、存储服务等。

(2) 物联网软件开发与集成服务业又可细分为基础软件服务、中间件服务、应用软件服务、智能信息处理服务以及系统集成服务。

(3) 物联网应用服务业可分成行业服务、公共服务和支撑性服务。

(4) 物联网网络服务业分为 M2M 信息通信服务、行业专网信息通信服务等。

物联网相关应用产业如图 1-2 所示。

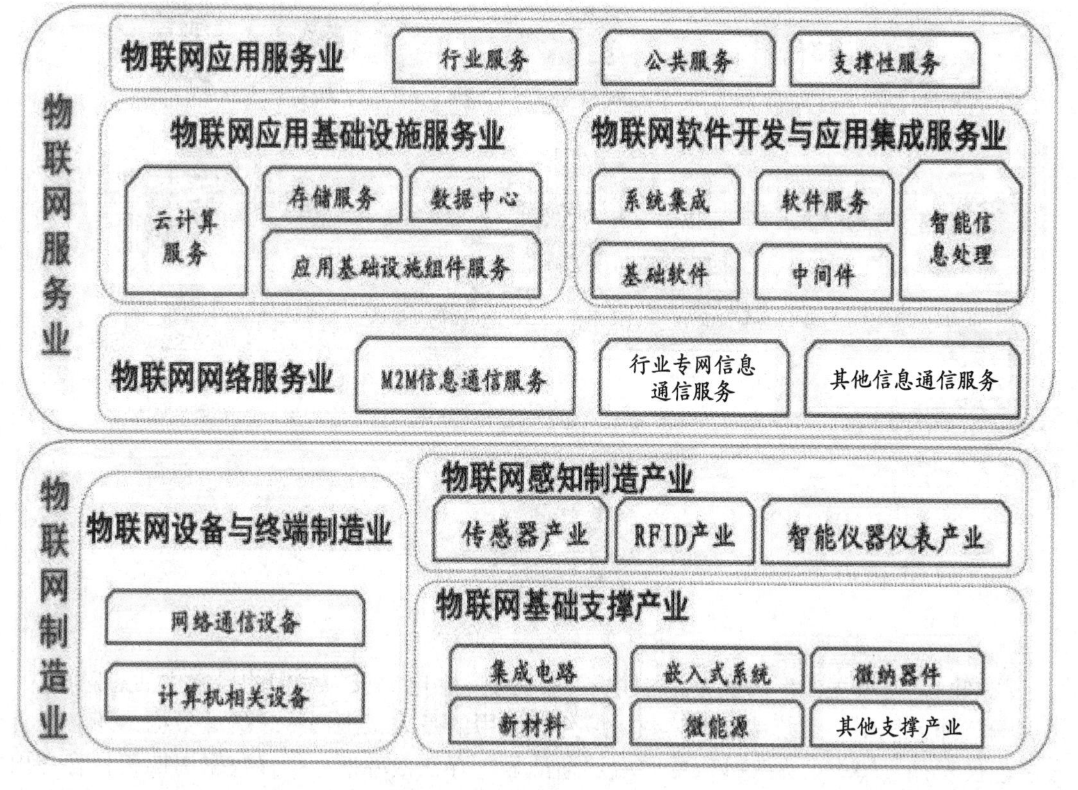

图 1-2　物联网相关应用产业

物联网制造业以感知端设备制造业为主，感知端设备的高智能化与嵌入式系统相关，设备的高精密化离不开集成电路、嵌入式系统、微纳器件、新材料、微能源等基础产业支撑。部分计算机设备、网络通信设备也是物联网制造业的组成部分。

物联网产业绝大部分属于信息产业，但也涉及其他产业，如智能电表等。

物联网产业的发展不是对已有信息产业的重新统计划分，而是通过应用带动形成新市场、新形态。物联网产业的应用可分为以下三种情形。

(1) 物联网应用对已有产业的提升，主要体现在产品的升级换代方面。如传感器、RFID、仪器仪表发展已数十年，由于物联网应用向智能化网络升级，从而实现产品功能、应用范围和市场规模的巨大扩展，传感器产业与 RFID 产业成为物联网感知终端制造业的核心。

(2) 物联网应用对已有产业的市场横向拓展，主要体现在领域延伸和量的扩展方面。例如，服务器、软件、嵌入式系统、云计算等由于物联网应用扩展了新的市场需求，形成了新的增长点。

(3) 物联网应用创造和衍生出独特的市场和服务，如传感器网络设备、M2M 通信设备以及服务、物联网应用服务等均是物联网发展后才形成的新型业态，为物联网所独有。

物联网产业结构如图 1-3 所示。

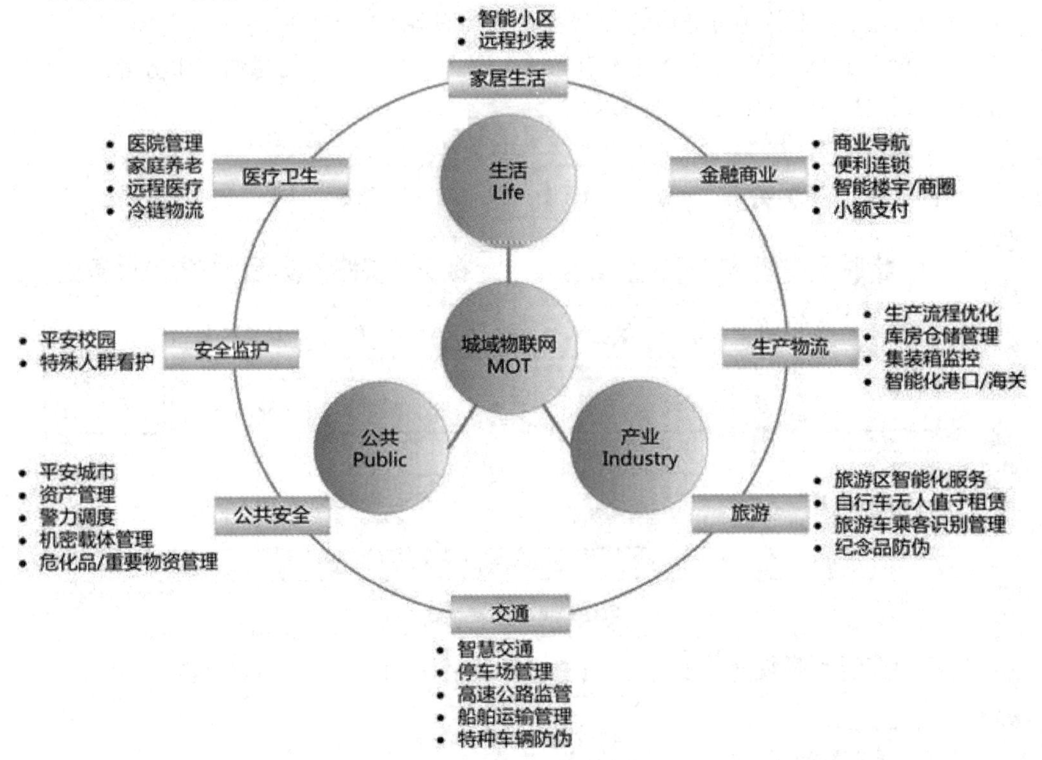

图 1-3　物联网产业结构

物联网产业覆盖面广，现以远程抄表业务为例。水电气表与我们的日常生活息息相关，每家每户都会使用，要统计抄表读数，最开始采用的是人工上门抄表统计数据。随着社会发展，仪表存量增大，人工抄表的弊端逐渐凸显，存在效率低、统计数据周期长且容易出错、维护管理困难等问题。

随着网络的建设，依靠 GPRS 模组的智能抄表业务应运而生，比人工抄表技术先进、效率更高、更安全，解决了人工抄表的一系列问题，但采用 GPRS 模组的远程抄表也存在如下弊端：

(1) GSM 通信基站容量少；

(2) 模块功耗高，待机时间短；

(3) 部分场景(如地下室、楼道密集处)的信号覆盖差，容易导致仪表“失联”。

采用 NB-IoT 模组的远程抄表，在继承 GPRS 模组功能的同时，还具有以下特点：

(1) 容量提升，相同基站容纳的通信用户数量有数十倍的提升；

(2) 模块功耗低，待机时间长；

(3) 信号覆盖更好，可覆盖到室内与地下室；

(4) 通信模组成本低。

1.1.3　物联网技术对比

本小节主要从物联网技术的推进组织、常见物联网技术的分类以及物联网技术的对比几个方面进行介绍。

物联网技术主要由 3GPP、IEEE 802 委员会、Ingenu、Sigfox、LoRa Alliance 等组织进行研究和标准化推进。

(1) 3GPP 是欧美中日韩标准化组织合作进行的 3G 标准化项目，创建于 1998 年 12 月，现已延伸到 5G。其主要研究授权频谱的物联网技术，如 NB-IoT、EC-GSM(Extended Coverage GSM)、LTE Cat.0、LTE Cat.m1、LTE Cat.1。

(2) IEEE 802 委员会成立于 1980 年 2 月，它的任务是制定局域网和城域网标准。其主要研究 IEEE 802 系列标准，这一系列标准中的每一个子标准都由委员会中的一个专门工作组负责，例如：

① IEEE 802.15 工作组负责的 IEEE 802.15.4 协议，是 ZigBee 技术规范的基础。

② 曾隶属 IEEE 802.15.1 工作组的蓝牙(Bluetooth)技术。

③ 基于 IEEE 802.11 系列的 WLAN 标准等，由 Weightless 特别兴趣小组(Weightless SIG)开发的 Weightless-P 技术。

(3) 由 Machine Network 创建者 Ingenu 开发的 RPMA(随机相位多址接入)技术。

(4) 由 Sigfox 公司开发的 UNBM(超窄带宽调制技术)。

(5) 由 LoRa Alliance 开发的 LoRa 技术。

物联网技术的研究和标准化分别由表 1-1 所示的组织推进。

表 1-1　物联网技术研究及标准化组织

开发者	技 术 代 表
3GPP	NB-IoT、EC-GSM、LTE Cat.0、LTE Cat.m1、LTE Cat.1
IEEE 802 委员会	ZigBee、Bluetooth、WiFi、Weightless-P
Ingenu	RPMA
Sigfox	UNBM
LoRa Alliance	LoRa

注：手机 Cat.X 的全名为 UE-Category，是一系列在上行/下行中可变的无线性能参数的集合。UE-Category 中包含了很多的无线特性，其中最重要的一个就是 UE(用户设备)支持的速率。Cat.X 这个值是用来衡量用户终端设备无线性能的，根据 3GPP 定义，UE-Category 被分为 1～10 共 10 个等级，其中 Cat.1～5 在 R8 组，Cat.6～8 在 R10 组，Cat.9～10 在 R11 组。Cat.0 被写入 3GPP Rel.12 的新标准，控制了上下行速率，可以达到更低功耗，显然是专门为物联网设备准备的。Cat.1 与 Cat.0 服务于物联网市场，实现低功耗、低成本的物联网连接目的。

下面介绍几个物联网关键技术名词。

(1) WiFi：一种允许电子设备连接到一个无线局域网(WLAN)的技术，通常使用 2.4G UHF 或 5G SHF ISM 射频频段。连接到无线局域网通常是有密码保护的，但也可以是开放的，即允许 WLAN 范围内的任何设备连接上。WiFi 是一个无线网络通信技术的品牌，由 WiFi 联盟所持有。

(2) ZigBee：又称紫蜂，来源于蜜蜂的八字舞信息传递，基于 IEEE 802.15.4 标准的低功耗局域网协议，是一种短距离、低功耗的无线通信技术。其特点是近距离、低复杂度、自组织、低功耗、低数据速率，主要适合用于自动控制和远程控制领域，可以嵌入各种设备。

(3) Bluetooth(蓝牙)：一种无线技术标准，可实现固定设备、移动设备和楼宇个人域网之间的短距离数据交换，使用 2.4～2.485 GHz ISM 波段的 UHF 无线电波。蓝牙技术由爱立信公司于 1994 年创制，当时是作为 RS232 数据线的替代方案。

(4) Sigfox：由一家法国公司(Sigfox)创制，主要用于低功耗物联网。Sigfox 网络利用了超窄带 UNBM 技术。超窄带 UNBM 采用 VMSK(甚小偏移(边带)键控)或 VWDK(甚小波形差键控)方式，使频谱利用效率超越传统极限，同时在未编码状态下即可取得较好的功率增益。

(5) LoRa(Long Range)：由升特公司(Semtech 美国)发布的一种专用调制解调的技术，融合了数字扩频、数字信号处理和前向纠错编码。法国电信运营商布依格电信(Bouygues)在 2017 年 6 月进行 LoRa 物联网专用网络商用。

(6) LTE-M(LTE-Machine-to-Machine)：基于 LTE 演进的物联网技术，在 LTE 的协议规范 R12 版本中叫 Low-Cost MTC，在 R13 中被称为 LTE enhanced MTC(eMTC)，旨在基于现有的 LTE 载波满足物联网设备需求。

物联网技术可按速率、覆盖距离、频谱使用的三个维度进行分类。

(1) 按速率来分，有支持高速速率(1 Mb/s～10 Mb/s)的 LTE Cat.1 和 Cat.0、WiFi，有支持低速率(低于 20 kb/s)的 ZigBee、RPMA、LoRa、NB-IoT、UMBM，以及介于高低速率之间的蓝牙 Bluetooth、Weightless-P、802.11WiFi、EC-GSM、LTE Cat.m1 等。

(2) 按覆盖距离来分有短距离(覆盖距离在 100 m 以内)和长距离(覆盖距离在 100 m 以上)。

① 短距离覆盖的无线局域网(WLAN)或无线个域网(WPAN)技术，一般覆盖距离在 100 m 以内，代表技术有 WiFi、ZigBee、Bluetooth 等。短距离覆盖技术适合非组网情况下的设备对设备通信。

② 长距离覆盖的无线广域网(WWAN)技术，一般覆盖距离在几百米到几千米，代表技术有 NB-IoT、Sigfox、LoRa、eMTC 等。

(3) 在电信领域，频谱是宝贵的资源，为防止不同用户之间出现干扰，无线电波的产生和传输受法律的严格管制，由国际电信联盟(ITU)协调。国际电联“无线电规则(RR)”定义了约 40 项无线电通信业务。在某些情况下，部分无线电频谱被出售或授权给运营商，如 NB-IoT、LTE-M、EC-GSM 等；而采用非授权频谱的技术 LoRa、Sigfox、Weightless-P、RPMA 等，多投入在非电信领域的市场。

除 NB-IoT 物联网技术之外，其他各类物联网技术都存在如下问题或不足：

① 终端续航时长无法满足要求。比如采用 GPRS 和 LTE 模块的终端待机时长难以满足物联网待机 10 年的要求，导致在一些场景应用中电池的更换维护成本较高。

② 采用 2G/3G/4G 技术无法满足海量终端的接入需求。举个例子，单个 LTE 小区最

大容纳用户连接数是 1200 个，而单独一栋大楼里每户家庭的烟感、水表、电表、气表等终端连接数目成千上万，以数据承载为主的 LTE 网络难以满足物联网的连接需求。

③ 典型场景的覆盖不足。例如深井、地下车库等覆盖盲点，现有室外基站无法实现全覆盖，同时用于短距离传输的物联网技术如 WiFi、蓝牙、ZigBee 等均难以满足电信运营的覆盖要求。

④ 干扰控制及安全机制差。用于非授权频段的 LoRa、Sigfox 技术虽满足低功耗深覆盖以及海量连接的特性，但因工作频段是公用频段，导致干扰不可控。同时由于其协议栈相对电信级网络的协议栈较简单，因此存在极大的安全隐患。

物联网技术分类对比如图 1-4 所示。

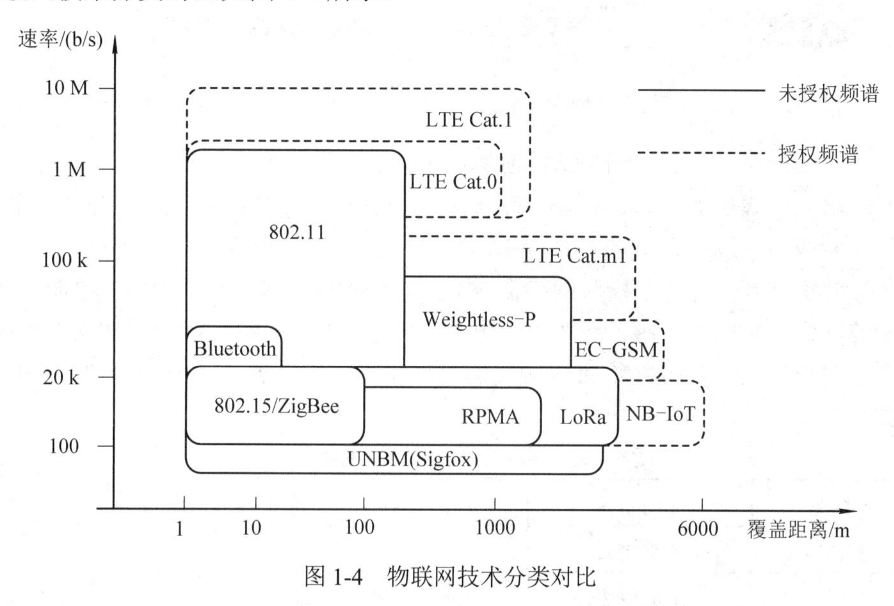

图 1-4　物联网技术分类对比

1.2　NB-IoT 技术特点

NB-IoT(Narrow Band Internet of Things)是一种基于蜂窝网的窄带物联网技术，支持低功耗设备在广域网的蜂窝数据连接。与传统蜂窝网络技术相比，NB-IoT 具有以下特点：业务更聚焦、终端成本低且功耗低、网络覆盖广、网络容量大、部署便捷、运营模式新等。本节将从业务市场、低成本、低功耗、广覆盖、大容量、网络部署以及运营模式几个方面进行介绍。

1.2.1　业务市场

依据速率要求，把通信业务市场分为高速率业务市场和低速率业务市场，通信业务市场发展方向如图 1-5 所示。

高速率业务市场包括视频类移动互联网应用业务，低速率业务市场 LPWAN(Low Power Wide Area Network)，即低功耗广域网。除 NB-IoT 外，目前还没有对应的蜂窝技术。用于低功耗网的 LoRa 或 Sigfox 技术，因频谱非授权原因无法商用。国内三大运营商多数情况下通过 GPRS 勉强支撑，从而带来了成本高、低速率业务普及率低的问题。

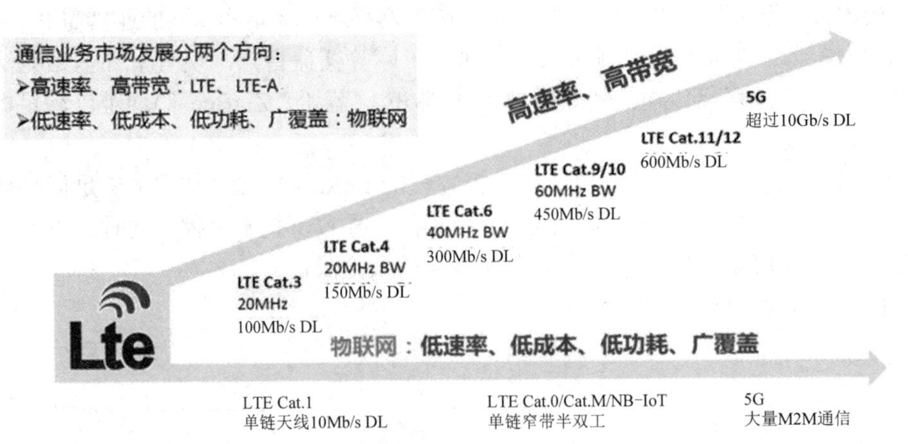

图 1-5　通信业务市场发展方向

面对网络提速降价的趋势，传统流量业务增速减缓，运营商们急需打开新业务市场创收，而低速率业务市场，是创收的新突破点。NB-IoT 以低速率、低业务量、低频次业务为主，目前主要应用以自动上报和网络命令为主，如烟雾告警、智能仪表、电源失效通知、闯入通知等异常状态监控上报；智能水气电表、智能农业、智能环境等周期状态监控上报；门禁开关、请求读表读数等网络命令触发的上报状态；软件补丁远程升级等。NB-IoT 技术应用如表 1-2 所示。

表 1-2　NB-IoT 技术应用类型表

业务类别	应用举例	上行数据量	下行数据量	发送频率
自动上报(MAR)	烟雾告警	20 B	0 B	每几个月甚至几年
异常上报	智能仪表			
	电源失效通知			
	闯入通知			
自动上报(MAR)	智能水气电表	(20～200)B，超过200 也视为 200	50% 的上行数据的 ACK 为 0 B	1 天(40%)
周期上报	智能农业			2 小时(40%)
	智能环境			1 小时(15%)
				30 分钟(5%)
网络命令	门禁开关触发设备上报数据	(0～20)B，50%情况请求上行响应	20 B	1 天(40%)
				2 小时(40%)
	请求读表数据			1 小时(15%)
				30 分钟(5%)
软件升级/重配置模型	软件补丁升级	(200～2000)B，超过 2000 也假定为 2000	(200～2000)B，超过 2000 也假定为 2000	180 天

NB-IoT 技术适用的场景有：长时间电池供电，对低功耗有需求，对终端成本敏感，

低速率，低频次数据传输，对时延不敏感，海量终端接入，深度覆盖区域以及静止场景。

NB-IoT 技术不适用的场景有：高速率，连续数据传输，高频次数据，对时延敏感，实时信息传输业务，需要大量下行控制和快速移动的场景，对终端成本不敏感。

NB-IoT 技术应用的场景如表 1-3 所示。

表 1-3　NB-IoT 技术应用场景

适　用		不 适 用	
长时间电池供电	√	高速率业务	⃠
低速率业务	√	连续数据传输	⃠
低频次数据传输	√	高频次数据业务	⃠
对时延不敏感	√	终端成本不敏感	⃠
海量终端接入	√	实时信息传输要求	⃠
终端成本敏感业务	√	对时延敏感	⃠
深度覆盖区域	√	需要大量下行控制	⃠
静止场景	√	快速移动的场景	⃠

1.2.2　低成本

终端芯片成本越低，竞争力越强，为与非蜂窝物联网技术(LoRa/Sigfox 等)竞争，3GPP 针对物联网业务量身打造了 NB-IoT。本小节将从 NB-IoT 低成本的目标、协议中 NB-IoT 模组设计方案以及与 LTE 模组对比三个方面进行介绍。

NB-IoT 低成本的目标是：

(1) NB-IoT 采用窄带系统，基带复杂度低，不需要复杂的均衡算法；

(2) 使用单天线、半双工 FDD 传输，射频模块成本低；

(3) 协议栈简化；

(4) 目前单个模块做出来的成本不超过 5 美元，目标是做到 1 美元左右。

协议中 NB-IoT 模组设计方案包括一个处理器平台、无线电收发器和电源管理电路的 SoC，带有用于频率引用的外部组件和一些射频前端电路，具体有：

(1) 微控制器单元(MCU Core)负责处理平台运行协议栈，DSP Core 负责 DSP 软件的调制解调。

(2) 嵌入式闪存(Embedded Flash)用于软件更新/重新配置以及临时存储数据。

(3) 传输功率放大器(Power Amplifier，PA)可采用外置方案，也可采用集成功放方案。NB-IoT 的最大传输功率限制为 23 dBm，设计思路如图 1-6 中所示采用外部 PA 方式，若采用集成 PA 将会更节约成本。

(4) 带外滤波器(Baseband Filter)，位于接收路径(Rx)上，用于滤波，使接收信号达到所需的范围。

(5) 射频模块采用晶体振荡器，晶体振荡器的稳定性对温度要求较高，为提升覆盖性能，NB-IoT 采取重复收发数据，这会延长收发时间，引起晶振发热而导致频偏，所以 NB-IoT 引入上下行发射时间间隔(UL gap 和 DL gap)，以保持晶振不会因过热而导致性能下降。

(6) 电源管理模块(Power Management)，负责管理电源 DC 转换。

协议芯片模块设计方案如图 1-6 所示。

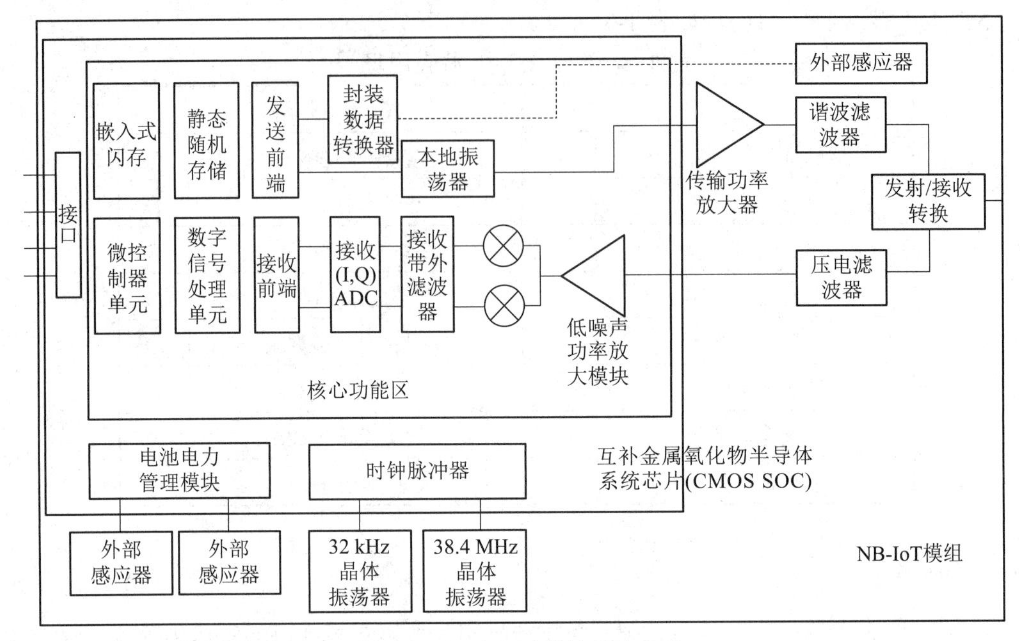

图 1-6　协议中芯片模块设计方案

协议芯片设计方案简图如图 1-7 所示。

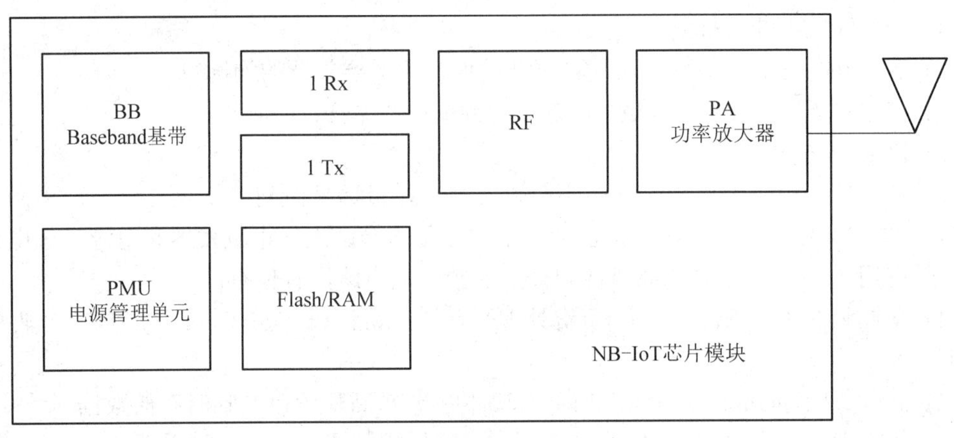

图 1-7　芯片设计方案简易示意图

相比 R12 版本的物联网 Cat.0 终端和 R12 版本的 LTE Cat.4 终端，NB-IoT 的芯片设计进行了更进一步简化，为降低成本，NB-IoT 采取如下简化措施：

(1) 协议栈简化，降低基带复杂度；

(2) 精简射频模块，采用单天线、半双工方式；

(3) NB-IoT 上行峰均比低，可采用内置 PA，降低功耗及成本；

(4) NB-IoT 传输数据量小，可采用小容量存储 Flash。

NB-IoT 芯片模块与 Cat.4 及 Cat.0 对比如图 1-8 所示。

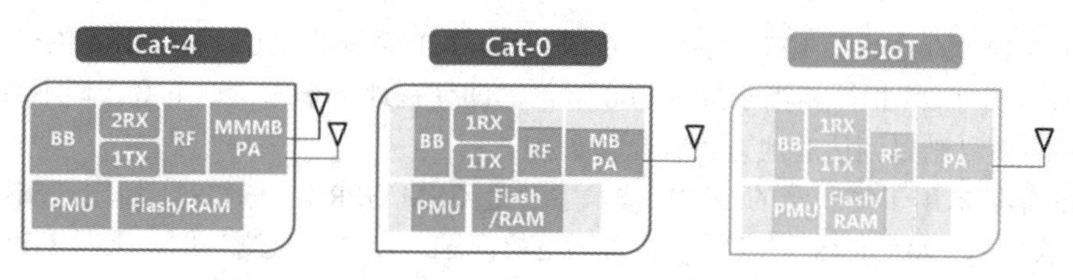

图 1-8　NB-IoT 芯片模块与 Cat.4 及 Cat.0 对比

1.2.3　低功耗

物联网终端设备需要电源驱动，电源一般由外接电源或内置电池组提供。对于物联网终端的使用场景来说，大部分都安装在没有外接电源的地方，必须依靠电池来供电，而且换电池的成本可能非常高昂。在某些情况下，电池的寿命甚至决定了整个设备的寿命，比如安置于高山荒野偏远地区中的各类传感监测设备，不可能像智能手机一样一天一充，所以长达几年的电池使用寿命是最本质的需求，因此电池使用寿命的优化对物联网设备来说非常重要。

NB-IoT 终端低功耗特性体现在以下三点：

(1) 减少芯片工作电流：NB-IoT 芯片复杂度降低，工作电流小。

(2) 优化终端监听网络的频率：例如通过 eDRX 或 PSM 减少终端监听网络的频率，减少接收单元不必要的启动。

(3) 空口信令简化，减小单次数据传输功耗：由于设备消耗的能量与数据量或速率有关，单位时间内发出的数据包大小决定了功耗的大小。通过减少不必要的信令可以达到省电的目的。同时只支持空闲态下的小区选择和重选，而不支持连接态下的切换，也不支持与切换相关的测量、测量报告、切换流程等，从而减少了相关信令开销。

协议上，NB-IoT 引入 eDRX 和 PSM 技术实现低功耗，具体的 PSM 及 eDRX 实现原理，将在 6.8 节 NB-IoT 省电机制中介绍。

1.2.4　广覆盖

在通信系统中，一般采用最大耦合损耗(Maximum Coupling Loss，MCL)衡量一个系统的覆盖能力，MCL 定义为基站和终端之间的最大耦合损耗，数值越高表示覆盖能力越好，图 1-9 给出四种 3GPP 代表技术的 MCL 对比情况。

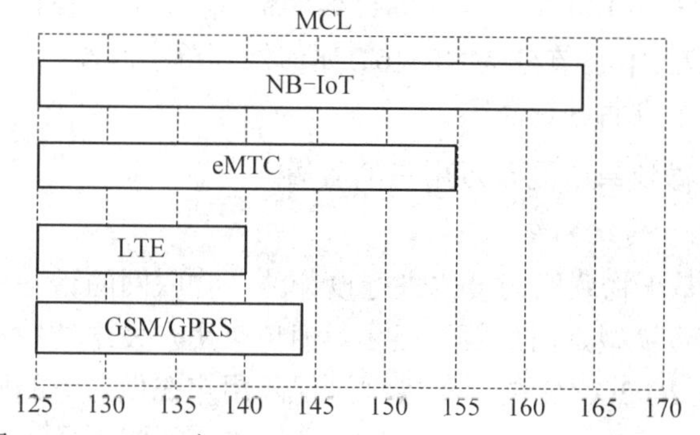

图 1-9　NB-IoT 与 eMTC、LTE、GSM 的覆盖性能对比

对比 3GPP 的 GSM、LTE、eMTC 系统，NB-IoT 系统的 MCL 值为 164 dB，比 GSM 的 144 dB 提升了 20 dB，相当于提升 100 多倍。即使在地下车库、地下室、地下管道等普通无线网络信号难以到达的地方也容易覆盖到。

2015 年以前用于物联网的 3GPP 技术主要是 GSM/GPRS，与 GSM 相比，NB-IoT 能够更好地解决 GSM/GPRS 深度覆盖能力不足的问题。以井盖监测为例，采用 GPRS 模块的井盖，需要一根外置天线用于收发信号，若不采用外置天线，则模块就会与网络失联。采用外置天线的劣势就是天线极易损坏，而同样环境下的井盖采用 NB-IoT 模块时则无需部署外置天线。

NB-IoT 提高网络覆盖的措施主要有三点：一是重复传输，二是功率谱密度增强，三是采用更低阶的调制技术。

(1) 重复传输。重复传输即是将信号码元多次传输，虽然降低了信息的传输速率，但是提升了解调和译码的可靠性，特别是在低信噪比的接收环境下更加有效。

NB-IoT 在下行信道上覆盖增强的增益主要来源于重复发送。即同一个控制消息或业务数据在空口信道上发送时，多次重复发送，用户终端在接收时对接收到的重复内容进行合并，以提高覆盖能力。

(2) 功率谱密度增强。在上行方向上，NB-IoT 支持 3.75 kHz、15 kHz 两种子载波间隔，支持 Single-Tone 和 Multi-Tone 资源分配。NB-IoT 依赖功率谱密度增强(Power Spectrum Density Boosting，PSD Boosting)和时域重复(Time Domain Repetition，TDR)来获得比 GPRS 或 LTE 系统多 20dB 的覆盖增强。

功率谱密度增强是把 NB-IoT 上行的信号发射功率通过更窄带宽的载波进行发送，单位频谱上发送的信号强度便得到增强，信号的覆盖能力和穿透能力也因此得到增强。此外，在上行方向上，通过信道的重复发送，可以进一步提升上行信道的覆盖能力。

(3) 低阶调制。鉴于 NB-IoT 业务需求的速率很低，100 b/s 左右已经可以实现大部分业务，所以可采用低阶的调制技术，如 BPSK、QPSK、更短长度的 CRC 校验码等。

在编码方面，GPRS 采用卷积码，而 NB-IoT 采用 Turbo 编码，采用 Turbo 编码对译码信噪比需求降低，对应覆盖能力有(3～4)dB 的增强。

1.2.5 大容量

在连接容纳方面：NB-IoT 单小区可支持 5 万个 NB-IoT 终端接入，比现存 2G/3G/4G 技术的上行容量提升 50～100 倍。在相同设备的情况下，NB-IoT 可比现有无线技术提供多 50～100 倍的接入数。本小节将从 NB-IoT 如何做到单小区 5 万用户的容量以及 NB-IoT 网络容量计算思路两个方面进行介绍。

1. NB-IoT 如何做到单小区 5 万用户的容量

1) 话务模型有别于传统网络

NB-IoT 基站是基于物联网的模式进行设计的。物联网的话务模型与手机用户的话务模型不同，物联网话务模型是用户数量很多，但单个用户发送的数据包较小，且发送包对时延要求不敏感；而 2G/3G/4G 的话务模型是保障用户在做业务的同时可以保障时延，所以用户的连接数控制在每小区 1000 个。对于 NB-IoT 来说，基于对业务时延不敏感，可以接纳更多的用户，保存更多的用户上下文，这样可以让5万个用户同时接纳在一个小区。由于大量用户处于休眠态，且上下文信息由基站和核心网维持，一旦有数据发送，可以迅速进入激活态。简单地说，NB-IoT 终端大部分都在睡觉，可以不做业务，所以基站可以接纳更多的用户。物联网的话务模型与手机用户话务模型区别如表1-4所示。

表1-4 话务模型对比表

话务模型	用户容量	话务模型特点
NB-IoT	50K个/小区	用户多，每用户数据包小，对时延要求不敏感
2G/3G/4G/5G	1000个/小区	保障用户同时做业务，且保障时延

2) 上行调度颗粒小，效率高

相比于2G/3G/4G的大颗粒资源调度，NB-IoT因基于窄带，上行传输有两种信道带宽选择(3.75kHz和15kHz)，子载波带宽越小，上行调度颗粒越小，越灵活；在同样的资源情况下，资源的利用率越高。

3) 信令开销减少

物联网业务多是小包，用2G/3G/4G会出现信令占比大而数据占比小的问题，NB-IoT针对小包的场景，传输同样的数据量，信令承载相对传统网络要少，如图1-10所示。

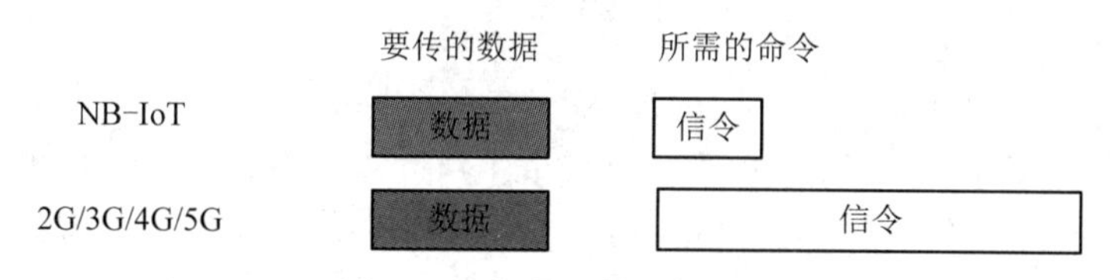

图1-10 信令开销示意图

2. 如何估计NB-IoT网络容量

NB-IoT网络容量计算思路如下：

(1) 从业务模型出发计算每天用户发起业务的次数；

(2) 从用户分布模型计算不同MCL覆盖等级的用户比例，因不同覆盖等级会配置不同的重传次数，直接影响着小区容量；

(3) 根据不同覆盖等级的重发次数，分析上下行开销；

(4) 分别计算业务信道容量、控制信道容量、寻呼容量、随机接入容量；

(5) 取四种容量结果的最小值，即为NB-IoT的小区容量。

NB-IoT在帧结构、时隙结构、物理信道、数据传输过程等方面与传统LTE网络都有较大的差别，由于容量规划内容涉及物理层信道和传输进程，具体容量规划步骤详见第7章无线容量规划的介绍。

1.2.6 网络部署快捷

本小节将从NB-IoT部署方式、主设备部署方案和天线天面部署方案三个方面进行介绍。

NB-IoT可采用带内部署、保护带部署或独立部署三种部署方案。NB-IoT既可以使用现有网络基站通过软件升级部署，以降低成本，实现平滑升级，也可使用单独的授权频段，不占用现有网络的语音和数据带宽，保证传统业务和NB-IoT业务同时稳定可靠地运营。

(1) 带内(In-band)部署：由于 NB-IoT 的工作带宽是 180 kHz，等同与 LTE 中的一个 PRB 的带宽，所以 NB-IoT 可部署在 LTE 的工作带宽内。

(2) 保护带(Guard-Band)部署：由于现网 LTE 中有保护带，例如 20M 的 LTE 带宽，在频率的左右两端各预留出 1M 的带宽做保护，所以 NB-IoT 可部署在 LTE 的保护带内。

(3) 独立(Stand-alone)部署：NB-IoT 采用独立部署模式时 NB-IoT 独占频谱，不存在与 LTE 共用频率的问题。例如中国 LTE 频谱基本集中在 1.8 GHz、2.1 GHz、2.3 GHz、2.6 GHz 等频段，而 GSM 频段集中在 900 MHz 和 1800 MHz，对于无线电波传播来说，频率越低，传播损耗越低，所以 NB-IoT 采用独立部署时，多采用重耕 GSM 的频段进行部署。

NB-IoT 的三种频率部署模式如图 1-11 所示。

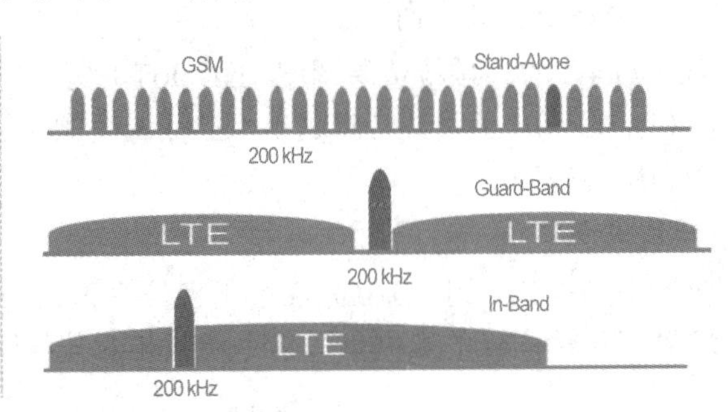

图 1-11　NB-IoT 部署模式

网络组建成本和部署难易程度是运营商在建网过程中需要考虑的问题。NB-IoT 可与现有 2G、3G、4G 网络共存，由于 NB-IoT 基站可以复用 LTE 的承载网以及核心网，所以只用对无线部分的设备进行部署，从无线设备升级角度来看，分为主设备方案与基站天线部署方案两种。

在主设备硬件部署中，有两种方案。

(1) 单独部署场景：在 BBU 中采用单独的 NB-IoT 主控板，使用 NB-IoT 单模 RRU，如图 1-12(a)中新建 NB-IoT 单模基站。

(2) 混合部署场景：与其他系统(如 GSM 或 LTE)一起共用 BBU、RRU 进行软件升级，支持双模或多模 RRU，如图 1-12(b)中的 NB-IoT 与 FDD LTE 共站和图 1-12(c)中 NB-IoT/FDD LTE/GSM 共站。

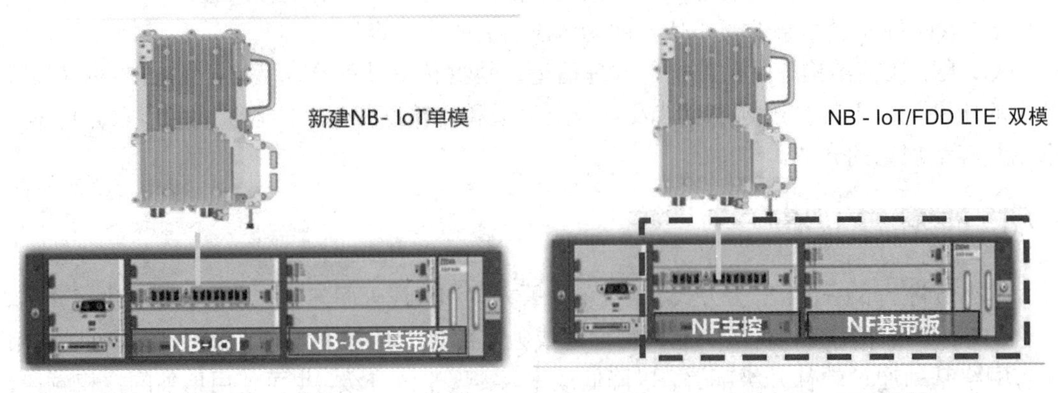

(a) 新建 NB-IoT 单模基站　　　　(b) NB-IoT 与 FDD LTE 共站

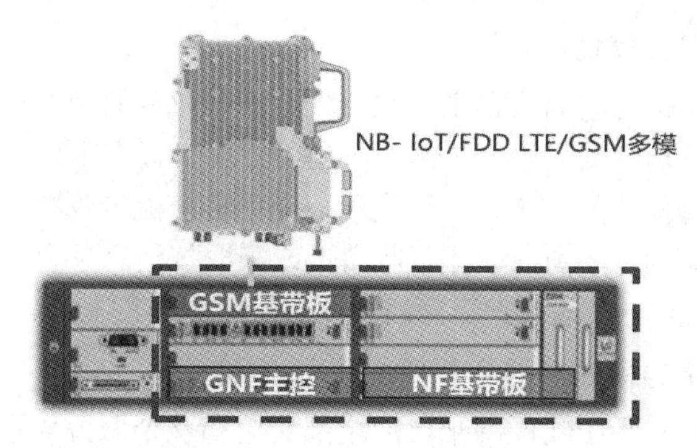

(c) NB-IoT/FDD LTE/GSM 共站

图 1-12　NB-IoT 无线主设备方案

在基站天线的部署方案中，可采用独立天线部署或多模共天馈部署方式，如图 1-13 所示，图(a)中 NB-IoT 采用独立天线，图(b)NB-IoT 采用与 GSM/FDD LTE 共天馈方式。

NB-IoT独立新建天馈

四端口天线参数

频段MHz	790-960
增益dBi	15
水平波瓣°	65
垂直波瓣°	13
尺寸mm	1410 × 449 × 180
重量kg	21.4

四端口天馈，独立电调独立控制，不与其他系统产生影响

(a) NB-IoT 独立新建天馈

八端口天线替换现网GSM天面，GL独立端口

八端口天线参数

频段MHz	790-960/1710-2690
增益dBi	14.5/17.5
水平波瓣°	65/65
垂直波瓣°	12/6
尺寸mm	1500*499*200
重量kg	34.9

八端口天馈，其中 4 个端口接 NB-IoT，2 个端口接 FDD-LTE1800M。如果 GSM 退网，则原本接 GSM1800M 的 2 个端口也可以接 FDD-LTE1800M，这样就有 4 个端口可以接 FDD-LTE1800M

(b) NB-IoT 与 FDD LTE/GSM 共天馈

图 1-13　NB-IoT 基站天线部署方案

对于运营商来说，NB-IoT 可以在现有机房环境中，通过新增设备板件或利用现有设备，快速部署 NB-IoT。

1.2.7　运营模式新

相比传统蜂窝网络的管道化运营，目前主流运营商及产业链中的服务运营商、设备制造商、创新企业等都在大力地对 NB-IoT 商业模式进行积极探索和创新，包括 NB-IoT 通信管道模式、NB-IoT 用户主导模式、NB-IoT 云平台模式和 NB-IoT 应用市场模式等。

1. NB-IoT 通信管道模式

通信管道模式中电信运营商占据主导地位，无论是业务的开发与推广，还是平台的建设与维护，都是以电信运营商为主力。例如，远程抄表、资产跟踪等物联网应用只有在需要读数或跟踪上报的时候才产生流量。这类业务沿用传统流量收费方式显然欠缺合理性，若依据连接的设备数据向设备所有者进行收费，或采取按消息条数收费，或按使用时间收费(例如包月包年)，则能更好地保护运营商和业务用户双方的利益。

2. NB-IoT 用户主导模式

用户主导模式由用户承担物联网平台的全部费用和整个服务体系的搭建。此类商业模式中，用户是核心，但需要设备提供商、电信运营商、系统集成商、软件开发商等通力合作，形成一套完整可运营的方案交付给用户使用。用户购买软件、硬件系统，电信运营商通道和相关服务，统一为客户或自身管理需求提供一致性服务，此种模式常见于政府主导项目和企业主导项目。

3. NB-IoT 云平台模式

云平台模式建立在云计算平台的基础之上，以用户服务为中心，根据已有的运营平台和业务能力，针对目标市场整合内外部资源，形成用户、厂家、其他市场参与者共同创造价值的网络商业模式。此商业模式可以基于分段的收费方式，即设备与云平台、云平台与垂直应用分别收费。此种模式将带动云平台、大数据、移动互联网等产业链的规模化发展。

4. NB-IoT 应用市场模式

应用市场商业模式类似苹果应用市场和安卓应用市场，电信运营商建立物联网应用市场，向用户收费，与应用开发者分成，实现利益共享。电信运营商将自身硬件制造和软件开发领域优势相整合，如创造应用软件开发平台、与运营商和软件开发商合作，形成一个综合的生态系统。这需要大量的应用开发者及广告商的参与，从而发掘甚至创造出新的盈利点，带动整个物联网产业的发展。

1.3　NB-IoT 技术演进及应用实例

1.3.1　NB-IoT 标准演进历史

NB-IoT 标准演进比较短，演进历史如图 1-14 所示。

2013 年初，华为与相关业内厂商、运营商开展窄带蜂窝物联网研究，并起名为 LTE-M(LTE for Machine to Machine)。在 LTE-M 的技术方案选择上，当时主要有两种思路：一种是基于现有 GSM 演进思路；另一种是华为提出的新空口思路，当时名称为 NB-M2M。

2014 年 5 月，由沃达丰、中国移动、Orange、Telecom Italy、华为、诺基亚等公司支持的研究成果“Cellular System Support for Ultra Low Complexity and Low Throughput Internet of Things”在 3GPP GERAN 工作组立项，LTE-M 的名字演变为 Cellular IoT，简称 CIoT。

2015 年 4 月，PCG(Project Coordination Group)会议上做了一件重要的决定：CIoT 在会议上输出研究报告，而技术规范计划在后续阶段完成。

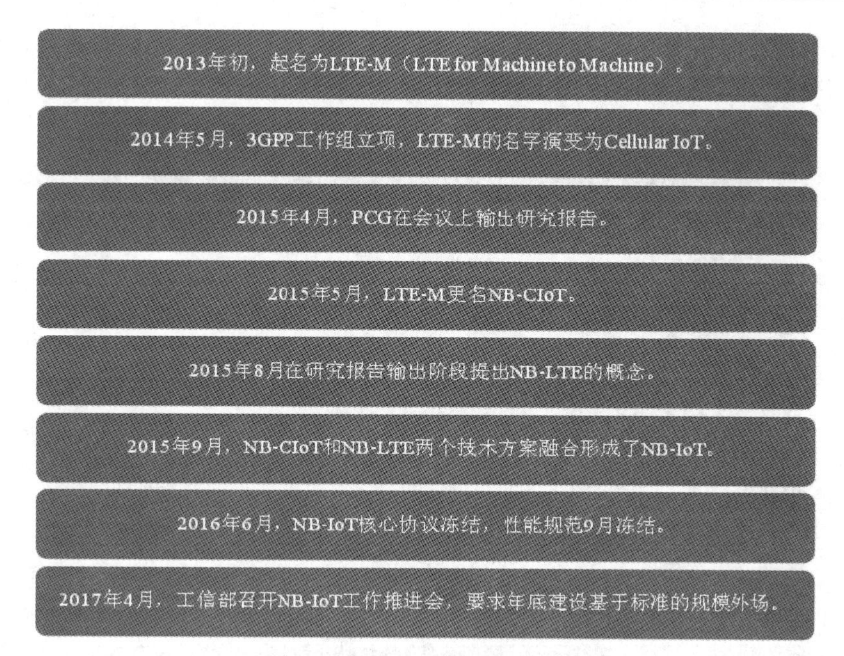

图1-14　NB-IoT标准演进历史

2015年5月，华为和高通在共识的基础上，共同宣布了一种融合的解决方案，即上行采用FDMA多址方式，下行采用OFDM多址方式，融合之后的方案名字叫做NB-CIoT(Narrow Band Cellular IoT)。

2015年8月10日，在研究报告输出阶段的最后一次会议中，爱立信联合几家公司提出了NB-LTE(Narrow Band LTE)的概念。

2015年9月，在RAN#69次会议上经过激烈讨论，各方最终达成了一致，NB-CIoT和NB-LTE两个技术方案进行融合形成了NB-IoT WID。NB-CIoT演进到了NB-IoT(Narrow Band IoT)。

2016年6月16日，NB-IoT核心协议在RAN1、RAN2、RAN3、RAN4四个工作组均已冻结。9月份，性能规范在3GPP RAN4工作组冻结。

2017年4月，工业和信息化部召开NB-IoT工作推进会，共同培育NB-IoT产业链，并要求年底建设基于标准NB-IoT的规模外场。

1.3.2　NB-IoT技术应用实例

本小节将结合小牧童奶牛发情监测云系统以及NB-IoT智能水表两个案例，对NB-IoT技术应用实例进行介绍。

1. NB-IoT技术应用实例1：“小牧童”奶牛发情监测云系统

目前，在我国大部分中小型奶牛场，奶牛养殖完全靠饲养管理员通过人工观察来获得奶牛饲养管理信息，采用人工观察方式很难做到对大规模奶牛个体活动信息进行实时监控，因而时常错过奶牛发情受孕最佳时机，极大地降低了奶牛的产奶量，影响其经济效益。

“小牧童”奶牛发情监测云系统，通过挂在牛脖子上的传感器，实时采集奶牛个体活动信息，云端服务器通过NB-IoT蜂窝物联网技术，收集奶牛个体活动信息，经过智能计算，得出奶牛个体的精确信息，适用于奶牛养殖场、肉牛养殖场、乳制品企业、畜牧养殖合作社、政府畜牧相关部门等应用场景，如图1-15与图1-16所示。

图1-15　“小牧童”奶牛监测管理云平台

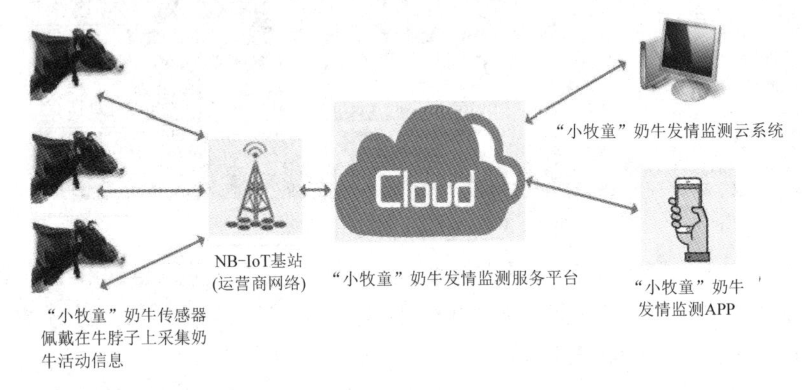

图1-16　“小牧童”奶牛发情监测云系统结构图

“小牧童”云系统的开发解决了传统产业痛点，其优势有：

(1) 有效提高了奶牛的发情监测准确率。传统人工监测发情的准确率仅有65%，这导致了奶牛的发情状态监测准确率不高，配种时间不易掌握，很多高产奶牛不易被发掘等，通过“小牧童”奶牛发情监测云系统，准确率高达到95%，有效提高受胎率，缩短胎间距，减少奶牛的空怀天数，节省空怀期饲养成本，增加牧场产奶量。

(2) 有效实现大连接、广覆盖和低功耗。“小牧童”奶牛发情监测云系统采用NB-IoT网络通信，满足大连接的终端接入需求，单个基站接入上限达10万个，实现广覆盖，单个电池可支持6年以上，满足牧场的使用需求。

(3) 性能稳定。采用NB-IoT技术可支持24小时数据监测及存储，同时奶牛挂脖终端使用环境温度范围在−30℃～45℃，防护等级达到IP65。

(4) 监测效率高。通过系统APP的安装，有助于信息化管理和系统呈报，APP涵盖了牛舍信息、牛只信息管理、预警信息、发情信息和发情配种情况统计等。

“小牧童”有效提高了畜牧产业经济效益，也为建立现代生产经营、推动现代畜牧业向信息化、智慧化发展提供了标杆。

2. NB-IoT技术应用实例2：NB-IoT智能水表

在水务领域，传统水表抄表一直存在实时监控难、施工复杂、成本高等问题。当今社会，住宅的智能化和高层化也不断改变着人们的生活方式和习惯，供水企业为了解决日益突出的入户抄表难、抄表工作量大的问题，也在不断尝试着各种新的智能化抄表技术。从智能卡式抄表、有线 MBUS 自动抄表到小无线智能表抄表，都没有找到一种彻底解决诸多问题的理想抄表模式。有线表施工复杂、成本高、调试困难、维护工作量大；小无线表网络稳定性差、需要后期长期维护，功耗与实时性难以兼顾。体现在：

(1) 对于有线水表，由于部署过程中需要“穿墙打洞”、“拉网布线”，基本已被市场否决。然而对于小无线水表，由于其部署灵活，在 NB-IoT 出现之前受到关注，各水表厂家也纷纷投入尝试，但由于其网络的灵活性，也导致了各种各样的问题。

首先，其部署需要新建网络基础设施，网络建设和优化周期长、难度大。针对楼宇密集区、普通住宅区等各种不同的场景，网络建设需要因地制宜，进行不同的网络规划和建设，方案无法复制，实施难度大。最典型的就是基站的安装问题，既要考虑网络覆盖范围，又要考虑“立杆”、“拉电”难度，同时还要考虑雷电、雨雪等天气的影响，这个过程漫长而复杂。

其次，从网络维护上看，表厂需要成立专门的网络维护专家团队，水表的生命周期是 6 年，也就意味着整个网络的维护周期至少 6 年，人员技能要求高、维护成本高。

现网最大的问题就是干扰问题。小无线水表使用的是免授权频段，免授权意味着任何人都可以使用，水表可以用、气表可以用、电表也可以用，导致的后果就是，安装时网络调测效果良好，但随着网络用户的增加，随时可能出现后来者对当前网络造成干扰的问题。据某水表厂反馈，这种问题没有固定的解决方案，只能通过降低功耗、改变基站位置等临时方案动态调整，故障查找过程复杂，问题修复困难。

(2) 对于 GPRS 水表，由于 GPRS 带宽为 200 kHz(去除保护带，实为 180 kHz)，而物联网单载波对上行带宽要求不高，仅为 15 kHz 左右，实际上是“杀鸡用了牛刀”，导致发射功率被高带宽浪费，覆盖强度不够、功耗大等问题。此外，GPRS 也面临退网的风险。

随着 NB-IoT 窄带物联网技术的出现，让智能水表抄表技术看到曙光，水表行业也迅速将目光锁定在这一新兴技术上。智能水表系统作为智慧城市建设的重要组成部分，对其智能化、大数据化管理提出了日益迫切的需求，基于 NB-IoT 技术的智能抄表系统正适应了这一需求的变化。

采用 NB-IoT 智能水表的优势：

(1) 国家对物联网有政策保障。我国政府对 NB-IoT 网络的建设给予了大力支持，工业和信息化部在 2017 年 6 月初下发《关于全面推进移动物联网(NB-IoT)建设发展的通知》，要求到 2020 年，中国 NB-IoT 网络的基站规模要达到 150 万个，实现对于全国的普遍覆盖以及深度覆盖。

(2) 网络服务有保障。NB-IoT 是在原有的运营商网络上升级，由运营商进行网络建设和维护，这意味着运营商提供“保姆式”优质的服务，不用担心中途“拍屁股走人”。这解决了水表厂在网络建设方面的各种问题。

(3) 技术有保障。NB-IoT 是 3GPP 的标准协议，在传输和射频信号等方面有“技术标准化”的支持，这为水表的各种验收、测试提供了统一的依据，为整个智能水表的产业发展和规模化提供了有力的保障。

基于 NB-IoT 技术具备深度覆盖、高可靠性、高安全性、低成本、低功耗等特点，在智能水表领域不仅可以降低抄表成本，而且可以实现水表的智能化和大数据化管理，具有非常重要的实际应用价值，NB-IoT 智能水表是整个智能水表领域的一大突破。

第 2 章　网 络 架 构

知识点

本章主要讲解了窄带物联网 NB-IoT 的基础原理，主要内容包括 NB-IoT 网络架构、网元功能以及主要业务接口；结合 NB-IoT 数据传输方案，介绍网络中常见基础概念。通过本章学习，让读者了解 NB-IoT 网络架构，为网络拓扑及规划设计做好知识铺垫，本章主要介绍以下内容：

(1) NB-IoT 网络架构及网元功能简介；

(2) NB-IoT 数据传输方案概述；

(3) NB-IoT 网络的基础概念。

2.1　NB-IoT 网络架构及网元功能简介

本节主要从 NB-IoT 网络架构、NB-IoT 网元功能简介、EPC 接口及其功能以及接口简介几个方面进行介绍。

2.1.1　NB-IoT 网络架构

面对物联网非频繁小包数据收发、大连接、低功耗的业务特性，传统蜂窝网络已难以满足需求。以话音承载为主的 2/3G 网络面临退网风险；而以数据承载为主的 LTE 网络，在传输非频繁小数据包时，存在网络信令开销远大于传输数据的问题，当传输海量小包数据时，信令高负荷导致资源利用率低，浪费宝贵的通信资源，同时对于非格式化的 Non-IP 数据，LTE 网络无法直接进行传输。

为适应物联网业务的需求，3GPP 对 LTE 网络架构和流程进行优化，提出窄带物联网技术(NB-IoT)的解决方案，主要解决小数据包业务的传输、Non-IP 数据和 SMS 短信数据的传输问题。

NB-IoT 的网络架构和 4G 网络架构基本一致，在 NB-IoT 的网络架构中，包括以下部分：

(1) NB-IoT 终端，即 NB-IoT UE，例如智能水表、共享单车、带有 NB-IoT 芯片的传感器。

(2) 无线接入网，指 E-UTRAN 基站，即 eNodeB。

(3) 核心网，包含归属用户签约服务器(HSS)、移动性管理实体(MME)、服务网关(SGW)和 PDN 网关(PGW)、服务能力开放单元(SCEF)。

(4) 应用平台，包括各种 CIoT 服务，如第三方服务能力服务器(SCS)和第三方应用服务器(AS)。

NB-IoT 的端到端的网络实体如图 2-1 所示。

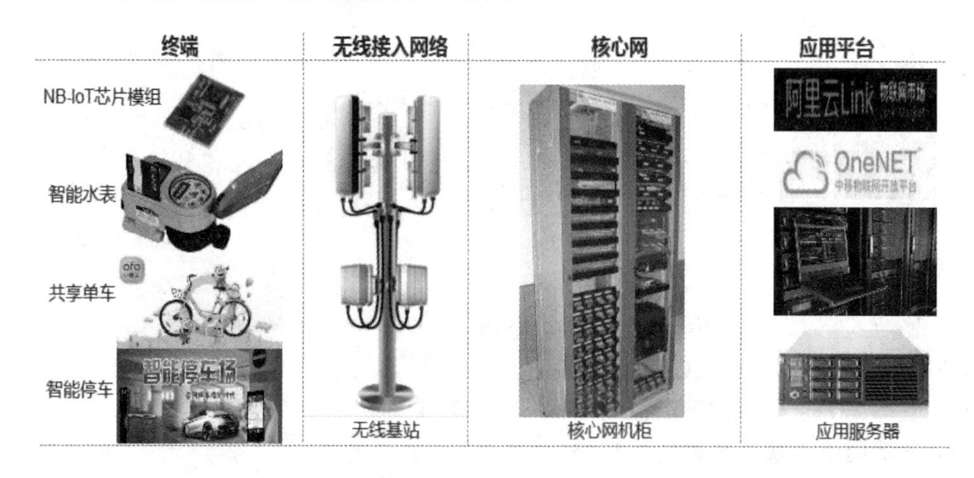

图 2-1 NB-IoT 端到端网络实体图

NB-IoT 的端到端网络逻辑架构如图 2-2 所示。

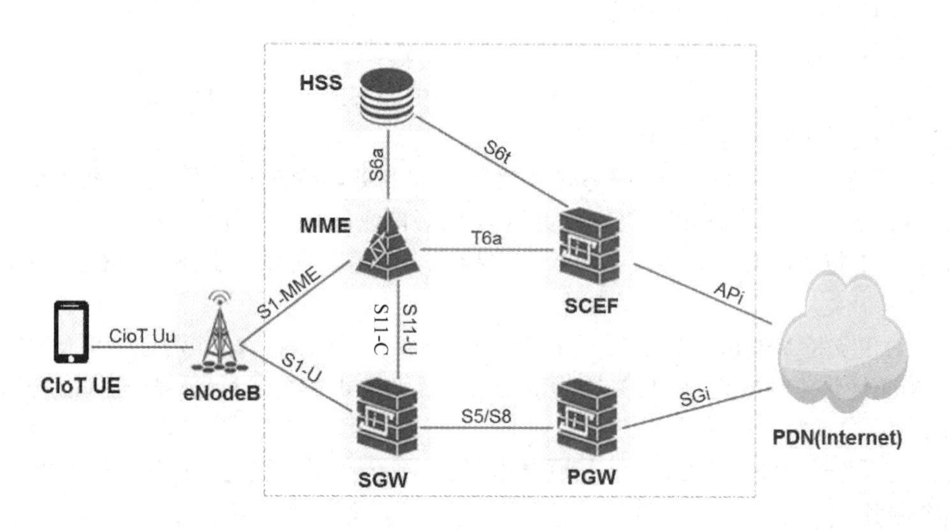

图 2-2 NB-IoT 端到端网络逻辑架构图

基于物联网数据传输特性，和 LTE 网络架构相比，NB-IoT 网络架构有如下更新部分：

(1) 增加 S11-U 接口支持控制面优化传输方案(CP 优化方案)的 IP 数据传输，采用 GTP-U 协议。

(2) 为支持 MTC 场景而引入的网元服务能力开放单元(SCEF)是可选配置，支持 Non-IP 数据传输，其中 SCEF 与 MME 间接口是 T6a，SCEF 与 HSS 间接口是 S6t。

在实际部署网络时，为减少物理网元的数量，可以采用 CIoT 服务网关节点(C-SGN)

代替部分核心网网元，例如可把 MME、SGW、PGW 合一部署，合一部署后的网元称为 CIoT 服务网关节点，其网络架构如图 2-3 所示。

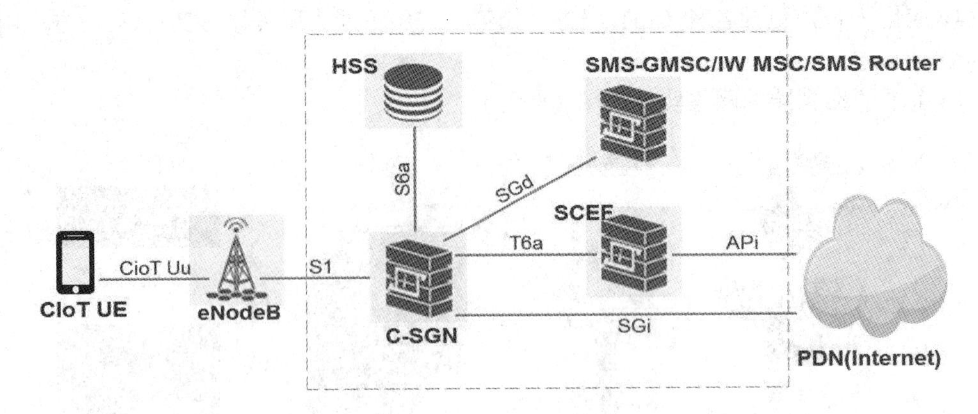

图 2-3　NB-IoT 采用 C-SGN 融合核心网部署的网络架构图

CIoT 服务网关节点(C-SGN)的功能如下：

(1) 支持用于小数据传输的控制面优化传输功能。

(2) 支持用于小数据传输的用户面优化传输功能。

(3) 对仅支持 NB-IoT 的终端，需支持短信 SMS 功能，采用短信 SMS 时，在终端初始附着时不需要联合附着(Combined Attach)。

(4) 支持覆盖优化的寻呼增强。

(5) 在 SGi 接口支持经由 PGW 的非 IP 数据传输。

(6) 提供基于 T6 接口的 SCEF 连接，支持经由 SCEF 的非 IP 数据传输。

(7) 支持附着时不创建 PDN 连接。

对于 NB-IoT，SMS 短信服务是非常重要的业务，通过短信网关 SMS-GMSC/IW MSC/SMS Router，可实现短信业务。NB-IoT 的短信业务有如下几个特征：

(1) 仅支持 NB-IoT 的终端，由于不支持联合附着，所以不支持基于 CSFB 的短信机制。

(2) 对仅支持 NB-IoT 的终端，允许 NB-IoT 终端在 Attach、TAU 消息中和 MME 协商基于控制面优化传输方案的 SMS 支持，即在 CP 传输模式中通过 NAS 信令携带 SMS 短信数据包。

(3) 对于既支持 NB-IoT，又支持联合附着的终端，可继续使用 CSFB 的短信机制来获取 SMS 服务。

对网络而言，如果网络不支持 CSFB 的 SGS 接口短信机制，或对仅支持 NB-IoT 的终端无法使用 CSFB 机制来实现 SMS 短信服务，则可考虑在 NB-IoT 网络中引入基于 MME 的短信机制(SMS in MME)，即 MME 实现 SGd 接口，通过 SGd 接口和短信网关、短信路由器实现 SMS 短信的传输。

2.1.2　NB-IoT 网元功能简介

本小节将从终端、无线接入网以及核心网几个方面进行介绍。

1. 终端(UE)

UE(User Equipment)是无线网络中的设备，包含手机、智能终端、嵌入 NB-IoT 通信模组的传感器或 RFID 等，能在移动通信网络中与无线基站进行通信。

终端要把用户数据或感知数据传递给网络，需要与基站先建立起空口的无线信令连接，当完成控制面的信令连接后，通过用户面的传输通道把用户数据或感知数据传递到无线基站。

与 LTE 类似，NB-IoT 的控制面与用户面分离，信令走控制面，用户数据走用户面。但针对低速率业务，NB-IoT 可以直接通过控制面来传输用户数据，不再建立专用的 DRB 承载，从而省去 NAS 和核心网建立连接的信令流程，缩短唤醒恢复时延。

相比应用于高速场景的 LTE，NB-IoT 的终端移动速度较低(速度低于 30 km/h)，例如用于水气电智能的抄表终端、用于监控的传感器等多采用固定安装的形式，用于监控奶牛的小牧童终端，移动速度低于 30 km/h。

2. 无线接入网

NB-IoT 的无线接入网通常指无线基站 eNodeB，主要承担空口(Uu 口)接入处理，小区管理等相关功能。eNodeB 功能有：

(1) 无线资源管理：无线承载控制、无线接纳控制、上/下行链路的动态资源分配(即调度)等功能。

(2) IP 头压缩和用户数据流的加密。

(3) 选择 UE 附着的 MME。

(4) 调度和传输从 MME 发起的寻呼消息或广播信息。

相比于 LTE，NB-IoT 中的 eNodeB 使用 S1 接口与 MME 和 SGW 相连，将非接入层(NAS)数据转发给高层网元处理，不同之处是 NB-IoT 中 NAS 层可携带 NB-IoT 消息和数据包。

由于 NB-IoT 终端的位置相对固定，3GPP 协议 R13 版本暂不支持连接态下移动性管理(即不支持切换)，简化了相关的信令和协议栈。尽管 NB-IoT 不支持切换，但是 eNodeB 之间依然存在一个 X2 接口，以便网络采用 UP 数据传输方案时，UE 进入 IDLE 态后能快速恢复跨基站用户上下文信息。

3. 核心网 EPC

NB-IoT 核心网中网元实体功能与 LTE 类似，包括归属用户签约服务器(HSS)、移动性管理实体(MME)、服务网关(SGW)、PDN 网关(PGW)和应用平台(AS)，其网元功能简介如下：

(1) 移动性管理实体(Mobility Management Entity，MME)：MME 为控制面功能实体，是临时存储用户数据的服务器，负责管理和存储 UE 相关信息，比如 UE 用户标识、移动性管理状态、用户安全参数，为用户分配临时标识。当 UE 驻扎在该跟踪区域或者该网络时负责对该用户进行鉴权，处理 MME 和 UE 之间的所有非接入层(NAS 层)消息。

(2) 服务网关(Serving Gateway，SGW)：SGW 为用户面实体，负责用户面数据路由处理，终结处于空闲状态的 UE 的下行数据，管理和存储 UE 的承载信息，比如 IP 承载业务参数和网络内部路由信息。

(3) 分组数据网网关(PDN Gateway，PGW)：PGW 是负责 UE 接入 PDN 的网关，为用户分配 IP 地址。

(4) 归属用户服务器(Home Subscriber Server，HSS)：HSS 存储并管理用户签约数据，包括用户鉴权信息、位置信息及路由信息。

(5) 应用平台(Application Server，AS)：应用平台通过开放平台的对接开发，支撑运营商或第三方应用企业对终端的精细化管理。基于 NB-IoT 连接管理平台，完成设备连接管理、业务开放、数据功能、数据上报下发、按次计费，实现上/下游产品能力的无缝连接。

2.1.3　EPC 接口及其功能

本小节先对比 LTE 网络架构，再介绍 NB-IoT 网络架构中的接口及其功能。目前现网中 EPC 网络架构可采用控制面数据传输优化方案(CP 传输方案)以及用户面数据传输优化方案(即 UP 优化方案)，两种方案采用的系统组网与 LTE 的组网大体相同，部分网元接口功能发生改变，如图 2-4 所示。

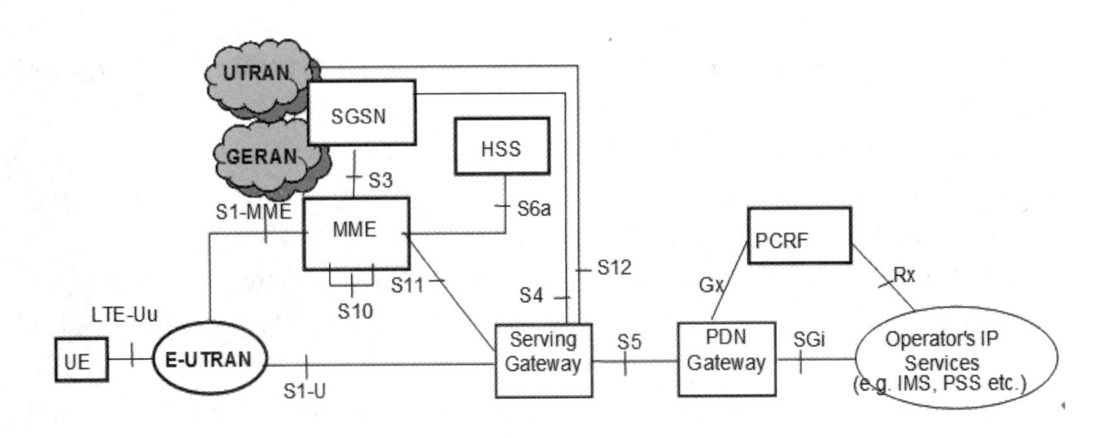

图 2-4　LTE 网络架构

组网相同是指：NB-IoT 核心网涉及网元与 LTE 相同，即 MME、SGW、PGW、HSS 等网元可利旧沿用。

部分网元功能发生改变，体现在：

(1) MME-SGW 间的 S11 接口分为 S11-U 与 S11-C，S11-U 传送用户数据，S11-C 传输信令数据。在 LTE 中，S11 接口只能传送信令，但由于 NB-IoT 的小包业务特性，允许用户数据通过 NAS 传递至 MME，再经 S11-U 接口传给 SGW。

(2) 若采用控制面优化传输方案(CP 优化方案)组网，则 E-UTRAN 与 SGW 的 S1-U 接口不再使用。因为用户数据已经通过 NAS 信令传递至核心网，无需再通过建立 S1-U 传递用户数据。

(3) NB-IoT 不能与 2G/3G 系统互操作，所以 MME 与 SGSN 的 S3 接口不使用。

注意：若采用用户面优化传输方案(UP 优化方案)组网，则 S1-U 接口仍需使用。

NB-IoT 中网络接口及接口功能如表 2-1 所示。

表 2-1　EPC 接口及其功能

接口	接口协议	相关实体	接 口 功 能
Uu	L1/L2/L3	UE-eNodeB	无线空中接口，主要完成 UE 和 eNodeB 基站之间的无线数据交换传输
X2	X2AP	eNodeB-eNodeB	E-UTRAN 系统内 eNodeB 间的信令服务
S1-MME	S1AP	eNodeB-MME	用于传送 NAS 信令信息，CP 传输模式和 UP 传输模式均采用
S1-U	GTPv1	eNodeB-SGW	在 SGW 与 eNodeB 设备间建立隧道，传送用户数据包。仅在 UP 传输模式时采用，CP 传输模式中不采用
S11-C/S11-U	GTPv2	MME-SGW	采用 GTP 协议，在 MME 和 SGW 设备间建立隧道，在 CP 传输模式中除传送信令外，还可传送小于 200 Byte 的 IP 格式或非 IP 格式的用户数据包。在 UP 传输模式中只传送信令
S3	GTPv2	MME-SGSN	在 LTE 中采用，因 NB-IoT 中不涉及异系统操作，是可选配置的接口
S4	GTPv2	SGW-SGSN	在 LTE 中采用，因 NB-IoT 中不涉及异系统操作，是可选配置的接口
S6a	Diameter	MME-HSS	完成用户位置信息交换和用户签约信息的管理
S10	GTPv2	MME-MME	采用 GTP 协议，在 MME 设备间建立隧道，传送信令
S5/S8-C	GTPv2	SGW-PGW	采用 GTP 协议，在 SGW 与 PGW 设备间建立隧道，传送数据包
S5/S8-U	GTPv1	SGW-PGW	采用 GTP 协议，在 SGW 与 PGW 设备间建立隧道，传送数据包
Gx	Diameter	PGW-PCRF	PGW 与 PCRF 间接口，提供了将(QoS)策略和收费规则从 PCRF 传输到 PGW 中的策略和收费实施功能(PCEF)
Rx	Diameter	PCRF-PDN	PCRF 与外部 PDN 或第三方服务器 AS 间的接口
SGi	TCP/IP	PGW-PDN	通过标准 TCP/IP 协议在 PGW 与外部应用服务器之间传送数据

2.1.4　接口简介

本小节将从无线空口、S1-MME 接口、基于 GTP 接口以及 S6a 接口几个方面进行介绍。

1. 无线空口

NB-IoT 无线空口分为空口控制面和空口用户面。

1) 空口控制面协议栈

NB-IoT 空口控制面各协议层功能主要包括：

(1) RRC 子层功能：RRC 子层执行系统消息广播、寻呼、RRC 连接管理，其中 NB-IoT 新增 RRC 连接挂起和 RRC 连接恢复、无线资源承载控制、无线链路失败恢复、空闲态移动性管理、与非接入层(NAS)间的交互、接入层(AS)安全以及对各层协议层进行参数配置等功能。

(2) PDCP 子层功能：PDCP 子层主要是发送或接收对等 PDCP 实体的分组数据，主要完成 IP 报头压缩与解压缩、数据与信令的加密以及信令的完整性保护。

(3) RLC 子层功能：RLC 子层主要为用户数据和控制信令提供分段和重传业务，包括数据包的封装和解封装、ARQ 过程、数据的重排序和重复检测、协议错误检测和恢复等。

(4) MAC 子层功能：MAC 子层主要负责数据传输及无线资源分配。

(5) PHY 子层功能：物理层(PHY)位于无线接口协议栈的最底层，提供物理介质中数据传输所需要的所有功能，为 MAC 层和高层提供信息传输的服务。

空口控制面协议栈如图 2-5 所示。

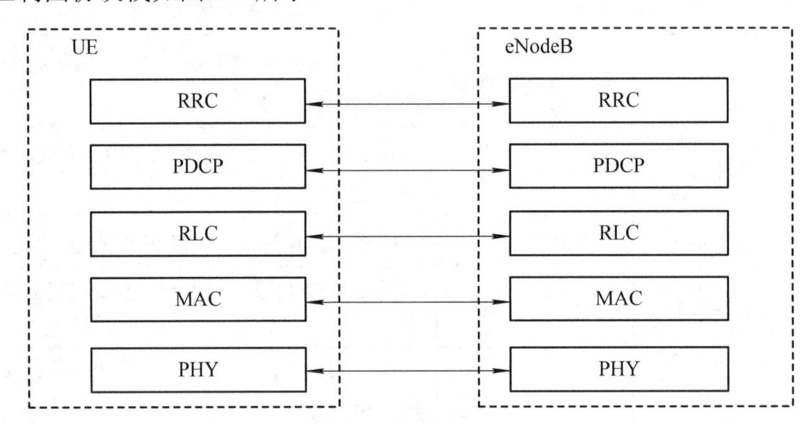

图 2-5　空口控制面协议栈

2) 空口用户面协议栈

空口用户面协议栈除不包括 RRC 层协议，其余均与控制面协议栈相同，如图 2-6 所示。

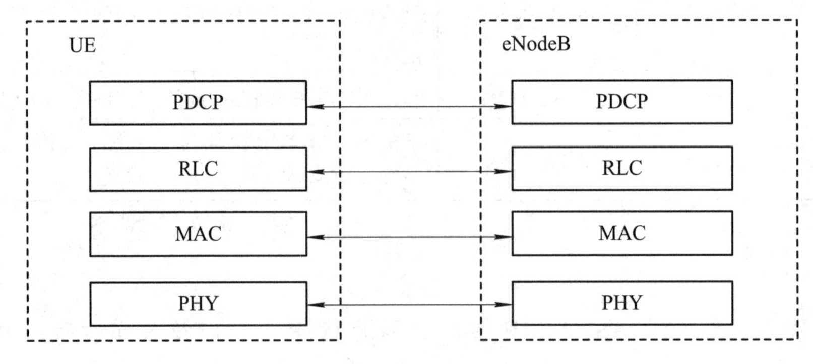

图 2-6　空口用户面协议栈

由于 NB-IoT 支持控制面优化传输方案和用户面优化传输方案：

(1) 当网络采用控制面优化传输方案(CP 优化传输方案)时，用户数据通过 NAS 层传输，无需通过空口用户面传输用户数据。

(2) 当网络采用用户面优化传输方案(UP 优化传输方案)时，用户数据通过用户面传输。

2. S1-MME 接口

S1-MME 作为 eNodeB 和 MME 之间的控制面的接口，主要功能包括寻呼、用户上下文管理、承载管理及上层控制信令 NAS 的透明传输。其协议栈如图 2-7 所示。

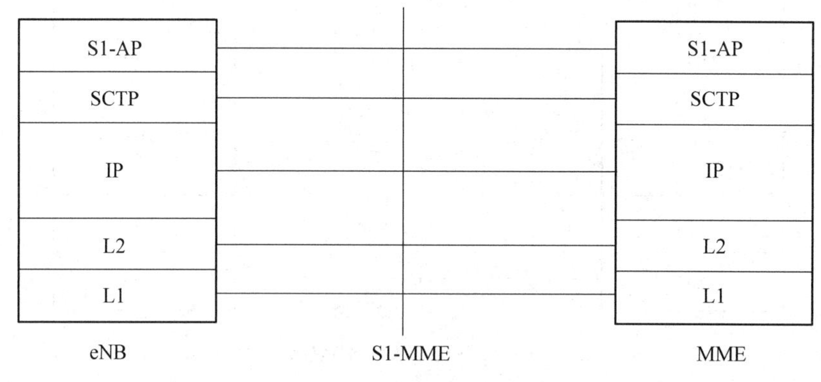

图 2-7　S1-MME 接口协议

其中，S1-AP 是 S1-MME 的信令控制协议，主要完成 S1-MME 接口的各种信令与控制的处理，如表 2-2 所示。

表 2-2　S1 控制面基本过程表

基本过程	相 关 消 息
NAS 传输过程	初始化 UE
	上行 NAS 传输(CP 模式可传输用户数据)
	下行 NAS 传输(CP 模式可传输用户数据)
寻呼过程	寻呼消息
承载管理	承载的建立、修改和释放
用户上下文管理	上下文建立

因 NB-IoT 不支持切换功能，所以 NB-IoT 中 MME 不支持切换相关的移动性管理功能。

3. 基于 GTP 的接口

EPC 网络采用了两种不同版本的 GPRS 隧道协议(GPRS Tunnel Protocol，GTP)，GTP 协议的基本功能是提供网络节点之间的隧道建立，分为 GTP-C(GTP 控制面)和 GTP-U(GTP 用户面)两类。其中，GTP-C 负责传送路径管理、隧道管理和位置管理等相关信令消息，用于对传送用户数据的隧道进行控制，控制面采用的是 GTPv2 协议。GTP-U 用于对所有用户数据进行封装并进行隧道传输，用户面采用的是 GTPv1 协议。

本节基于 GTP 的接口主要从控制平面和用户平面两方面来进行介绍。

1) 控制平面

在 EPC 网络中使用 GTP-C 的接口包括 S11、S3、S4、S10 以及 S5/S8。接下来重点介绍一下 S10、S11-C、S5/S8-C 接口。

(1) MME-MME 间的 S10 接口：S10 接口定义了 MME 之间的控制面的通信。通过该接口，老 MME 可以将附着到 EPC 网络的 UE 上下文信息传送给为用户提供服务的新 MME。S10 接口的协议栈如图 2-8 所示。

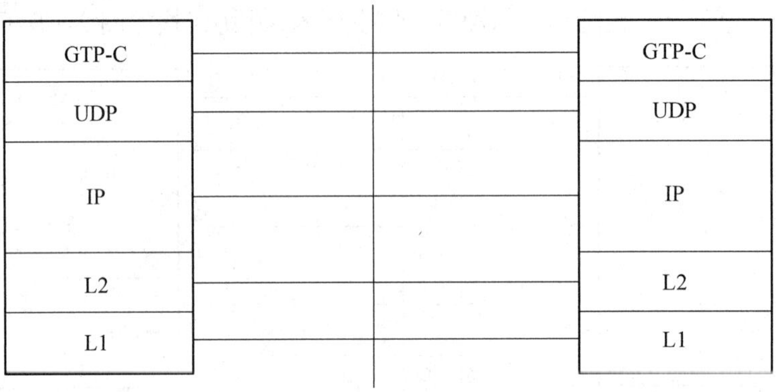

图 2-8　S10 接口的协议栈

(2) MME-SGW 间的 S11-C 接口：其用于为用户创建会话(即为这些会话分配必要的资源)并且管理及维护(例如更新、删除、修改等操作)这些会话。通常情况下，一次会话会关联一个或多个 EPS 承载。例如，在用户附着过程中，MME 需要通过 S11 接口向 SGW 发起默认承载的创建过程。

S11-C 接口的消息通常是由终端用户发起的 NAS 信令流程。比如在设备附着到 EPS 网络时，或在已有的会话中加入新的承载，MME 会通过 S11-C 接口进行承载资源的建设。S11-C 接口的协议栈如图 2-9 所示。

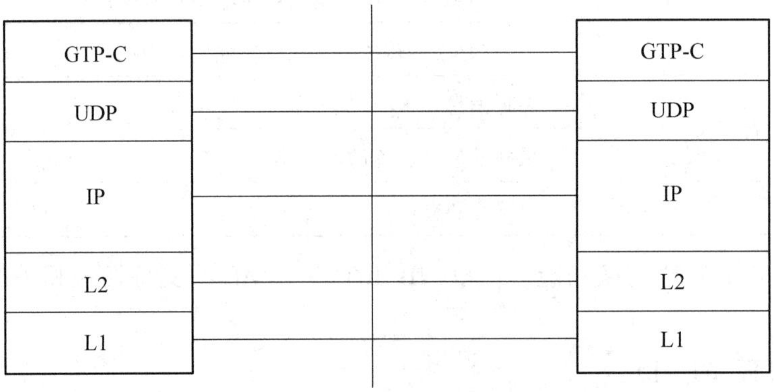

图 2-9　S11-C 接口的协议栈

(3) SGW-PGW 之间的 S5/S8-C 接口：其定义了 SGW 和 PGW 之间的通信，如图 2-10 所示。其中，S5 接口用于非漫游的场景下，属于同一个 PLMN 的 SGW 和 PGW 之间的通信。而 S8 接口用于漫游场景下，分属于两个不同 PLMN 的 SGW 和 PGW 之间的通信。两种场景下，S5/S8 接口所采用的协议及协议栈是完全一样的，因此通常将 S5/S8 接口合并介绍。

当采用 GTP-C 接口作为 S5/S8 接口的控制面协议时，该接口用于为用户创建、删除、修改 EPS 承载，其接口协议栈如图 2-10 所示。

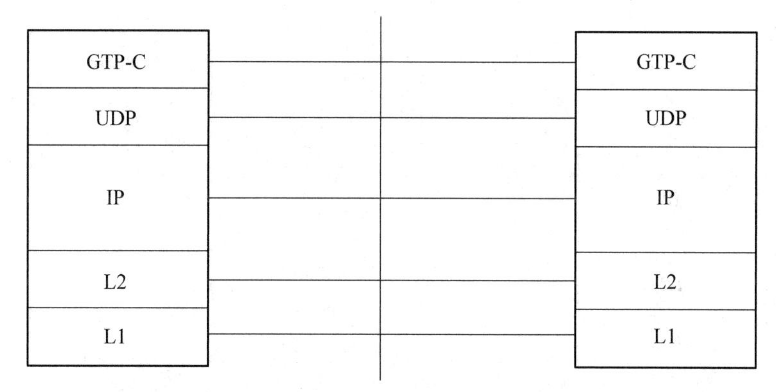

图 2-10　S5/S8-C 接口的协议栈

2) 用户平面

在 NB-IoT 网络架构下，用户面的接口包括 Uu、S1-U、S5/S8-U、S11-U。其中 S1-U、S5/S8-U、S11-U 接口都采用 GTPv1 协议，对所有用户数据进行封装并进行隧道传输。如图 2-11 所示，给出了 EPC 网络中的用户面协议栈。

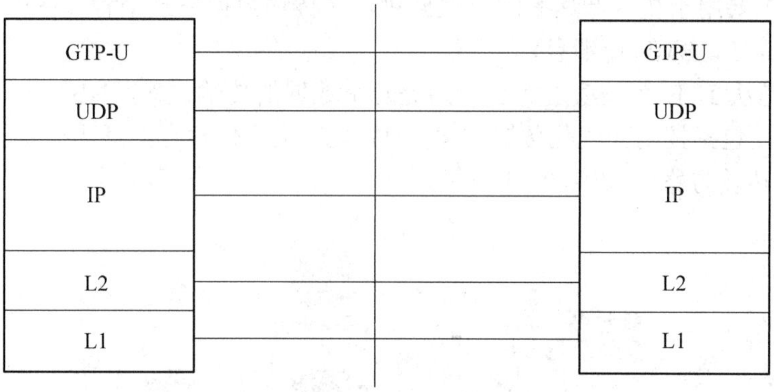

图 2-11　S1-U、S5/S8-U、S11-U 用户面接口的协议栈

4. S6a 接口

S6a 接口定义了 MME 和 HSS 之间的通信，该接口可以在 MME 和 HSS 之间完成用户位置信息交换和用户签约信息的管理。S6a 接口的主要功能包括以下四个。

(1) 鉴权功能：HSS 为 MME 提供 EPS 鉴权参数，当用户接入时，对用户的身份的合法性进行鉴权。

(2) 授权：HSS 中的签约参数包含了用户签约数据如 APN、业务类型、QoS 等信息。通过这些签约信息可以对用户访问 EPS 网络进行授权。这些签约数据是在附着过程中，由 HSS 下发给 MME。

(3) 登记及管理位置信息：HSS 中需要记录为用户提供服务的 MME 的信息，当服务 MME 发生变更时，新 MME 需要向 HSS 发起位置更新。HSS 也需要通知老的 MME 删除用户相关上下文。

(4) 签约信息的变更：当用户状态变化、终端改变或者用户当前 APN(接入点名)的 PGW 信息改变时，MME 向 HSS 发送通知请求消息。

S6a 接口协议栈如图 2-12 所示。

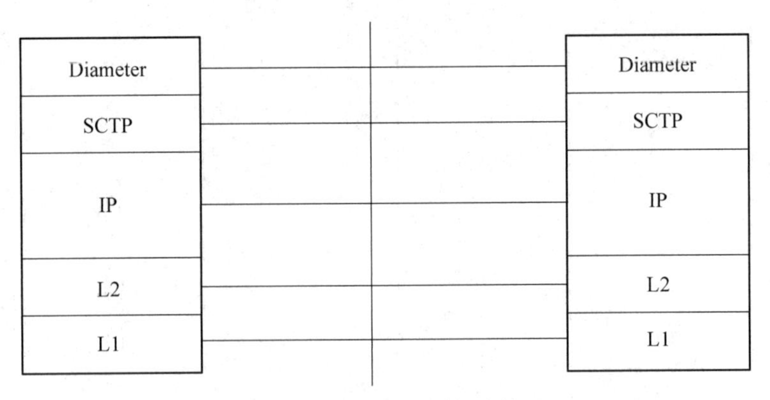

图 2-12　S6a 接口的协议栈

2.2　NB-IoT 数据传输方案概述

NB-IoT 主要用于传送低速率的小数据包，从传输数据格式来看，可以传输三种数据类型：IP、Non-IP、SMS(短消息)。

NB-IoT 是从 LTE 系统演进而来，为提升小数据的传输效率，NB-IoT 系统支持两种优化传输方案，包括控制面优化传输方案(简称 CP 优化传输方案)和用户面优化传输方案(简称 UP 优化传输方案)，如图 2-13 所示。

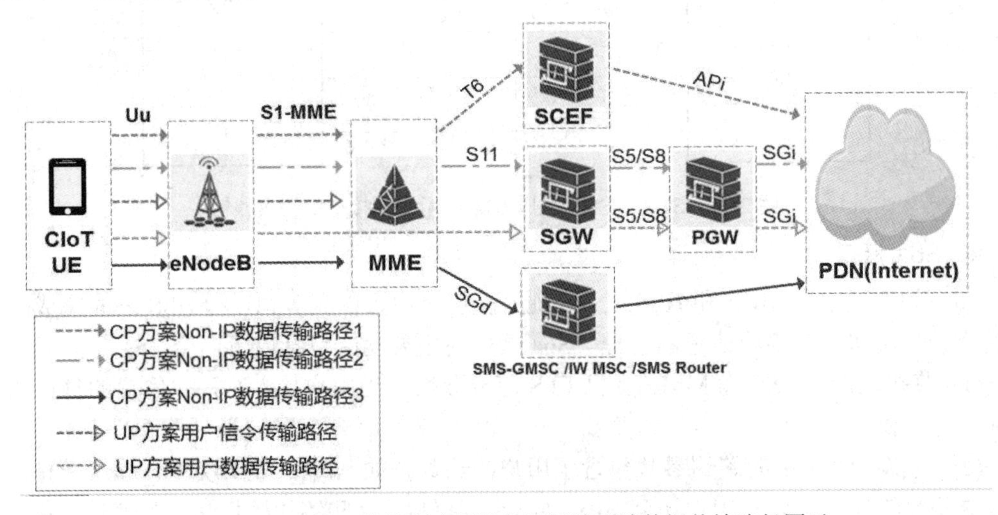

图 2-13　NB-IoT 终端到应用服务器间端到端数据传输路径图示

2.2.1　控制面数据传输优化方案(CP 优化传输方案)

控制面数据传输方案(简称 CP 优化传输方案)主要针对小数据传输进行优化，支持将 IP 数据包、非 IP 数据包(Non-IP)或 SMS(短信息)封装到非接入层(NAS)的数据单元(PDU)中进行传输，无需像传统 LTE 先建立用户面承载(DRB)和 S1-U 承载后，才能传输用户数据。本节先介绍 CP 优化传输方案数据传输路径，再介绍基于 T6 接口以及基于 SGi 接口的 CP 数据传输协议栈。

1. CP 优化传输方案数据传输路径

CP 优化传输方案数据传输路径是：小包数据通过 NAS 信令随路传输到 MME，再通过 SGW(S11 接口)或 SCEF(T6 接口)进行数据传递，最后到达应用服务器，控制面优化传输方案 CP 模式的传输逻辑路径如图 2-14 所示。

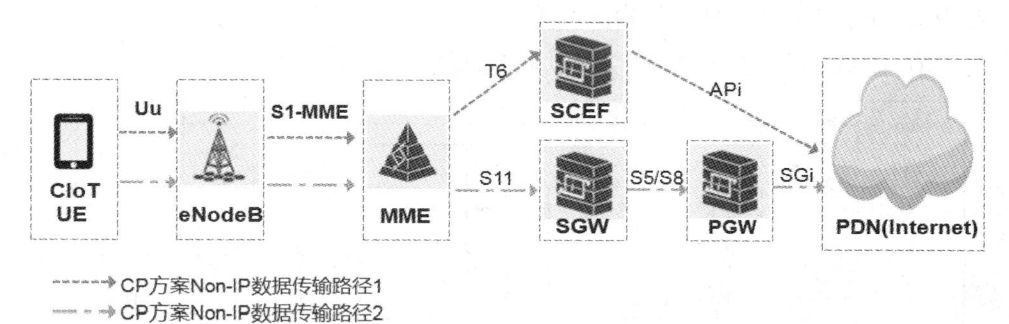

图 2-14　控制面优化传输方案传输路径示意(CP 优化传输方案)

目前国内主要采用控制面优化传输方案进行组网，由于网元 SCEF 是可选配置，仍可沿用 LTE 的网元进行数据传输，但针对 IP 数据或非 IP 数据，传输的路径不同。

1) IP 数据

需要核心网先建立 SGW/PGW 的 PDN 连接，获得 IP 地址，然后通过 IP 地址来传输相关的 IP 数据。用户数据传输路径如下。

(1) 用户手机先申请 IP 地址：终端→NB eNodeB→MME→SGW→PGW；

(2) 申请 IP 地址后再传输 IP 数据：终端→NB eNodeB→SGW→PGW→CIoT 服务。

2) Non-IP 数据

非 IP 数据传输有两种路径，数据包先通过空口 NAS 传递到 MME，再由 MME 决定走 T6 接口还是 SGi 接口传递。

(1) 路径 1：通过 T6 接口，UE→NB eNodeB→MME→SCEF→CIoT 服务；

(2) 路径 2：通过 SGi 接口，UE→NB eNodeB→MME→SGW→PGW→ CIoT 服务。

3) 纯文本业务

纯文本业务(例如短信业务)可采用通过短信网关的路径，把用户数据通过 SGd 接口传递到应用服务器，传输路径如图 2-15 所示。

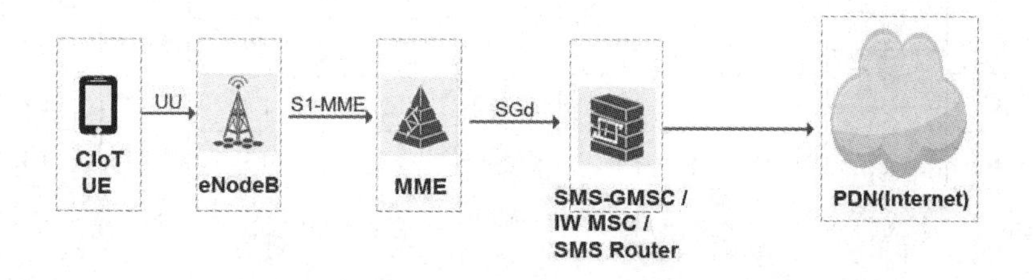

图 2-15　采用短信网关传输的路径方案

短消息服务(SMS 传输)：用户和应用服务器之间的消息通过 MME 和 SMS 传输，数据传输路径为 UE→NB eNodeB→MME→SMSC/IWMSC→CIoT 服务。这种传输方案无需给终端分配 IP 地址。

由于非接入层(NAS)信令是 UE 和 MME 之间的信令对话，涉及 NAS 流程有鉴权、安全模式命令、临时身份 GUTI 的分配等，为避免在 NAS 层传输封装用户数据(NAS PDU)与 NAS 的信令流程冲突，MME 在完成鉴权相关的 NAS 流程后，再发起 NAS 数据 PDU 的传输。

2. 基于 T6 接口的 CP 数据传输协议栈

基于 T6 接口控制面优化传输方案的协议栈如图 2-16 所示。

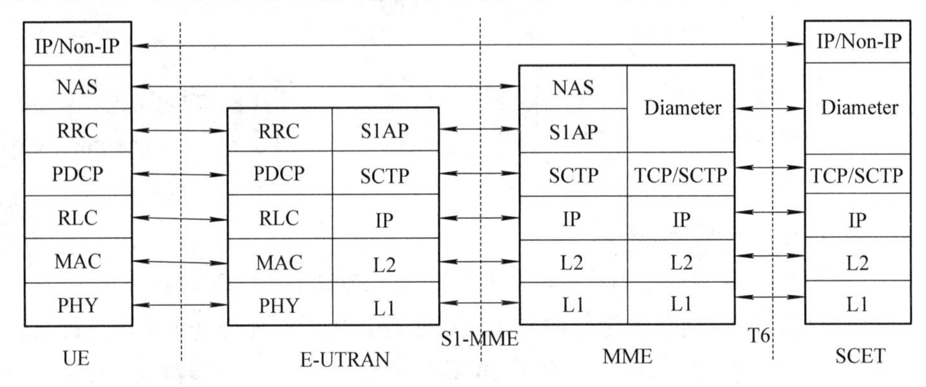

图 2-16　基于 T6 的控制面优化传输方案的协议栈

从基于 T6 控制面优化协议栈可以看出：UE 的 IP 数据/非 IP 数据包，是封装在 NAS 数据包中的。MME 执行了 NAS 数据包到 Diameter 数据包的转换。

(1) 对于上行小数据传输，MME 将 UE 封装在 NAS 数据包中的 IP 数据或非 IP 数据包，提取并重新封装在 Diameter 消息的 AVP 中，发送给 SCEF；

(2) 对于下行小数据传输，MME 从 Diameter 消息的 AVP 中提取 IP 数据或非 IP 数据，封装在 NAS 数据包中，发送给 UE。

3. 基于 SGi 接口的 CP 数据传输协议栈

基于 SGi 接口控制面优化传输方案的协议栈如图 2-17 所示。

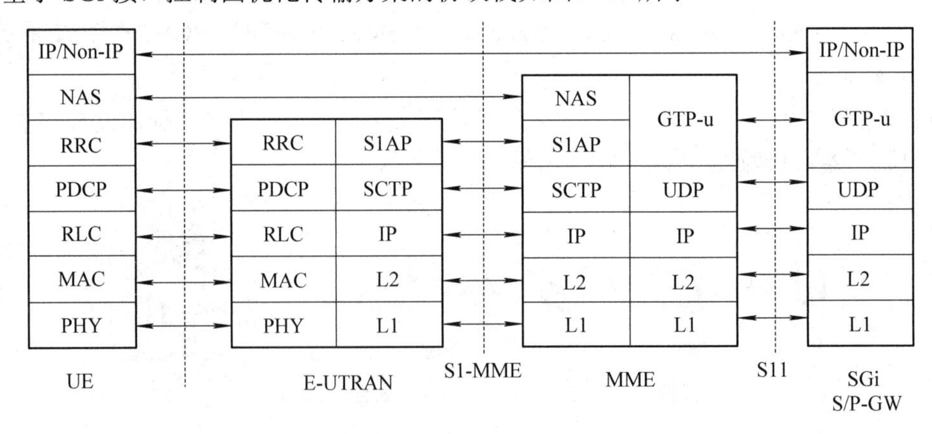

图 2-17　基于 SGI 的控制面优化传输方案协议栈

从基于 SGi 的控制面优化协议栈可以看出：UE 的 IP 数据/非 IP 数据包，是封装在 NAS 数据包中的。MME 执行了 NAS 数据包到 GTP-u 数据包的转换。

(1) 对于上行小数据传输，MME 将 UE 封装在 NAS 数据包中的 IP 数据/非 IP 数据包，提取并重新封装在 GTP-u 数据包中，发送给 SGW。

(2) 对于下行小数据传输，MME 从 GTP-u 数据包中提取 IP 数据/非 IP 数据，封装在 NAS 数据包中，发送给 UE。

2.2.2 用户面数据传输优化方案(UP 优化传输方案)

本小节主要从 UP 优化方案数据传输路径以及用户面数据传输协议栈两个方面进行介绍。

1. UP 优化方案数据传输路径

用户面优化数据传输方案支持用户面数据传输时使用业务请求流程来建立 eNodeB 与 UE 间的接入层(AS)上下文，其传输路径如图 2-18 所示。

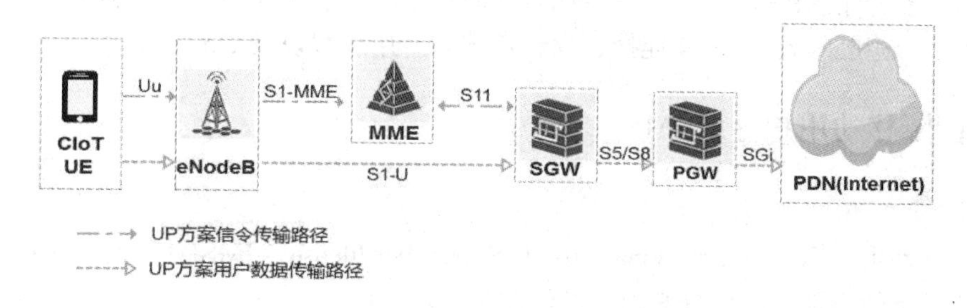

图 2-18　UP 优化方案数据传输路径示意图

对于用户面数据传输优化(UP)模式，NB-IoT 的数据传输方式与传统 LTE 一样，通过用户面的用户数据承载(DRB)传送，为降低物联网终端的复杂度，最多只可同时配置一个或两个用户数据承载，用户数据由 SGW 传递到 PGW 再到应用服务器，因此该方案在建立连接时会产生额外的信令开销，不过优势是数据包序列传送更快，支持 IP 数据和非 IP 数据(Non-IP)的传输。

2. 用户面数据传输协议栈

数据传输协议栈与 LTE 大致相同，如图 2-19 所示。

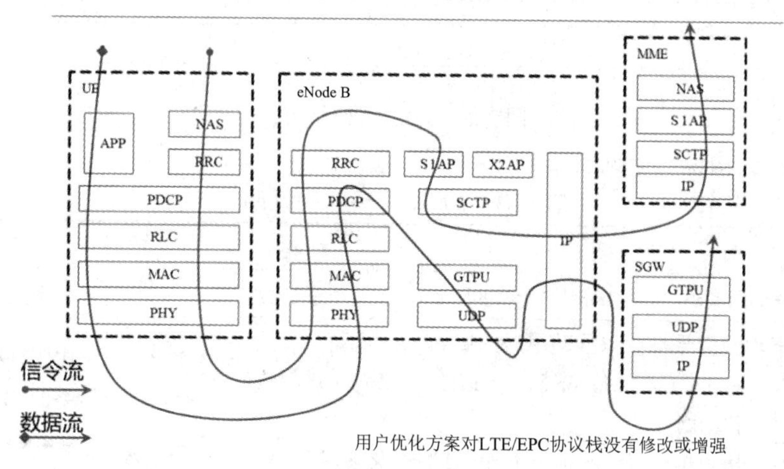

图 2-19　用户面数据传输协议栈

对于用户面优化方案，在 Uu 接口上，NB-IoT 终端可发起 RRC 连接挂起(RRC Suspend)、RRC 连接恢复(RRC Resume)过程。具体的信令流程见第 5 章节 NB-IoT 关键信令流程。

不同于 UE 进入空闲态，在 RRC 连接被挂起后，在 UE、eNodeB 上，仍然会保存 UE 的接入层上下文的关键信息。在 NB-IoT 终端发起 RRC 连接恢复时，eNodeB 可以利用之前保存的信息，快速重建 RRC 连接、恢复之前给 UE 分配的无线空口承载、恢复 S1 连接，从而快速恢复上行数据传输通道。

2.3　NB-IoT 网络的基础概念

本节主要介绍 NB-IoT 网络中常见的基础概念，涉及 IMSI、GUTI、MSISDN、IMEI、APN、PCI、频谱、TAI、PDN 连接、默认承载和专用承载以及 QoS 等。

2.3.1　国际移动用户标识 IMSI

1. 概念

国际移动用户标识(International Mobile Subscriber Identity，IMSI)是 EPC 网络分配给移动用户的唯一的识别号，采取 E.212 编码方式。

2. 结构

IMSI 由三部分组成，结构为移动国家码(Mobile Country Code，MCC)、移动网络号(Mobile Network Code，MNC)、移动台识别号码(Mobile Station Identification Number，MSIN)，格式如图 2-20 所示。

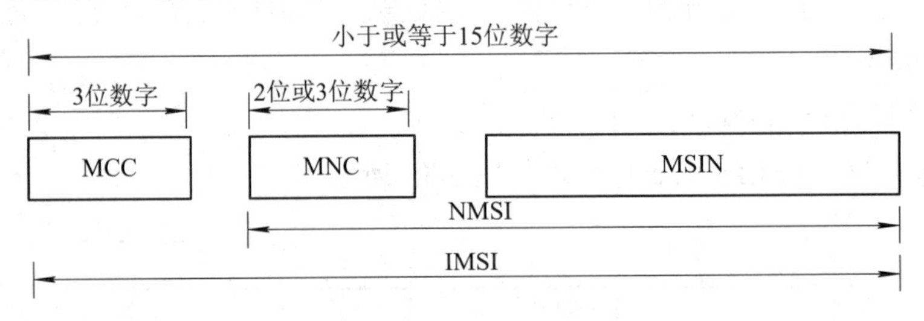

图 2-20　IMSI 号码结构

IMSI 号码结构说明参见表 2-3。

表 2-3　IMSI 号码结构说明

号码结构	说　明	格　式	示　例
MCC	移动国家码，标识移动用户所属的国家	3 位十进制数	中国的 MCC 为 460
MNC	移动网络号，标识移动用户的归属 PLMN(Public Land Mobile Network，公共陆地移动网)	2 位十进制数	中国移动的 CDMA 网络的 MNC 为 01
MSIN	移动用户识别码，标识一个 PLMN 内的移动用户	××-H1H2H3H4-ABCD (××为移动号码的号段)	—

3. 分配原则

IMSI 只能包含数字字符 0～9，最多不能超过 15 位。MCC 由国际电信联盟(International Telecommunication Union，ITU)管理，在世界范围内统一分配。MNC 和 MSIN 合起来，组成国家移动用户识别码 NMSI。NMSI 由各个运营商或国家政策部门负责。如果一个国家有多个 PLMN，那么，每一个 PLMN 都应该分配一个唯一的移动网络代码。

2.3.2　全球唯一临时标识 GUTI

1. 概念

和 LTE 网络一样，为了保护 UE 的永久身份标识 IMSI 在空口传输时不被窃听，NB-IoT 也采用 UE 的全球唯一临时标识(Globally Unique Temporary Identity，GUTI)对 IMSI 进行保护。GUTI 是 EPS 核心网交换系统分配给移动用户的唯一的临时识别号。

一个新的 GUTI 会通过 GUTI 重分配流程，由 MME 分配给 UE。当 UE 获得 GUTI 后，在后续 UE 和网络的信令交互中，UE 可以通过 GUTI 来标识自己，而不会使用 IMSI。GUTI 的有效范围是一个跟踪区，因此当用户所在的跟踪区发生改变时，MME 需要通过跟踪区更新流程为 UE 重新分配 GUTI。

2. 结构

整体上看 GUTI 由两个部分组成，GUMMEI + M-TMSI。其中 GUMMEI(Globally Unique MME Identity)是标识分配该 GUTI 的 MME，M 临时移动用户识别码(M-Temporary Mobile Subscriber Identity，M-TMSI)是标识该 MME 下的 UE。GUMMEI 用于在全球范围内唯一标识一台 MME，由 MCC + MNC + MME Group ID + MME 编码(MME Code，MMEC)构成。

因此 GUTI 的结构为 MCC + MNC + MME Group ID + MMEC + M-TMSI。GUTI 号码结构说明参见表 2-4。

表 2-4　GUTI 号码结构说明

号码结构	说　明	格　式
MCC	标识移动用户所属的国家	3 位十进制数
MNC	标识移动用户的归属 PLMN(Public Land Mobile Network，公共陆地移动网)	2 位十进制数
MME Group ID	MME 网元组标识	32 位二进制数
MMEC	MME 的编码	16 位二进制数
M-TMSI	由于在 MME 内只有本地识别，因此 M-TMSI 的结构和编码可以由运营商和制造商共同确定，以满足实际运营的需要	8 位二进制数

3. 分配原则

GUTI 是由 MME 分配给用户的唯一识别号。GUTI 的功能类似于 IP 网络中的 IP 地址，IP 地址既是 IP 节点的标识，同时又兼具路由寻址的功能。因此，GUTI 在 EPC 网络中同时具有标识 UE 和寻址 MME 的功能。

2.3.3 移动用户国际号码 MSISDN

1. 概念

移动用户国际号码(Mobile Subscriber International ISDN/PSTN Number，MSISDN)指主叫用户在呼叫 GSM PLMN 中的一个移动用户所需拨的号码，作用同于固定网 PSTN 号码，是在公共电话网交换网络编号计划中，唯一能识别移动用户的号码。MSISDN 采用 E.164 编码方式存储在 HLR 和 VLR 中，在 MAP 接口上传送。

2. 结构

MSISDN 由三部分组成，结构为国家码(Country Code，CC) + 国内接入号(National Destination Code，NDC) + 用户号码(Subscriber Number，SN)。

3. 分配原则

MSISDN 是国际电信联盟－电信标准部(International Telecommunication Union-Telecommunication Standardization Sector，ITU-T)分配给移动用户的唯一的识别号，采取 E.164 编码方式。

2.3.4 国家移动终端设备标识 IMEI

1. 概念

国家移动终端设备标识(International Mobile Equipment Identity，IMEI)用于标识终端设备，可以用于验证终端设备的合法性。

2. 结构

IMEI 由三部分组成，结构为设备型号核准号码(Type Approval Code，TAC) + 出厂序号(Serial Number，SNR) + Spare。IMEI 号码结构说明参见表 2-5。

表 2-5　IMEI 号码结构说明

号码结构	说　明	格　式
TAC	类型分配码	8 位十进制数
SNR	一组独立的号码，唯一确定每个移动设备	6 位十进制数
Spare	通常为 0	1 位十进制数

3. 分配原则

TAC 是设备发行时定义的，SNR 由各设备厂商自主分配。

2.3.5 接入点名称 APN

1. 概念

接入点名称(Access Point Name，APN)，通过运营商中的域名系统(Domain Name System，DNS)将 APN 转换为 PGW 中配置的 IP 地址。

2. 结构

APN 由两部分组成，结构为 APN 网络标识 + APN 运营者标识。APN 号码结构说明见表 2-6。

表 2-6　APN 号码结构说明

号码结构	说　　明	格　式
APN 网络标识	是由网络运营者分配给 ISP 或公司的、与其固定 Internet 域名一样的一个标识，表示 PGW 与哪个外网相连	<APN_NI>.apn.epc
APN 运营者标识	用于标识归属运营商网络	由三部分组成，最后一部分必须为“3gppnetwork.org”，其形式为“mncxxx.mccyyy. 3gppnetwork.org”

因此 LTE 的域名结构为：<APN_NI>.apn.epc. mncxxx.mccyyy.3gppnetwork.org。其中需要注意的是 mnc 必须是三位，如果 mnc 是两位，应在最高位左侧填 0。例如，中国移动“cmnet”的 APN 格式为：cmnet.apn.epc.mnc000.mcc460.3gppnetwork.org。

3. 分配原则

APN 网络标识通常作为用户签约数据存储在 HSS 中，用户在发起分组业务时也可向 MME 提供 APN。

2.3.6　物理小区标识 PCI

物理小区标识(Physical Cell Identifier，PCI)用于在物理层中区分不同小区的无线信号。NB-IoT 中沿用 LTE 的 PCI 的数量，仍是 504 个，网管配置时，PCI 的配置范围是 0～503 之间的一个整数。

504 个 PCI 被分成 168 个不同的组(记为 N_{ID}^{1}，范围是 0～167)，每个组又包括三个不同的组内标识(记为 N_{ID}^{2}，范围是 0～2)。因此，物理小区 ID(记为 N_{ID}^{cell})可以通过的公式(2-1)计算得到：

$$\mathrm{PCI} = N_{ID}^{cell} = 3 \times N_{ID}^{1} + N_{ID}^{2} \tag{2-1}$$

其中 N_{ID}^{2} 由主同步信号 PSS 携带，N_{ID}^{1} 由辅同步信号 SSS 携带，通过小区搜索流程检索主同步信号序列和辅同步信号序列，即可确定具体的小区 ID。

现实组网不可避免要对 PCI 进行复用，可能造成相同 PCI 由于复用距离过小产生冲突(PCI 冲突)，可通过 PCI 规划降低 PCI 冲突的影响。PCI 规划(物理小区 ID 规划)的目的就是为每个 eNodeB 小区合理分配 PCI，确保同频同 PCI 的小区下行信号之间不会互相产生干扰，避免影响手机正确同步和解码正常服务小区的导频信道。

2.3.7　频谱介绍

NB-IoT 与 LTE 使用相同的频谱，在目前 R13 协议版本中，NB-IoT 不支持 TDD。NB-IoT

有三种部署模式：独立部署、保护带部署以及带内部署。

在授权频段列表中，NB-IoT 使用 FDD 的频点，目前全球主流的频段是 800 MHz 和 900MHz。国内 NB-IoT 系统可部署于 FDD-LTE 频段中，也可部署于 GSM 频段中，目前主要使用 800 MHz、900 MHz、1800 MHz、2100 MHz 频段：

(1) 800 MHz 和 900 MHz 为重耕的 GSM 频段；

(2) 1800 MHz、2100 MHz 是与 FDD-LTE 共同部署。

2.3.8 跟踪区标识 TAI

1. 概念

跟踪区标识(Tracking Area Identity，TAI)用于标识跟踪区(Tracking Area，TA)。TA 是 LTE 系统为 UE 的位置管理设立的概念，NB-IoT 中也保持沿用下来。TA 是小区级的配置，TA 由若干个小区组成，且一个小区只能属于一个 TA。LTE 小区的覆盖范围从几十米、几百米到数千米不等，因此跟踪区的大小可以覆盖一个城市的部分区域甚至整个城市。

在 EPS 系统中，当用户的位置发生变化时，需要通知网络，为减少 UE 与网络之间位置更新信令流量，NB-IoT 也沿用 LTE 系统中的 TA List 概念，TA List 即 TA 列表，一个 TA List 包含 1～16 个 TA。MME 可以为每一个 UE 分配一个 TA List，并发送给 UE 保存。如图 2-21 所示，TA List1 包含 TA1 和 TA2，TA List2 包含 TA3、TA4 和 TA5。

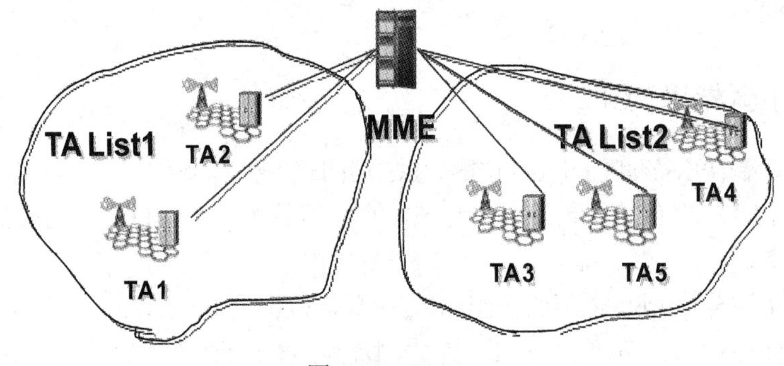

图 2-21　TA List

当 UE 在同个 TA 列表里移动时，不需要触发 TA 更新流程。当 UE 进入不在其所注册的 TA 列表中的新 TA 区域时，需要执行 TA 更新，此时 MME 会给 UE 重新分配一个新的 TA List，新分配的 TA 也可能包括原有 TA 列表中的一些 TA。在有业务需求时，网络会在 TA List 所包含的所有小区内向 UE 发送寻呼消息。

在 NB-IoT 中，MME 的寻呼范围是整个跟踪区，即 TA List 的大小与 Paging(寻呼)的信令量是成正比的，即 TA List 越大，Paging 的信令量越大，UE 进行 TAU 的频度越小；而 TA List 越小，Paging 的信令量就越少，但 UE 发生 TAU 的频度会比较大。因此，分配合适的 TA List 对优化系统性能非常重要。

由于 TA List 的分配是一种实现方法，3GPP 规范中没有规定具体的实现算法，由设备厂商自行设计，如将 UE 的当前 TA(或其周围的一个或多个 TA)包含到该 UE 的 TA List 中，也可以根据 LTE 系统中已有的 TA List 参数进行估计，从而分配一个更合适的 TA List。

2. 结构

TAI 由三部分组成，格式为：跟踪区代码(Tracking Area Code，TAC) + MNC + MCC。TAI 号码结构说明参见表 2-7。

表 2-7　TAI 号码结构说明

号码结构	说　明	格　式
TAC	在 EPS 中，一个或多个小区组成一个跟踪区，跟踪区之间没有重叠区域	16 bit
MNC	移动网络号，标识移动用户的归属 PLMN(Public Land Mobile Network，公共陆地移动网)	2 位十进制数
MCC	移动国家码，标识移动用户所属的国家	3 位十进制数

3. 分配原则

TAI 由 E-UTRAN 分配。TA 列表重分配可能在 Attach、Tracking Area Update 及 GUTI 过程中由 MME 分配给 UE。

2.3.9 PDN 连接

1. 概念

PDN(Packet Data Network)是所有基于分组交换网络的总称，通常可以分为 Internet 公网和 internet 企业私网。PDN 网络在分组域网络中用 APN 来区分，运营商通过设置不同的 APN 来提供不同的服务，比如中国移动的 cmnet 用于提供 Internet 服务，cmwap 提供运营商的自由服务，如手机邮箱、移动梦网、手机报等增值服务。

在 EPS 网络中，UE 需要访问 PDN 中的业务时，首先要建立一条到 PDN 网络的逻辑连接，称为 PDN 连接。建立 PDN 连接时，需要为终端分配一个 IP 地址来实现用户数据网络中的路由和转达，同时根据 APN 选择 PGW。PDN 连接必须关联 UE 的 IP 地址，PDN 由 APN 标识。可以说一个 PDN 连接等于一个 IP 地址加上一个 APN 来标识。EPC 支持一个终端同时建立多条 PDN 连接，比如某个企业网用户在建立连接本企业网的 PDN 连接的同时，可以同时建立到 Internet 的 PDN 连接。

2. PDN 与 QoS

在 PDN 网络中存在不同类别的应用服务，比如用户在连接到 Internet 时，可以进行网页浏览、在线视频、FTP 下载等不同的应用服务，这些不同的业务对网络 QoS 的要求显然是不一样的，为了保障不同服务都有良好的使用体验，需要针对不同业务使用不同的 QoS 控制策略。

EPS 网络中实现 QoS 的一个基本机制就是 EPS 承载(EPS Bear)。一个 PDN 连接由一个或多个 EPS 承载组成。每个 EPS 承载都与一组 QoS 参数关联，用于描述该 EPS 承载所需要的 QoS，比如承诺的上下行比特率、延时等。相同类别的业务数据流可以由同一种 EPS 承载来传送，不同类别的业务流在需要传送时，可以创建多个不同的 EPS 承载，这些承载都关联到相同的 PDN，即 APN 是相同的，UE 的 IP 地址是相同的，不同的是各个承载的 QoS，如图 2-22 所示。

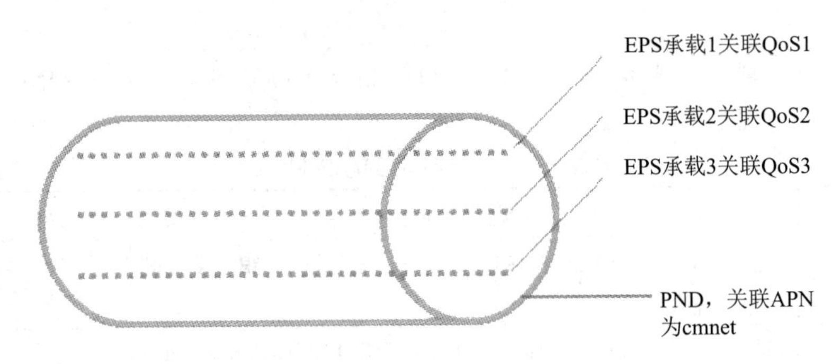

图 2-22　单用户的 PDN 与 QoS 的关系

2.3.10　默认承载和专用承载

一个 PDN 连接由至少一个 EPS 承载组成，根据不同业务对 QoS 的需求可以建立更多的 EPS 承载。在一个 PDN 连接中，只有一个默认承载，但可以有多个专用承载，NB-IoT 由于不承载语音业务，所以只采用默认承载。

在 PDN 连接建立时激活的第一个 EPS 承载，称为默认承载(Default Bearer)，默认承载关联用户的默认 QoS 参数，在 EPS 网络中 3GPP 引入了永久在线的概念，它是指终端发起附着流程时，伴随着用户附着过程会创建一个默认承载并一直保持存在。3GPP 规范中没有定义默认承载去激活的流程，也就是说只要用户附着在网络上，默认承载永久存在，直到用户去附着才会释放默认承载。

在该 PDN 网络中，后续建立的 EPS 承载称为专用承载(Dedicated Bearer)，专用承载是为同一用户连接到同一个 PDN 网络需要不同 QoS(默认承载不能满足的)保证的业务流建立的不同于默认承载的 EPS 承载。例如，当用户要访问 PDN 网络中的高清视频业务时，但默认承载不足以提供足够的 QoS 保障，系统会建立一条专用承载用于传送高清视频业务流。当高清视频业务访问结束时，专用承载可以被单独释放，当有业务需求时再次建立。

如图 2-23 所示给出了默认承载、专用承载及 PDN 连接之间的关系，当 UE 建立一个 PDN 连接时，PDN 网络用 APN1 标识。该 PDN 连接包含 1 条默认承载和两条专用承载。其中，默认承载是在附着过程中创建完成的，后续两条专用承载是按需创建的，需要 UE 发起针对特定业务的访问来动态触发建立。

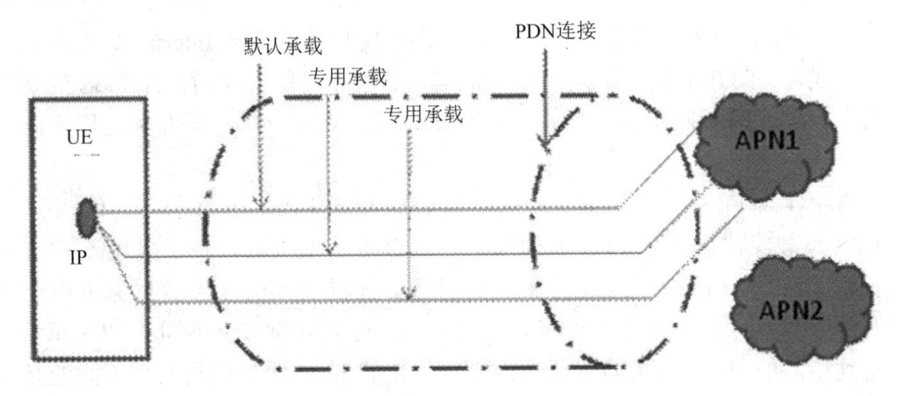

图 2-23　默认承载、专用承载及 PDN 连接之间的关系

在 NB-IoT 中，当采用 UP 传输模式时，才会建立 1 个默认承载和 1 个专用承载。当采用 CP 传输模式时，只建立默认承载。

2.3.11　服务质量 QoS

1. QoS 特征

EPS 系统提供一套端到端的 QoS 控制机制，由终端、eNodeB、EPC 设备共同实现，其特征如下：

(1) 基于网络的 QoS 接纳控制：相比 2G/3G，QoS 控制由 UE 侧发起，EPS 承载的 QoS 控制策略的决策和下发由网络侧决定，减少 QoS 协商步骤，避免网络资源的浪费，有效提高网络资源利用率。

(2) 简化 QoS 控制参数：将 QoS 控制参数简化为四个参数，有利于业务 QoS 策略的制定和下发。

(3) 提高资源复用能力：引入聚合最大带宽的概念，对资源进行统筹管理，避免承载空闲态的预留资源浪费，提高承载的统计复用能力，提高无线资源的使用效率。

(4) 多级 QoS 控制粒度：给出基于承载级、APN 级、用户级三种粒度的 QoS 控制机制，指定更灵活的业务策略提高 QoS 保证。

2. QoS 参数

EPS 定义了承载级、APN 级、UE 级三个粒度的 QoS 参数，并依据各自特性定义相关的 QoS 参数，如表 2-8 所示。 HSS 仅签约与默认承载相关的 QoS 参数，专用承载 QoS 参数由 PCRF 动态决策生成。

表 2-8　QoS 参数体系

QoS 参数介绍		承载级 QoS				APN-AMBR	UE-AMBR
		QCI	ARP	GBR	MBR		
默认承载		√签约	√签约				
专用承载	Non-GBR 专用承载	√	√				
	GBR 专用承载	√	√	√	√		
用户某一 APN 内所有 Non-GBR 承载						√签约	
用户所有 Non-GBR 承载							√签约

其中，承载级 QoS 参数包括：QoS 分类表示码(Qos Class Identifier，QCI)分配和保持优先(Allocation and Retention Priority，ARP)保证的比特速率(Guaranteed Bit Rate，GBR)最大的比特速率(Maximun Bit Rate，MBR)每个 QoS 参数都对应一个上行部分和下行部分。

1) ARP

分配保留优先级，在资源受限的情况下，决定是否接受承载的建立或更新请求。另外，ARP 还可以用于资源受限时决定释放的承载。

2) GBR(Guaranteed Bit Rate)

保证比特速率，系统通过预留资源等方式保证数据流的比特速率在不超过 GBR 时能够全部通过，超过 GBR 的流量可以按照以下几种方式处理：拥塞时超过 GBR 的流量会被丢弃，不拥塞时超过 GBR 但小于 MBR 的流量可以通过。

3) MBR(Maximum Bit Rate)

最大比特率，系统通过限制流量的方式禁止数据流的比特速率超过 MBR。

4) QCI

EPS 承载的 QoS 类别由新的 QoS 参数 QCI 指明。QCI 是个数字，每个数字代表了一种 QoS 等级，对 QoS 的标准进行了具体的量化。每个 QCI 值对应三种不同的 QoS 属性：优先级、时延及丢包率。

如表 2-9 给出了 QCI 参数的简化说明，其中 QCI1-4 用于 GBR(Guaranteed Bit Rate，保证比特率的承载)，取值 5-9 分配给非 GBR(Non- Guaranteed Bit Rate，非保证比特率承载)。EPS 承载一定是非 GBR 承载，并会赋予较低的 QoS 属性，而 EPS 专用承载既可能是 GBR 承载，也可能是非 GBR 承载，要根据业务需求来决定。

表 2-9　QCI 描述表

序号	资源类型	优先级	时延/ms	丢包率	业 务 举 例
1	GBR	2	100	10^{-2}	LTE 话音
2		3	50	10^{-3}	实时游戏
3		4	150	10^{-3}	视频会议、视频通话：如新闻采编播
4		5	300	10^{-6}	视频
5	Non-GBR	1	100	10^{-8}	IMS 信令
6		6	300	10^{-6}	视频(缓冲流) 基于 tcp 的(www 网页，电子邮件，聊天，ftp，p2p 文件共享，渐进视频等)
7		7	100	10^{-3}	话音、视频(在线流媒体)交互类游戏
8		8	300	10^{-6}	视频(缓冲流) 基于 tcp 的(www 网页，电子邮件，聊天，ftp，p2p 文件共享，渐进视频等)
9		9	—	—	

5) APN-AMBR 和 UE-AMBR

在 EPS 系统还定义了 APN 级别的 QoS，即 APN 聚合最大比特率(APN-Aggregate Maximum Bit，APN-AMBR)，APN-AMBR 参数是关于某个 APN，所有的 Non-GBR 承载的比特速率总和的上限。本参数存储在 HSS 中，它限制同一 APN 中所有 PDN 连接的累计比特速率的总和。该参数可以作为 HSS 签约数据的一部分，也可以被 PCRF 修改，具体执行是由 PGR 负责。

UE 级别的 QoS，称为 UE 聚合最大比特率(UE-Aggregate Maximum Bit，UE-AMBR)该参数是关于某个 UE、所有 Non-GBR 承载的、所有 APN 连接的比特率总和的上限。本参数作为签约数据存储在 HSS 中，当 UE 建立起第一个连接时，相应的上下行 UE-AMBR 通过注册过程传送给 eNodeB，由 eNodeB 完成控制和执行。

一个 EPS 承载是 UE 和 PGW 间的一或多个业务数据流(Service Data Flow，SDF)的逻辑聚合。在 NB-IoT 中，承载级别的 QoS 控制是以 EPS 承载为单位进行的。即映射到同一个 EPS 承载的业务数据流，将受到同样的分组转发处理(如调度策略、排队管理策略、速率调整策略、RLC 配置等)。如果想对两个 SDF 提供不同的承载级 QoS，则这两个 SDF 需要分别建立不同的 EPS 承载。

EPS 承载建立的过程与实现原理说明如下：

(1) 首先，UE 通过 UL-TFT 将一个上行 SDF 绑定成一个 EPS 承载，若在 UL-TFT 中包含多个上行分组数据包过滤器，则多个 SDF 将可以复用相同的 EPS 承载。

(2) 随后依顺序，UE 通过创建 SDF 与无线承载之间的绑定，实现 UL-TFT 与无线承载之间的一一映射；eNodeB 通过创建无线承载与 S1 承载之间的绑定，实现无线承载与 S1 承载之间的一一映射；SGW 通过创建 S1 承载与 S5/S8 承载之间的绑定，实现 S1 承载与 S5/S8 承载之间的一一映射。

(3) 最终，EPS 承载数据通过无线承载、S1 承载以及 S5/S8 承载的级联，实现了 UE 对外部 PDN 网络之间 PDN 连接业务的支持。

EPS 承载建立过程与实现原理如图 2-24 所示。

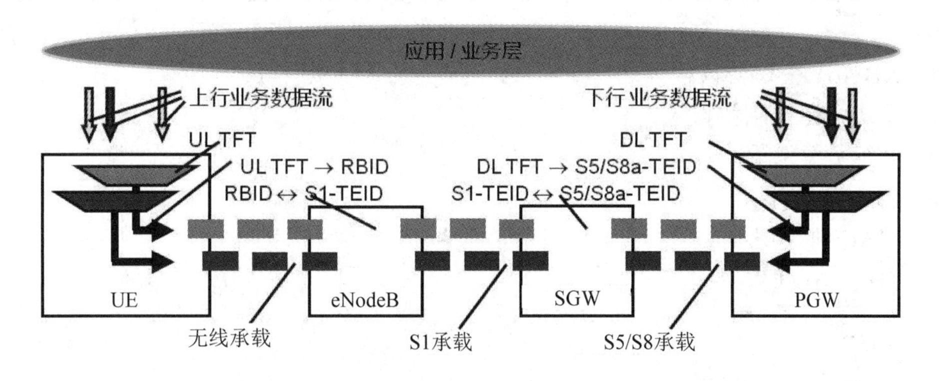

图 2-24　EPS 承载建立过程与实现原理图

第 3 章　NB-IoT 空口协议

知识点

本章主要介绍窄带物联网 NB-IoT 网络的空口协议原理，主要内容包括窄带物联网 NB-IoT 空口协议架构及各协议层功能，通过对比 LTE 空口协议层功能，让读者了解窄带物联网 NB-IoT 空口协议层架构，为信令流程及参数规划做好知识铺垫，本章主要介绍以下内容：

(1) NB-IoT 空口协议栈概述；
(2) 无线资源控制协议层；
(3) 分组数据汇聚协议层；
(4) RLC 协议层；
(5) MAC 协议层；
(6) PHY 协议层。

3.1　NB-IoT 空口协议栈概述

本节主要从空口协议分类、接入层和非接入层作用以及接入层协议栈功能三个方面进行介绍。

3.1.1　空口协议分类

NB-IoT 空口协议栈包括接入层和非接入层。

1. 接入层(AS)

接入层负责对无线接口的管理和控制，主要传输 UE 与基站交互的信息，包括 RRC 层、PDCP 层、RLC 层、MAC 层、物理层。

2. 非接入层(NAS)

非接入层传输涉及无线空口和 S1 接口，主要传输 UE 与 MME 交互的信息，基站不解析 NAS 信息。NB-IoT 空口协议栈如图 3-1 所示。

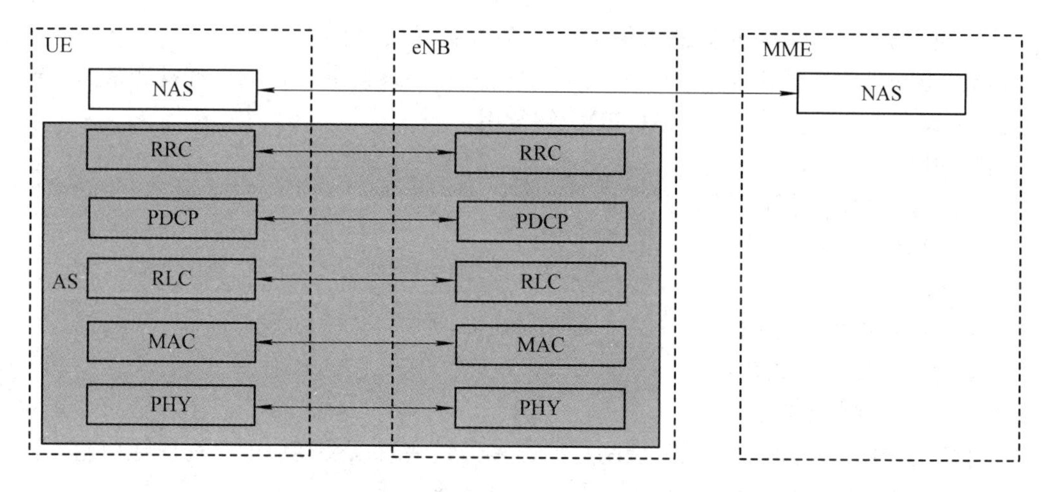

图 3-1　NB-IoT 空口协议栈分类

3.1.2　接入层和非接入层作用

(1) 接入层信令是为非接入层的信令交互而做铺垫，通过接入层的信令交互，在 UE 和核心网之间建立信令通路后，才能进行非接入层的信令流程。

(2) 对于 NB-IoT 来说，当网络采用 CP 传输模式组网时，连接态终端可以通过空口的 NAS 信息传递业务数据消息，所涉及的 NAS 信令主要是上行的 UL information Transfer-NB 和下行的 DL information Transfer-NB。

3.1.3　接入层协议栈功能

对于接入层(Access Stratum，AS)，各层协议功能如下：

(1) RRC(Radio Resource Control，无线资源控制)处理 UE 和 eNodeB 之间控制面的 RRC 信息，负责无线资源管理(RRM)，执行系统消息广播、寻呼、RRC 连接管理、无线承载控制、无线链路失败恢复、空闲态移动性管理、与非接入层间的交互、接入层安全以及对各底层协议提供参数配置的功能。对 NB-IoT 来说，RRC 连接管理包括 RRC 连接建立、RRC 连接释放、RRC 连接挂起、RRC 连接恢复(挂起/恢复仅用于用户面优化传输方案)。

(2) PDCP(Packet Data Convergence Protocol，分组数据汇聚协议)负责将 IP 报头压缩和解压缩、用户数据与信令的加密以及信令完整性保护。

(3) RLC(Radio Link Control，无线链路控制层协议)负责分段与连接、重传处理以及对高层数据的顺序传送。RLC 层以无线承载的方式为 PDCP 层提供服务，其中，每个终端的每个无线承载配置一个 RLC 实体。RLC 支持的功能有：PDU 传输、ARQ、包的组合与拆分。主要通过三种模式将数据交付给对端的 RLC 实体，这三种模式分别是 TM 透传模式、UM 非确认模式和 AM 确认模式。因 NB-IoT 不支持语音 VoIP 业务，所以 NB-IoT 不支持 UM 非确认模式，采用 TM 和 AM 模式。

(4) MAC(媒体访问控制层)以逻辑信道的方式为 RLC 层提供服务，主要功能包括：

① 逻辑信道与传输信道之间的映射；

② 将来自于一个或多个逻辑信道的业务数据单元(MAC PDU)复用到一个传输块(Transport Block)中，通过传输信道发送到物理层，或将反向通过传输信道发送来的传输块中的一个或多个业务数据单元(MAC PDU)解复用；

③ 调度信息上报；

④ 通过 HARQ 进行纠错；

⑤ 逻辑信道优先级排序；

⑥ 传输格式选择；

⑦ 缓存状态报告 BSR；

⑧ 功率余量上报 PHR；

⑨ 非连续接收 DRX。

(5) 物理层负责处理编译码、调制解调、多天线映射以及其他电信物理层功能。物理层以传输信道的方式为 MAC 层提供服务，主要功能包括：

① 物理信道调制与解调；

② 频率与时间同步；

③ 射频处理；

④ 无线特征测量，并向高层提供指示；

⑤ 传输信道的纠错编码或译码；

⑥ 传输信道的错误检测，并向高层提供指示；

⑦ 物理信道功率加权；

⑧ HARQ 软合并等。

原则上低层向高层服务，高层可以控制低层，空口各协议详见本章后续介绍。

3.2　无线资源控制协议层

无线资源控制(Radio Resource Control，RRC)处理空中接口的层三信令，负责无线资源管理(RRM)，执行系统消息广播、寻呼、RRC 连接管理、无线承载控制、无线链路失败恢复、空闲态移动性管理、与非接入层间的交互、接入层安全以及对各底层协议提供参数配置的功能。接下来将分别介绍 RRC 状态、RRC 层功能演进以及 NB-IoT 空口支持的承载类型三个方面的内容。

3.2.1　RRC 状态

NB-IoT 系统支持两种 RRC 状态：激活态(RRC_Connected)和空闲态(RRC-IDLE)。

RRC 状态转换如图 3-2 所示。

(1) 当终端和基站建立 RRC 连接或恢复 RRC 连接时，终端从空闲态迁移到连接态。

(2) 当终端和基站释放 RRC 连接或挂起 RRC 连接时，终端从连接态迁移到空闲态。

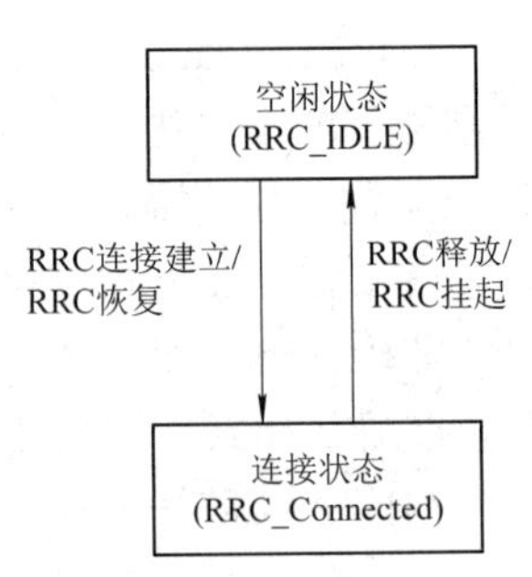

图 3-2　RRC 状态转换示意图

3.2.2　RRC 层功能演进

NB-IoT 由 LTE 演进而来，相比于 LTE，NB-IoT 的 RRC 层功能有如下变化：

(1) NB-IoT 系统中的空闲态支持获取系统信息、监听寻呼、发起 RRC 连接建立以及终端控制的移动性，支持激活态的资源调度、接收发送 RRC 信令以及收发数据。

(2) NB-IoT 不支持空闲态的 DRX，也不支持网络控制的移动性(如切换、测量报告)，同时激活态时不再监听寻呼和系统消息，也不支持向基站发送信道质量反馈 CSI。

(3) NB-IoT 中支持 3 个信令无线承载(Signaling Radio Bearer，SRB)，分别是 SRB0、SRB1、SRB1bis，不支持 SRB2，用于传输 RRC 消息和 NAS 消息。

NB-IoT 的 RRC 层功能如图 3-3 所示。

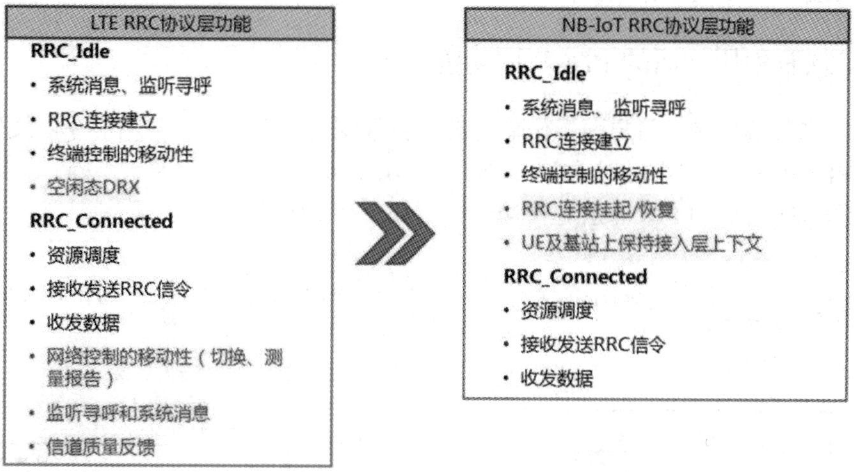

图 3-3　NB-IoT RRC 协议层功能演进

3.2.3　NB-IoT 空口支持的承载类型

无线承载(Radio Bearer，RB)可理解为终端与基站间的信息传输通道。

(1) 终端与基站间的数据承载(Data Radio Bearer，DRB)用于传送用户数据。

(2) 终端与基站间的信令承载(Signaling Radio Bearer，SRB)用于传送信令数据。

NB-IoT 中 RRC 空口支持的承载类型如表 3-1 所示。

表 3-1　NB-IoT 中 RRC 支持的承载

承载名称	功　能
SRB0	用于承载 CCCH 上的 RRC 消息，用于 RRC 连接建立、RRC 连接恢复或 RRC 连接重建立
SRB1	用于在接入层安全激活之后承载在 DCCH 上的 RRC 消息和 NAS 消息
SRB1bis	用于在接入层安全激活之前承载在 DCCH 上的 RRC 消息和 NAS 消息
DRB	当核心网采用用户面优化传输方案(UP)时会建立 DRB 承载，用于传输用户数据。当核心网采用控制面优化传输方案(CP)时不建立 DRB 承载

3.3　分组数据汇聚协议层

本节主要从 PDCP 协议层功能、控制面和用户面的 PDCP 层功能、NB-IoT 的 PDCP 层功能演进、头压缩 ROHC 算法简介以及头压缩算法省略掉的内容几个方面进行介绍。

3.3.1　PDCP 协议层功能

PDCP 协议层主要是发送或接收对等 PDCP 实体的分组数据，主要完成 IP 报头压缩与解压缩、数据与信令的加密以及信令的完整性保护。

3.3.2　控制面和用户面的 PDCP 层功能

控制面指传输信令，用户面指传输用户业务数据，换句话说，传输信令以及传输用户数据时，PDCP 的功能不同，主要是由于信令和用户数据业务传输要求不同。

控制面与用户面的 PDCP 层主要功能模型如图 3-4 所示。

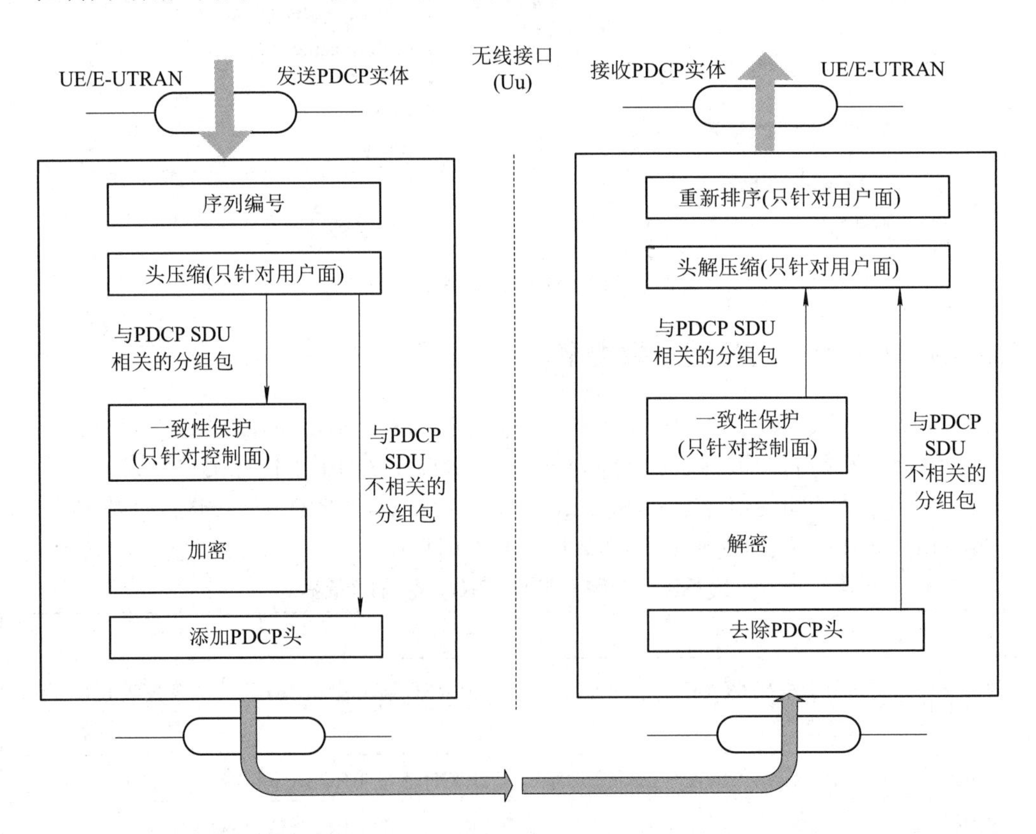

图 3-4　PDCP 层功能模型

控制面和用户面 PDCP 功能如表 3-2 所示。

表 3-2　控制面和用户面 PDCP 功能对比

控制面 PDCP 功能	用户面 PDCP 功能
(1) 对信令数据的加密和完整性保护是必选的功能； (2) 控制平面的数据传输，即从 RRC 层接收 PDCP SDU 数据，并转发给 RLC 层，或执行相反过程	(1) 可靠头压缩(ROHC)与解压缩是必选功能，只支持 ROHC 算法； (2) 用户平面的数据传输，即从 RRC 层接收 PDCP SDU 数据，并转发给 RLC 层，或执行相反过程； (3) 数据加密(可选功能)； (4) RLC AM 的 PDCP 重建立流程时对上层 PDU 的顺序递交； (5) RLC AM 的 PDCP 重建立流程时对下层 SDU 的重复检测； (6) RLC AM 切换时对 PDCP SDU 的重传； (7) 上行基于定时器的 SDU 丢弃

3.3.3　NB-IoT 的 PDCP 层功能演进

相比于 LTE，NB-IoT 的 PDCP 协议层功能演进图如图 3-5 所示。

(1) NB-IoT 支持头压缩和解压缩，但只支持一种压缩算法，即 ROHC 算法；

(2) NB-IoT 不支持 PDCP 状态报告，不支持切换重传以及重排序功能；

(3) NB-IoT 只支持 7 bits 的 PDCP SN；

(4) NB-IoT 只支持 1600 Byte 的 PDCP SDU 以及 PDCP control PDU。

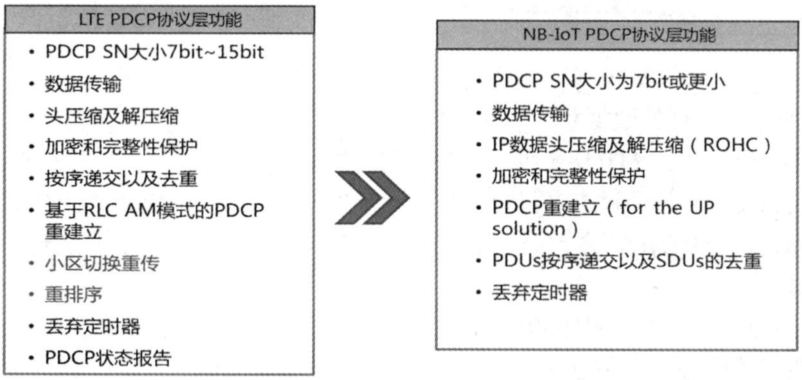

图 3-5　NB-IoT 的 PDCP 协议层功能演进图

NB-IoT 中，对于仅支持控制面优化传输方案的终端，由于加密和完整性保护等安全功能由 NAS 层完成，不支持 AS 层安全，因此不使用 PDCP 层。

对于同时支持控制面优化传输方案和用户面优化方案的终端，在 AS 安全激活之前不使用 PDCP 协议子层，在安全激活后，即使是使用控制面优化传输方案的 NB-IoT 终端也要使用 PDCP 协议子层的功能。

对于用户面优化传输方案，在 suspend 时，需要存储 PDCP 状态参数(比如 ROHC 参数)，以便在 Resume 时可以继续使用之前的 ROHC 参数实现用户面的快速恢复。

3.3.4　头压缩 ROHC 算法简介

头压缩 ROHC 算法由国际互联网工程任务组(The Internet Engineering Task Force，

IETF)提出，旨在降低传输小用户数据包时过大的协议包头开销，同时由于无线链路变化复杂导致传输误码率较高，现有报头压缩机制不能有效检测丢包情况，因此 IETF 中 ROHC 工作小组提出了对无线链路具有很强容错能力，包括帧丢失和误码残留的报头压缩机制——ROHC 头压缩算法。ROHC 头压缩算法示意图及相关的 IP/UDP/RTP 协议栈如图 3-6 所示。

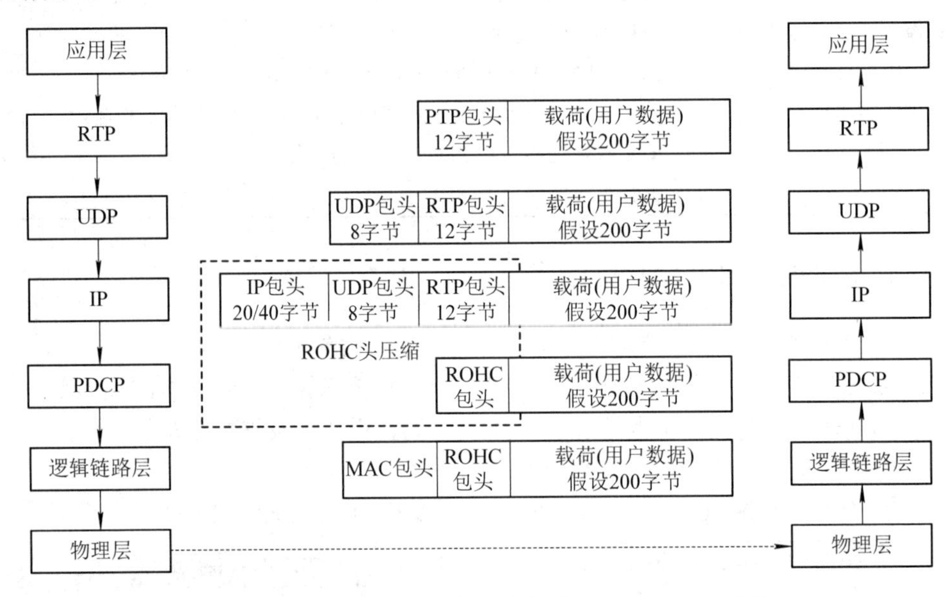

图 3-6　ROHC 头压缩示意图及相关的 IP/UDP/RTP 协议栈

假设载有用户数据的数据载荷为 200 Byte，经过 RTP 传输层时，增加 12 Byte 的 RTP 协议报文包头，用于校验 RTP 层数据包的完整性；当数据到达 UDP 层传输时，再增加 8 Byte 的 UDP 协议报文包头；经过 IP 层传输时，增加 20 Byte 或者 40 Byte 的 IP 报文包头，此时报文包头量达到 60 Byte，占比高达 23%，而在这些 IP 层报文包头中，重复不变的内容占比约 80%。

如果用户数据包更小，例如 40 Byte 或者更小，则报文包头重复内容就占据大部分传输资源。若直接采用 IP 包形式在无线空口传输，则非常浪费宝贵的无线带宽，如图 3-7 所示。

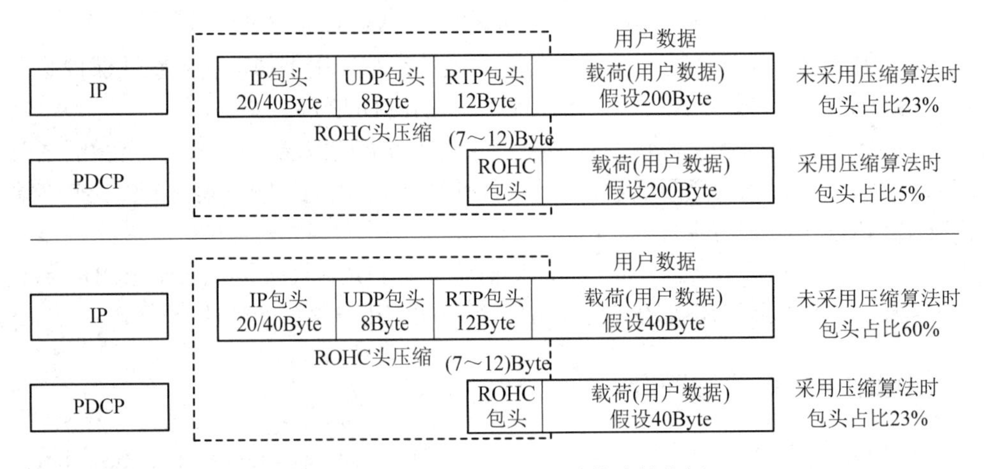

图 3-7　采用 ROHC 头压缩算法的实例

ROHC 算法根据 RTP/UDP/IP 数据流中报文包头里发生改变的字段规律关系，只要把发生变化的字段和规律关系告诉接收方，接收方根据变化字段和规律关系反推计算，就可以还原出完整的原始值。

3.3.5　头压缩算法省略掉的内容

现举个数学例子来解释 ROHC 头压缩算法：未采用压缩时，用一个数组{3，5，7，9，11，…，99}表示 RTP/UDP/IP 报文头要描述的内容，此时常规描述报文头的方法是依次写出数组，如图 3-8 所示。

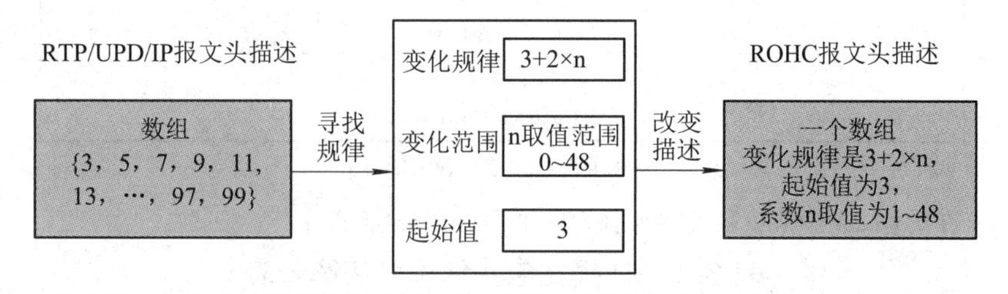

图 3-8　ROHC 算法数学例子图

寻找这个数组的规律，可以看到这是一个变化规律为 3+2n，起始值为 3，系数 n 取值为 0～48 的数组，所以采用 ROHC 时报文头描述是："报文头是变化规律为 3+2n，起始值为 3，系数 n 取值为 0～48 的数组"。相比常规依次写出数组的描述方法，ROHC 描述可以大大简化 IP 包数据报文头的大小。

1. IP/UDP/RTP 报文包头结构总览

未采用 ROHC 算法时的 IP/UDP/RTP 报文包头结构如图 3-9 所示。

<table>
<tr><td colspan="2">IP 协议版本号
Version</td><td colspan="2">头部长度
Header Length</td><td colspan="2">服务类型
Type of Service</td><td colspan="4">总长度
Length</td><td rowspan="5">IP包头</td></tr>
<tr><td colspan="6">标识符
Identification</td><td colspan="3">标志(R/D/M)
R | D | M</td><td>片偏移
Fragment Offset</td></tr>
<tr><td colspan="3">生成时间
Time to Live</td><td colspan="3">协议
Protocol</td><td colspan="4">报文校验和
Header Cheaksum</td></tr>
<tr><td colspan="10">源 IP 地址
Source IP Address</td></tr>
<tr><td colspan="10">目的 IP 地址
Destination IP Address</td></tr>
<tr><td colspan="7">源端口
Source Port</td><td colspan="3">目的端口
Destination Port</td><td rowspan="2">UDP包头</td></tr>
<tr><td colspan="7">UDP 报文长度
UPD Packet Length</td><td colspan="3">UDP 报文校验和
Cheaksum</td></tr>
<tr><td>PTR 版本号
Version</td><td>填充标志
P</td><td>扩展标志
X</td><td>计数器
CC</td><td>标记
M</td><td colspan="2">有效载荷类型
PT</td><td colspan="3">序列号
Sequence Number</td><td rowspan="3">RTP包头</td></tr>
<tr><td colspan="10">时戳
(Timestamp)</td></tr>
<tr><td colspan="10">同步信源(SSRC)标识符
Synchronization Source(SSRC)Identifier</td></tr>
<tr><td colspan="10">载荷
Payload</td><td>用户数据</td></tr>
</table>

图 3-9　未采用 ROHC 算法时的 IP/UDP/RTP 报文包头结构

2. IP 报文包头结构

IP 报文包头结构如图 3-10 所示。

<table>
<tr><td>IP 协议版本号
Version</td><td>头部长度
Header Length</td><td>服务类型
Type of Service</td><td colspan="4">总长度 Length</td></tr>
<tr><td colspan="3" rowspan="2">标识符
Identification</td><td colspan="3">标志(R/D/M)</td><td rowspan="2">片偏移
Fragment Offset</td></tr>
<tr><td>R</td><td>D</td><td>M</td></tr>
<tr><td colspan="2">生成时间
Time to Live</td><td>协议
Protocol</td><td colspan="4">报文校验和
Header Cheaksum</td></tr>
<tr><td colspan="7">源 IP 地址
Source IP Address</td></tr>
<tr><td colspan="7">目的 IP 地址
Destination IP Address</td></tr>
</table>

图 3-10　IP 报文包头结构

IP 报文包头结构图中的各个名词解释如表 3-3 所示。

表 3-3　IP 报文包头结构名词解释表

名　词	解　　释
版本号 Version	字段标明了 IP 协议的版本号，目前的协议版本号为 4。下一代 IP 协议的版本号为 6
头部长度 (Header Length)	指 IP 包头部长度，占 4 位
服务类型 (Type of Service)	占用 8 比特位，字段包括一个 3 位的优先权字段(Class of Service，COS)、4 位 TOS 字段和 1 位未用位。4 位 TOS 分别代表最小时延、最大吞吐量、最高可靠性和最小费用。4 bit 中只能置其中 1 bit。如果所有 4 bit 均为 0，那么就意味着是一般服务
总长度(Length)	是整个 IP 数据报长度，包括数据部分
标识符 (Identification)	字段唯一地标识主机发送的每一份数据报。通常每发送一份报文它的值就会加 1
标志位(Flags)	3 比特位，第 1 位为保留位，必须为 0。第 2 个比特位为分片位：(DF)取 0 可以分片，取 1 不可以分片。第 3 个比特位：(MF)取 0 最后的分片，取 1 更多的分片
片偏移 (Fragment Offset)	指的是这个分片是属于这个数据流的哪里
生存时间 (Time to Live)	字段设置了数据包可以经过的路由器数目
协议 (Protocol)	字段确定在数据包内传送的上层协议，和端口号类似，IP 协议用协议号区分上层协议，6 表示为 TCP 协议，17 表示为 UDP 协议
报头校验和 (Head checksum)	字段计算 IP 头部的校验和，检查报文头部的完整性

3. UDP 报文包头结构

UDP 报文没有可靠性保证、顺序保证、流量控制等字段，可靠性不能保证。但 UDP 报文其他字节开销小、传输效率高，在传输质量高的场景可以优先使用，其报文包头结构如图 3-11 所示。

源端口 Source Port	目的端口 Destination Port
UDP 报文长度 UPD Packet Length	UDP 报文校验和 Checksum

图 3-11　UDP 报文包头结构

UDP 报文包头结构中各名词解释，如表 3-4 所示。

表 3-4　UDP 报文包头名词解释

包 头 名 词	取 值 范 围
源端口(Source-port)	0～65535
目的端口(Destination-port)	0～65535
长度(Length)	UDP 报文长度，最大值为 65535
校验和(Checksum)	对 UDP 报文部分进行校验

4. RTP 报文包头结构

RTP 报文包头结构如图 3-12 所示。

PTR 版本号 Version	填充标志 P	扩展标志 X	计数器 CC	标记 M	有效载荷类型 PT	序列号 Sequence Number
时戳(Timestamp)						
同步信源(SSRC)标识符 Synchronization Source(SSRC)Identifier						
载荷 Payload						

图 3-12　RTP 报文包头结构图

RTP 报文包头结构中各名词解释，如表 3-5 所示。

表 3-5　RTP 报文包头名词解释

包头名称	说　　明
Version	RTP 协议的版本号，占 2 位，当前协议版本号为 2
P	填充标志，占 1 位，如果 P=1，则在该报文的尾部填充一个或多个额外的八位组，它们不是有效载荷的一部分
X	扩展标志，占 1 位，如果 X = 1，则在 RTP 报头后跟有一个扩展报头
CC	CSRC 计数器，占 4 位，指示 CSRC 标识符的个数
M	标记，占 1 位，不同的有效载荷有不同的含义。对于视频，标记一帧的结束；对于音频，标记会话的开始
同步信源(SSRC)标识符	占 32 位，用于标识同步信源。该标识符是随机选择的，参加同一视频会议的两个同步信源不能有相同的 SSRC
PT	有效载荷类型，占 7 位，用于说明 RTP 报文中有效载荷的类型，如 GSM 音频、JPEM 图像等
序列号	占 16 位，用于标识发送者所发送的 RTP 报文的序列号，每发送一个报文，序列号增 1。接收者通过序列号来检测报文丢失情况，重新排序报文，恢复数据
时戳(Timestamp)	占 32 位，时戳反映了该 RTP 报文的第一个八位组的采样时刻。接收者使用时戳来计算延迟和延迟抖动，并进行同步控制

对于一个数据流中的 IP 头，在传输中部分报文包头是属于静态且不改变的数据，ROHC 就是利用这些不同 IP 包中的固定性，不必每次都传输这些冗余信息，在压缩至解码的过程中把它们存储为关联信息，采用 ROHC 算法时的 IP/UDP/RTP 报文包头如图 3-13 所示。

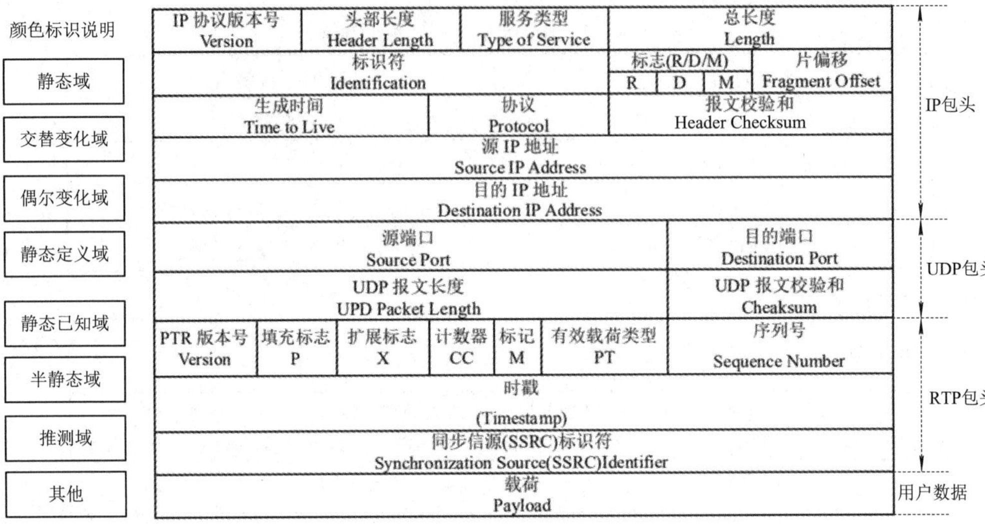

颜色标识说明
静态域
交替变化域
偶尔变化域
静态定义域
静态已知域
半静态域
推测域
其他

IP 协议版本号 Version
头部长度 Header Length
服务类型 Type of Service
总长度 Length
标识符 Identification
标志(R/D/M) R D M
片偏移 Fragment Offset
生成时间 Time to Live
协议 Protocol
报文校验和 Header Checksum
源 IP 地址 Source IP Address
目的 IP 地址 Destination IP Address
IP包头
源端口 Source Port
目的端口 Destination Port
UDP 报文长度 UPD Packet Length
UDP 报文校验和 Cheaksum
UDP包头
PTR 版本号 Version
填充标志 P
扩展标志 X
计数器 CC
标记 M
有效载荷类型 PT
序列号 Sequence Number
时戳 (Timestamp)
同步信源(SSRC)标识符 Synchronization Source(SSRC)Identifier
RTP包头
载荷 Payload
用户数据

图 3-13　采用 ROHC 算法时的 IP/UDP/RTP 报文包头

由此可以看出，压缩方法的关键就是如何处理改变的报文包头部分。ROHC 将利用基于包序列号的线性函数得到报头动态变化的关系。ROHC 根据传输过程中分组报头中各个域的变化情况，将分组报头分为静态域和动态域，那些在数据流传输过程中始终保持不变的域称为静态域，动态域在传输过程中会发生变化，静态域只在初始化和刷新的时候发送，动态域经压缩后传输，域属性分类如表 3-6 所示。

表 3-6　报文包头域属性说明表

域属性	说　明
静态域	在同一 IP 数据流中变化几率很小，只是偶尔才会发生，所以，压缩端和解压缩端之间传输了一次信息头之后，就不需要再次进行传输了。如果静态域发生变化，那么重新传输变化之后的静态域数值即可
半静态域	这些字段的值通常是静态不变的，只是偶尔发生改变，很快它又会恢复成原始值
静态定义域	这些域往往代表了一些固定的信息，比如源地址、目标地址等。同静态域相似，但是静态定义域在同一 IP 数据流中是不会发生变化的，只在第一次传输即可，之后不需再次进行传输处理
静态已知域	域的数值是已经定义好的，压缩端和解压缩端都不需要去进行压缩处理，也不需要进行传输
变化域	顾名思义，即是发生变化的域。这些域是必须要进行压缩处理进行传输的
偶尔变化域	和半静态字段类似，只是不会恢复到原始值，而是保留新值
交替变化区域	这些字段的值在少数几个不同的数值之间交替变化
推测域	推测域是可以通过其他一些域的数值进行计算得到的

针对不同域不同的变化规律，对不同域采用不同算法进行压缩。其压缩函数都是关于序列号(Sequence Number，SN)的函数，完全压缩时仅发送序列号 SN(4 bit～8 bit)，由解压方根据其维护的函数和序列号 SN 进行解压缩。

采用 ROHC 头压缩算法后，由于数据信息量小，此时微弱的码元错误都会给接收端带来错误指示，为增加容错率，添加 CRC 校验码，以保证接收解码的正确性。

在进行数据传输的开始阶段，将一个完整的信息头发送给对方，然后则根据各个域的类型，只对发生变化的域进行传输处理。而且也不一定需要把域的所有比特都进行压缩处理，只需要处理发生变化的比特，这样就可以实现减少传输数据量的压缩目的。

3.4 RLC 协议层

本节从 RLC 协议层功能、NB-IoT 的 RLC 层功能演进、RLC 协议模式以及 RLC 三种模式的原理几个方面进行介绍。

3.4.1 RLC 协议层功能

RLC(Radio Link Control，无线链路控制)位于 PCDP 层和 MAC 层之间，主要承担用户和控制数据分段和重传业务，包括数据包的封装和解封装、ARQ 过程、数据的重排序和重复检测、协议错误检测和恢复等。

RLC 协议层具有如下功能：

(1) 高层数据传输；

(2) 通过 ARQ(Automatic Repeat-reQuest)机制进行错误修正(仅针对 AM 数据传输，CRC 校验由物理层完成)；

(3) RLC SDU 串接、分段、重组(针对 UM 和 AM 数据传输)；

(4) RLC SDU 重分段(仅针对 AM 数据传输)；

(5) RLC SDU 重排序(针对 UM 和 AM 数据传输)；

(6) RLC SDU 重复检测(针对 UM 和 AM 数据传输)；

(7) RLC SDU 丢弃(针对 UM 和 AM 数据传输)；

(8) 协议错误检测(仅针对 AM 数据传输)。

SDU 和 PDU 的区别见 RLC 层数据名称示意图，如图 3-14 所示。

(1) RLC 实体从 PDCP 层接收到的数据，或发往 PDCP 层的数据被称作 RLC SDU(或 PDCP PDU)。

(2) RLC 实体从 MAC 层接收到的数据，或发往 MAC 层的数据被称作 RLC PDU(或 MAC SDU)。

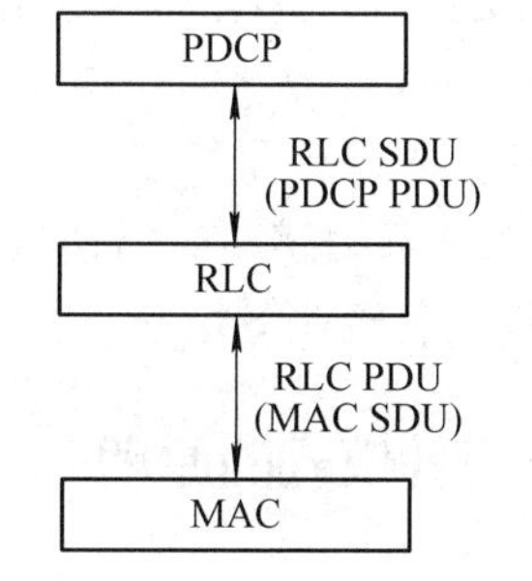

图 3-14　RLC 层数据名称示意图

3.4.2　NB-IoT 的 RLC 层功能演进

相比于 LTE，NB-IoT 的 RLC 功能有如下改进，如图 3-15 所示。

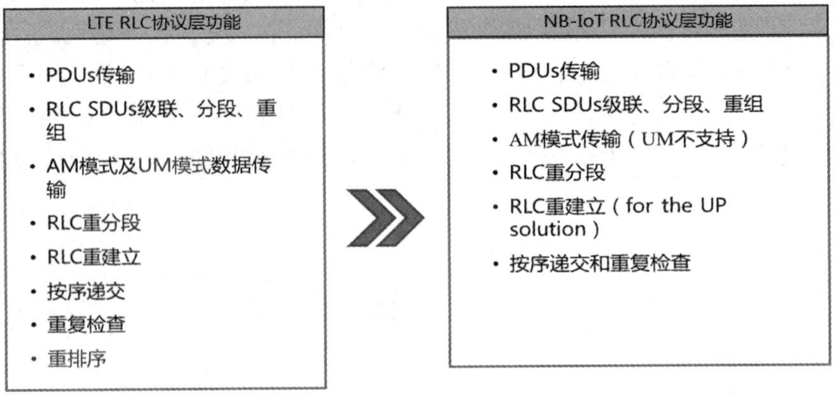

LTE RLC协议层功能

- PDUs传输
- RLC SDUs级联、分段、重组
- AM模式及UM模式数据传输
- RLC重分段
- RLC重建立
- 按序递交
- 重复检查
- 重排序

NB-IoT RLC协议层功能

- PDUs传输
- RLC SDUs级联、分段、重组
- AM模式传输（UM不支持）
- RLC重分段
- RLC重建立（for the UP solution）
- 按序递交和重复检查

图 3-15　NB-IoT RLC 协议层功能演进

在 NB-IoT 系统中不支持 RLC UM 模式，DRB 使用 RLC AM。对于 SRB0，使用 TM 模式；对于 SRB1bis 和 SRB1，使用 AM 模式。

NB-IoT 对于仅支持控制面优化传输方案的终端不支持 RLC 重建立功能，但支持 RLC 状态报告、Polling 以及对支持的 RLC SN 等机制进行简化。NB-IoT 不支持 RLC 重建立功能，是因为对于仅支持控制面优化的终端，不支持接入层安全，而现有的 RRC 重建立必须要发生在接入安全激活之后。对于 RLC 层只使用 AM，可以简化 RLC 处理，同时也可以保证数据传输的可靠性，但如果也支持 RLC UM，势必会导致终端复杂度的增加。

NB-IoT 虽然保留了 RLC 的重排序功能，但进行了简化。

3.4.3　RLC 协议模式

依据 3.4.2 节，我们知道 TM/UM/AM 模式的选择主要根据业务特性决定，每个 RLC 实体由 RRC 配置，根据业务类型有三种模式：透明模式(TM)、非确认模式(UM)、确认模式(AM)。TM 和 UM 模式下发送端和接收端是两个独立的实体。而对于确认模式，RLC 实体是双向的。虽然仅有一个实体，但却被划分为接收侧和发送侧来完成数据的发送接收功能，并且它们彼此是能够互相沟通的。

TM/UM：对时延敏感、对错误不敏感、没有反馈消息、无需重传，所以常常用于实时业务(如会话业务、流业务)。

AM：对时延不敏感、对错误敏感、有反馈消息、需要重传，所以常常用于非实时业务(如交互业务、后台业务)。

3.4.4　RLC 三种模式的原理

1. 透明模式实现原理

透明模式实现原理图如图 3-16 所示。

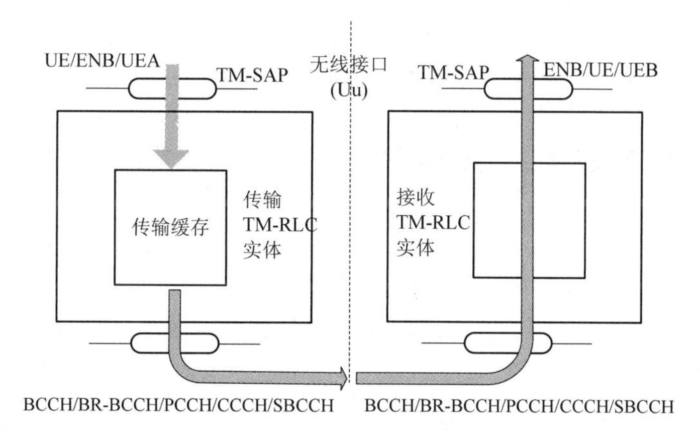

图 3-16　透明模式实现原理图

透明模式：发送实体在高层数据上不添加任何额外控制外协议开销，仅仅根据业务类型决定是否进行分段操作。

TM 模式下，RLC 实体只进行透传，不对 RLC SDU 进行分段和串联，也不添加任何头部信息。TM 模式通过逻辑信道 BCCH、PCCH 和 DL/UL CCCH 来接收/发送 RLC PDU。发送实体在高层数据上不添加任何额外控制协议开销，仅仅根据业务类型决定是否进行分段操作。接收实体接收到的 PDU 如果出现错误，则根据配置，在错误标记后递交或者直接丢弃并向高层报告。

在 eNodeB 或 UE 侧，一个 TM 实体只能接收或发送数据，而不能同时收发数据，即 TM 实体只提供单向的数据传输服务。在发送端，一个 TM 实体只由一个保存 RLC SDU 的传输 buffer 组成。当 MAC 层告诉该 TM 实体有一个传输机会时，TM 实体会将传输 buffer 中的 1 个 RLC SDU 直接发送给 MAC 层，而不做任何修改。在接收端，一个 TM 实体直接将从 MAC 层接收到的 RLC PDU 发送给 PDCP 层。

只有那些无需 RLC 配置的 RRC 消息会使用 TM 模式，如系统消息 SI、Paging 消息以及使用 SRB0 的 RRC 消息。

2. 非确认模式实现原理

非确认模式实现原理图如图 3-17 所示。

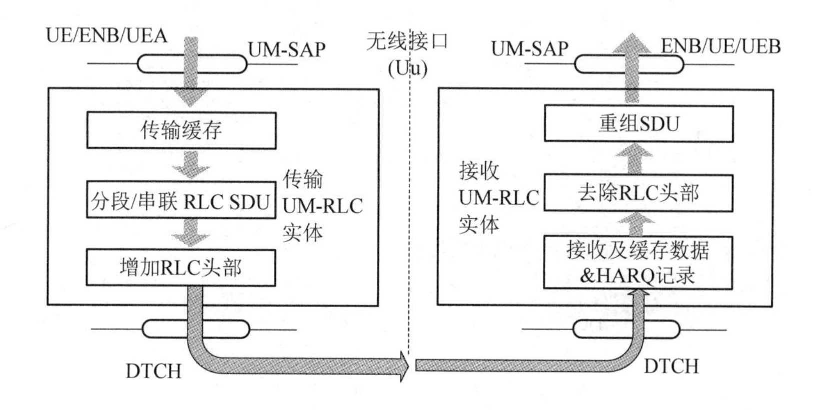

图 3-17　非确认模式(UM)实现原理图

非确认模式：发送实体在高层 PDU 上添加必要的控制协议开销，然后进行传送但并不保证传递到对等实体，且没有使用重传协议。接收实体对所接收到的错误数据标记为错误后递交，或者直接丢弃并向高层报告。由于 RLC PDU 包含有顺序号，因此能够检测高层 PDU 的完整性。不支持数据向高层的顺序或乱序递交。UM 模式的业务有小区广播和 IP 电话。

UM 模式不提供重传和重分段功能，其提供的是一种不可靠的服务。UM 模式常用于实时性要求较高的业务，如 VoIP 等，这种业务允许有一定的错包或丢包，但对延迟较为敏感，同时要求按序传输，并丢弃重复报文。UM 模式通过逻辑信道 DL/UL DTCH、MCCH 或 MTCH 来接收/发送 RLC PDU。

与 TM 模式类似，一个 UM 实体只能接收或发送数据，而不能同时收发数据。UM 实体只提供单向的数据传输服务。

UM 实体在发送端需要做两件事：① 将来自上层(PDCP 层)的 RLC SDU 缓存在传输 buffer(transmission buffer)中；② 在 MAC 层通知其发送 RLC PDU 时，分段/串联 RLC SDU 以生成 RLC PDU，并赋予合适的 SN 值，然后将生成的 RLC PDU 发给 MAC 层。

TM/UM 主要是为实时业务而设计。因为对于某些实时业务来说，主要的目标是要求最小时延，而允许一定的数据损失。为了满足这样的要求，RLC 必须支持立即递交。否则就会在 RLC 中引起较大的时延，严重降低业务的 QoS，同时也会增加额外的 buffer 开销。

3. 确认模式实现原理

确认模式实现原理如图 3-18 所示。

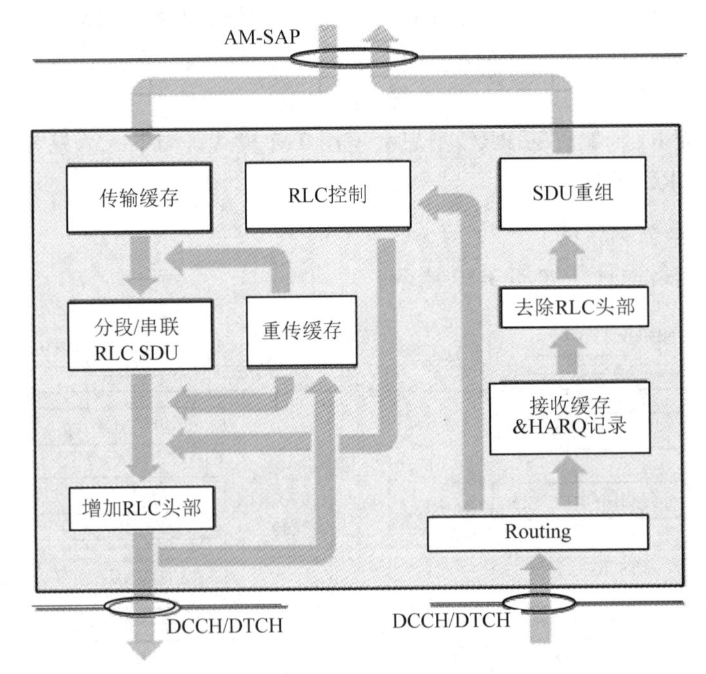

图 3-18　确认模式(AM)实现原理图

确认模式：发送侧在高层数据上添加必要的控制协议开销后进行传送，并保证传递到对等实体。因为具有 ARQ 能力，如果 RLC 接收到错误的 RLC PDU，就通知发送方的 RLC 重传这个 PDU。由于 RLC PDU 中包含有顺序号信息，因此持支持数据向高层的顺序/乱序递交。AM 模式是分组数据传输的标准模式，比如 www 和电子邮件下载。

AM 主要是为非实时业务而设计，其特性与 TM/UM 不同。非实时业务能够容忍一定程度的时延，但要求更高的传输质量。因此在 AM 模式中利用 ARQ 重传机制是至关重要的。于是 AM RLC 需要一些额外的功能和参数来实现重传，以提供非实时业务所要求的 QoS。

发送侧在高层数据上添加必要的控制协议开销后进行传送，并保证传递到对等实体。

3.5　MAC 协议层

本节主要从 MAC 协议层功能、NB-IoT 的 MAC 层功能演进、MAC 层信道映射关系、NB-IoT 数据传输方式及锚点载波与非锚点载波五个方面进行详细介绍。

3.5.1　MAC 协议层功能

MAC(Medium Access Control)协议主要负责数据传输(Data Transfer)及无线资源分配(Radio Resource Allocation)。

MAC 层支持的主要功能如图 3-19 所示，包括：① 逻辑信道与传输信道之间的映射；② 传输格式选择，例如通过选择传输块大小、调制方案等参数提供给物理层；③ 一个 UE 或多个 UE 之间逻辑信道的优先级管理；④ 通过 HARQ 机制进行纠错；⑤ 填充(Padding)；⑥ RLC PDU 的复用与解复用；⑦ 随机接入过程；⑧ BSR 上报；⑨ 连接态 DRX。其中，优先权处理是 MAC 层的一个主要功能。优先权处理过程是指从不同的等待队列选出一个分组，将其传递到物理层，并通过无线接口发送的过程。当已传数据没有正确接收时，是否重传也与优先权处理有关，所以优先权处理过程是与 HARQ 密切相关的。

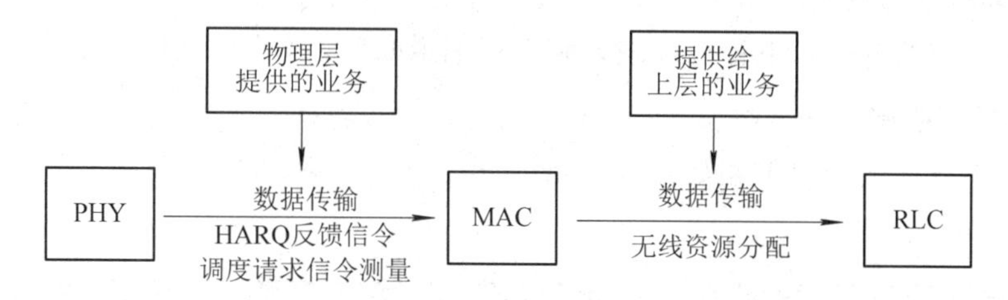

图 3-19　MAC 协议层功能示意

HARQ 的基本原理是缓存没有正确接收到的数据，且将重传数据和原始数据进行合并。

3.5.2　NB-IoT 的 MAC 层功能演进

相比于 LTE，NB-IoT 的 MAC 协议层功能如图 3-20 所示。

LTE MAC协议层功能

- PRACH过程
- 逻辑信道与传输信道的映射
- 复用和解复用
- 调度
- 逻辑信道优先级处理
- 连接态DRX
- BSR上报（缓冲区状态上报）
- DL HARQ（multi process）
- UL HARQ（multi process）
- MBMS
- ESR
- SPS（半静态调度）

NB-IoT MAC协议层功能

- PRACH过程
- 逻辑信道与传输信道的映射
- 复用与解复用
- 调度
- 逻辑信道优先级处理
- 连接态DRX
- BSR上报
- DL HARQ（one process）
- UL HARQ（one process）

图 3-20　NB-IoT MAC 协议层功能演进

NB-IoT 主要支持时延不敏感、无最低速率要求、传输间隔大和传输速率低的业务，因而在 LTE 标准的基础上对 MAC 层的各项功能和关键技术过程均进行了大幅度地简化。例如 NB-IoT 不支持 MBMS、半静态调度 SPS、扩展业务请求 ESR 功能。

NB-IoT 中不存在类似 LTE 中的 PUCCH 信道，也不支持类似 LTE 中的 SR 消息。由于使用随机接入过程用进行上行调度请求已经能够满足 NB-IoT 系统的需求，因此当 NB-IoT UE 有新的上行数据需要发送且没有被分配上行资源时，UE 会使用随机接入过程来代替 SR，向 eNodeB 请求上行资源。

3.5.3　MAC 层信道映射关系

MAC 层提供逻辑信道上的数据传送业务，逻辑信道在 MAC 与 RLC 间传输，负责提供传输信道的传输。根据逻辑信道传送的信息类型，逻辑信道分为控制信道和业务信道两大类。其中，控制信道主要负责控制平面信息的传输，MAC 层提供的控制信道主要包括 PCCH、BCCH、CCCH、DCCH。业务信道主要负责用户平面信息的传输，MAC 层提供的业务信道主要包括 DTCH。传输信道是 MAC 与物理层间传输。

MAC 层信道映射分为下行信道映射和上行信道映射，分别介绍如下：

1. 下行信道映射关系

NB-IoT 下行信道映射关系如图 3-21 所示。

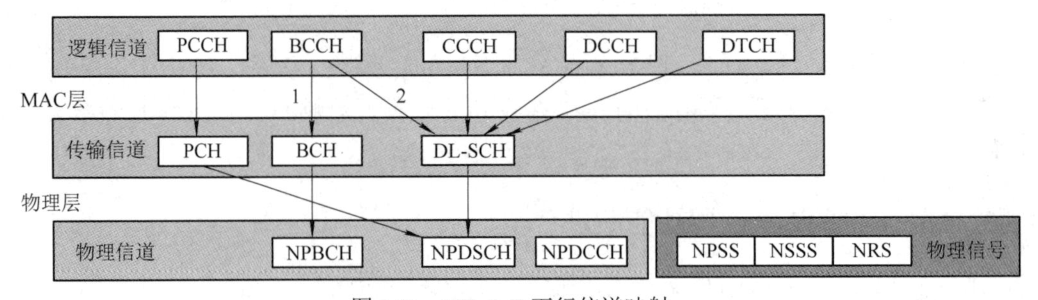

图 3-21　NB-IoT 下行信道映射

(1) 下行逻辑信道映射至传输信道的关系：

① 逻辑信道中负责寻呼的 PCCH 映射至传输信道 PCH；

② 系统消息 BCCH 在从逻辑信道映射至传输信道时，分两路映射到 BCH 和 DL-SCH，其中映射到 BCH 传输信道的是主系统消息 MIB，而映射到 DL-SCH 的是系统消息 SIBs；

③ 逻辑信道 CCCH、DCCH 和 DTCH 均映射至传输信道 DL-SCH。

(2) 下行传输信道映射至物理信道的关系：

① 传输信道 PCH 映射至物理共享信道 NPDSCH；

② 传输信道 BCH 映射至物理信道 NPBCH；

③ 传输信道 DL-SCH 映射至物理共享信道 NPDSCH。

与 LTE 相比，NB-IoT 在下行取消了 PCFICH 和 PHICH 的物理信道，并且未采用 LTE 中同一子帧内存在“控制区域和数据区域”的概念，这是由于 NB-IoT 的频率带宽比 LTE 小。

2. 上行信道映射关系

上行逻辑信道映射关系如图 3-22 所示。

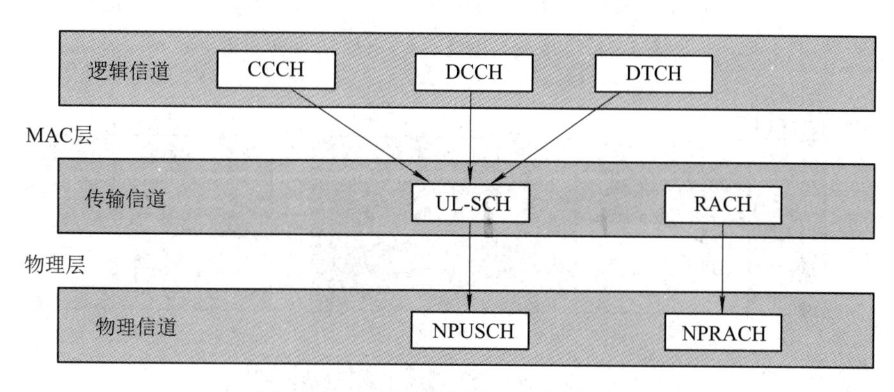

图 3-22　上行逻辑信道映射关系

除 RACH 传输，包括上行控制信息(UCI)在内的所有上行数据都是通过 NPUSCH 来传输的，并且 UL-SCH 数据和上行控制信息使用不同的 NPUSCH 格式。

与 LTE 相比，NB-IoT 在上行取消 PUCCH 的物理信道，不支持 SR 和 CSI 上报。NB-IoT 的上行 UCI 信息只包括针对下行 NPDSCH 传输的 ACK/NACK 信息，且 ACK/NACK 信息在 NPUSCH format2 上反馈。

3.5.4　NB-IoT 数据传输方式

NB-IoT 物理层采用 180 kHz 带宽，下行链路传输采用跨子帧调度，上行链路传输支持跨子帧和跨子载波调度。

LTE 采用同子帧调度方式，即信令控制与数据传输均在同一个子帧内完成，如图 3-23 所示。

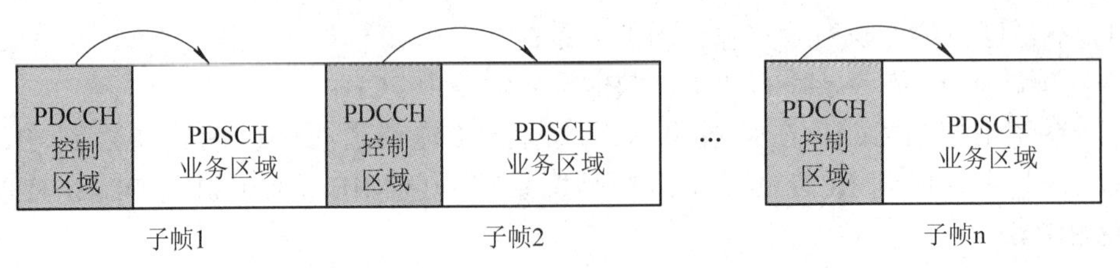

图 3-23　LTE 数据调度模式——同一子帧内调度

相比 LTE 同子帧内调度资源方式，NB-IoT 带宽资源小，无法在同一子帧内传输控制信息 DCI 和数据，所以采取跨子帧调度的方式，通过 DCI 告知 UE 调度延迟参数(Scheduling Delay，标准上称为 k0)，以及 NPUSCH 资源块长度和重复传输的次数，即可让 UE 在相关的时频资源内传输数据。同时对于一个数据传输块(Transport Block，TB)也需要多个 NPDSCH 子帧组合，才可完成 TB 数据块的完整传输。NB-IoT 独立/保护带部署调度示意图及带内部署调度示意图分别如图 3-24 和图 3-25 所示。

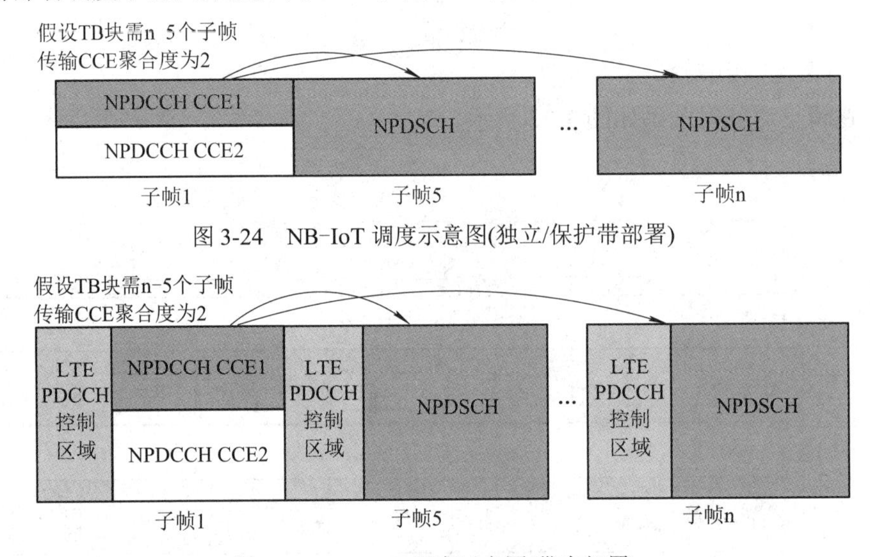

图 3-24　NB-IoT 调度示意图(独立/保护带部署)

图 3-25　NB-IoT 调度示意图(带内部署)

NB-IoT 采用集中控制方式管理基站与终端间数据传输所需的无线资源。与 LTE 系统相同，UE 上传或接收数据均遵守 eNodeB 调度，分别为下行链路传输分配(Downlink Assignment)与上行链路传输授权(Uplink Grant)。下行链路传输控制指示(Downlink Control Indicator)DCI 中，除寻呼(Paging)使用 DCI N2 格式外，其余下行控制信息采用 DCI N1 格式。UE 在与基站建立链接过程中会周期性地监听 NPDCCH 以获知 DCI，获知 DCI 指示信息后，根据 DCI 调度指示，在 NPDSCH 接收用户数据。

NB-IoT 在数据传输过程中，考虑到终端解析 DCI 的时间、数据重复传输需求以及不同 UE 的数据传输需求，UE 在获知 DCI 信息后，需要至少等待 4 ms 后才可进行下行数据的接收，或至少等待 8 ms 后才可进行上行数据的传送。

3.5.5　锚点载波与非锚点载波

NB-IoT 支持多载波传输，当采用多载波传输时，载波分为锚点载波(Anchor Carrier)以及非锚点载波(Non-Anchor Carriers)。锚点载波是 UE 获取系统消息和同步信号的载波，即携带有 NPSS/NSSS/NPBCH/SIB-NB 的载波；若系统有支持，则非锚点载波可以视为一个空白的资源区块。

锚点载波作为传送系统消息与同步信号，将被视为最高优先权进行资源占用。因此，在标准中，NPDCCH 与 NPDSCH 的传输若遇上 NPSS/NSSS/NPBCH/SIB-NB 传送的时间，则要延后传送。在锚点载波的资源调度上，必须考虑延后所带来的影响；

面对带宽、调度周期、搜索空间的限制，基站在有限的时频资源下需进行抉择，例如 UE 资源分配比例、公平性等。若再考虑省电机制，例如 DRX 状态寻呼的功能，以及多重 CE 层级设置上的调度，则在 MAC 层资源调度管理上将会更复杂。

3.6 PHY 协议层

本节从物理层功能、物理层帧结构、NB-IoT 为何用到 OFDM 信号、为何采样点是 2048 个、NB-IoT 物理层帧组成、NB-IoT 的 Tone 是什么、NB-IoT 部署方式以及信道栅格几个方面进行详细介绍。

3.6.1 物理层功能

物理层位于无线接口协议栈的最底层，提供物理介质中数据传输所需要的所有功能。物理层为 MAC 层和高层提供信息传输的服务。通俗理解：物理层用来解决如何通过无线接口来传输数据的问题，其余内容无关，而 MAC 层决定发送什么样的内容。

NB-IoT 物理层具有如表 3-7 所示的特点。

表 3-7　NB-IoT 物理层特点列表

<table>
<tr><td>多址方式</td><td>上行 SC-FDMA；下行 OFDMA</td></tr>
<tr><td>上下行系统带宽</td><td>200 kHz(前后各 10 kHz 保护间隔)</td></tr>
<tr><td>子载波间隔</td><td>上行 15 kHz / 3.75kHz；下行 15 kHz</td></tr>
<tr><td rowspan="2">双工方式</td><td>FDD</td></tr>
<tr><td>终端半双工(TypeB)，基站全双工</td></tr>
<tr><td rowspan="2">上行传输</td><td>支持单通道传输(3.75 kHz / 15 kHz)</td></tr>
<tr><td>支持多通道传输(15 kHz)</td></tr>
<tr><td rowspan="2">天线端口</td><td>上行单端口</td></tr>
<tr><td>下行单端口/双端口 SFBC</td></tr>
<tr><td>覆盖增强</td><td>所有物理信道均支持重复发送</td></tr>
</table>

NB-IoT 下行物理层信道基于传统正交频分多址接入(Orthogonal Frequency Division Multiple Access，OFDMA)方式。一个 NB-IoT 载波对应一个资源块，包含 12 个连续的子载波，全部基于 $\Delta f = 15$ kHz 的子载波间隔设计，并且 NB-IoT 用户终端只工作在 FDD 半双工模式。

NB-IoT 上行物理层信道除采用 15 kHz 子载波间隔之外，为进一步提升功率谱密度，达到上行覆盖增强的效果，引入 3.75 kHz 子载波间隔。因此，NB-IoT 上行物理层信道基于 15 kHz 和 3.75 kHz 两种子载波间隔设计，分为 Single-Tone 和 Multi-Tone 两种工作模式。

NB-IoT 上行物理层信道的多址接入技术采用单载波频分多址接入(Single-Carrier Frequency Division Multiple Access，SC-FDMA)。在 Single-Tone 模式下，一次上行传输只分配一个 15 kHz 或 3.75 kHz 的子载波。在 Multi-Tone 模式下，一次上行传输支持 3 个、6 个或 12 个子载波传输方式。

为达到上下行覆盖增强目标，所有物理信道均支持重复发送。

3.6.2　物理层帧结构

物理层有两种资源，时域资源单位采用帧结构来描述，频域资源单位采用子载波描述。

对于下行来说，NB-IoT 采用 OFDM 技术，子载波间隔为 15 kHz，每个子载波为 2048 阶 IFFT 采样，则由公式(3-1)得出采样周期 T_s 为

$$T_s = \frac{1}{2048 \times 15000} = 0.033\ \mu s \tag{3-1}$$

即 NB-IoT 下行帧结构中最小单位是 0.033 μs，最小时间单位涉及 OFDM 信号采样。

3.6.3　NB-IoT 为何用到 OFDM 信号

在通信系统中，信道所能提供的带宽通常比传送一路信号所需的带宽要宽得多。如果一个信道只传送一路信号是非常浪费的，为了能够充分利用信道的带宽，就采用频分复用的方法。

目前，FDD LTE 系统支持 NB-IoT 技术，R13 协议版本的 NB-IoT 不支持 TDD LTE。NB-IoT 物理层设计大部分沿用 LTE 系统技术，例如上行采用 SC-FDMA，下行采用 OFDM，高层协议沿用 LTE 协议，针对其小数据包、低功耗和大连接特性进行功能增强。

OFDM 主要思想是：将信道分成若干正交子信道，将高速数据信号转换成并行的低速子数据流，调制到在每个子信道上进行传输。正交信号可以通过在接收端采用相关技术来分开，这样可以减少子信道之间的相互干扰(ISI)。每个子信道上的信号带宽小于信道的相关带宽，因此每个子信道上可以看成平坦性衰落，从而可以消除码间串扰，而且由于每个子信道的带宽仅仅是原信道带宽的一小部分，信道均衡变得相对容易。

常规频分复用与 OFDM 的信道分配情况如图 3-26 所示。可以看出 OFDM 至少能够节约二分之一的频谱资源。

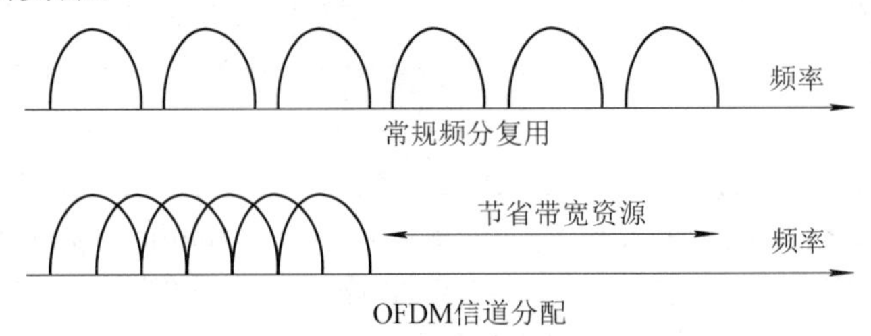

图 3-26　正交频分复用(OFDM)多载波调制示意

OFDM 利用快速傅立叶反变换(IFFT)和快速傅立叶变换(FFT)来实现调制和解调，如图 3-27 所示。

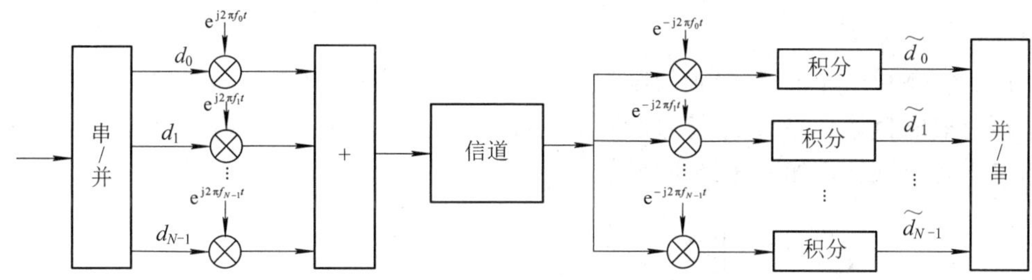

图 3-27　OFDM 的调制/解调原理图

OFDM 的调制/解调流程如下：

(1) 发射机在发射数据时，将高速串行数据转为低速并行数据，利用正交的多个子载波进行数据传输；

(2) 各个子载波使用独立的调制器和解调器；

(3) 各个子载波之间要求完全正交、各个子载波收发完全同步；

(4) 发射机和接收机要精确同频、同步、准确进行位采样；

(5) 接收机在解调器的后端进行同步采样，获得数据，然后转为高速串行数据。

3.6.4　为何采样点是 2048 个

由于 LTE 中 20M 带宽情况下，有 1200 个子载波，对于 OFDM 符号抽样的点数一般是 2^n 个，便于计算机处理。理论上是频域的采样点数要大于或等于时域离散信号的个数才不会有信息的丢失。

2048 点是 IFFT 的采样点数，为了便于计算机处理，要求点数必须是 2 的次幂，IFFT 是将频域信号往时域信号变换，1200 个子载波可以看成是连续的频域信号，通过 IFFT 变成时域信号，但是点数不是 2 的次幂，然而，要保证变换后不能有信息丢失，就要求时域信号的采样点数大于频域子载波数，表示如公式(3-2)所示：

$$\text{采样点数}_{\text{时域}} > \text{子载波数}_{\text{频域}} \tag{3-2}$$

(1) 当采用 2^{10} 个采样点数时，此时采样点数为 1024，小于 1200 个子载波，未满足无失真还原采样数据条件。

(2) 当采用 2^{11} 个采样点数时，此时采样点数为 2048，大于 1200 个子载波，满足无失真还原采样数据的条件。

所以必须采用 2048 个点，其中 1200 点传输有用信息，剩下的采样点默认为零。在空口传输之前要经过滤波器，只将携带有用信息的信号发射出去，接收端收到以后再做还原，即将另外的点数补上(因为没有信息量，所以为确知信号)。因此确定 FFT 采样信号带宽为 30.72M；时域采样周期 $T_s = \dfrac{1}{2048 \times 15000}$，通过 FFT 转换成频域信号再做检测。

3.6.5　NB-IoT 物理层帧组成

NB-IoT 物理层帧结构包含两块，分别是下行资源单元和上行资源单元。接下来的内容从下行时域结构、下行频域结构、上行时域结构以及上行频域结构四个方面进行介绍。

1. 下行时域结构

时域上：NB 一个时隙(Slot)长度为 0.5 ms，每个时隙中有 7 个符号(Symbol)。由频域上 1 个 15kHz 间隔以及 1 个符号所围成的面积就是一个资源块 RE(Resource Element)，NB-IoT 下行时域结构如图 3-28 所示。

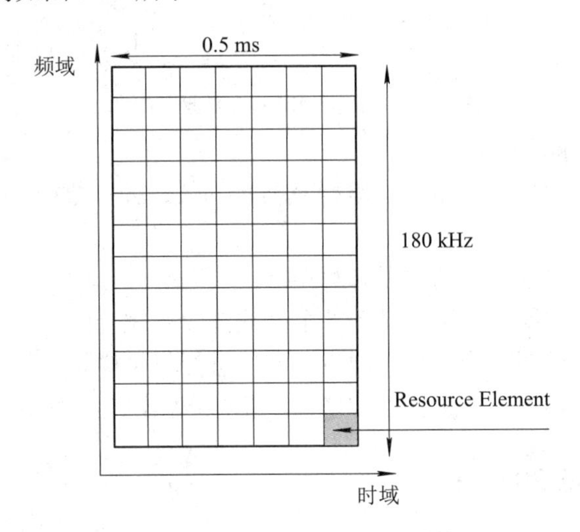

图 3-28　NB-IoT 下行时域结构

NB 基本调度单位为子帧(subframe)，每个子帧 1 ms(两个 slot)，每个系统帧(SFN)包含 1024 个子帧，每个超帧(HSFN)包含 1024 个系统帧，如图 3-29 所示。

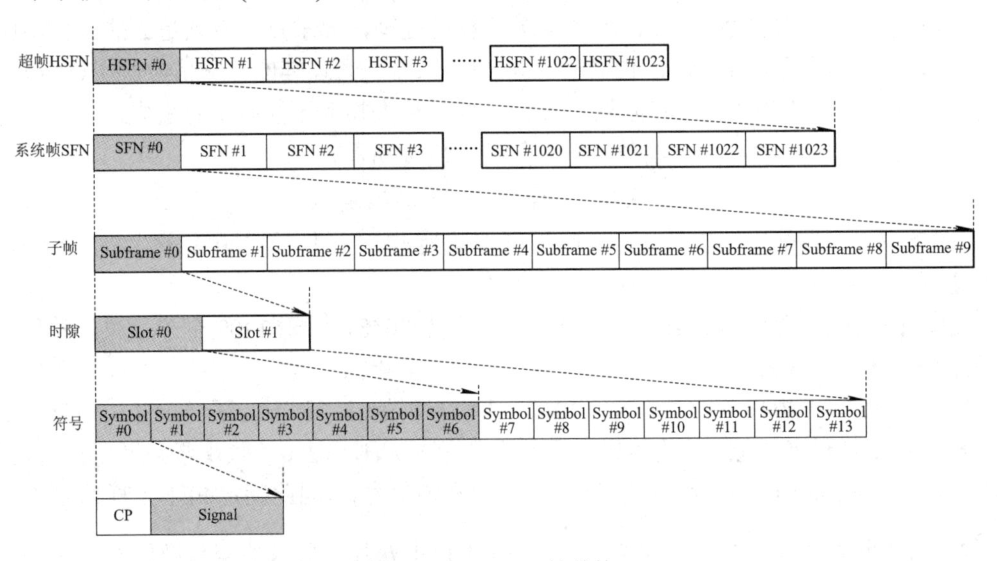

图 3-29　NB-IoT 帧结构

从图 3-29 所示信息可知：

(1) 1 个 Signal 映射至 1 个符号(Symbol)。1 个时隙(Slot)包含 7 个符号(Symbol)；

(2) 1 个子帧包含 2 个时隙(Slot)。1 个系统帧(SFN)包含 10 个子帧；

(3) 1 个超帧包含 1024 个系统帧。

因此

$$1024\text{个超帧的总时间}=\frac{1024\times1024\times10}{3600\times1000}=2.91\ \text{h}$$

如图 3-30 所示为 NB-IoT 上行帧结构示意图，其中下行 15 kHz 子载波，频域上包含有 12 个连续子载波，编号为 0～11。时域上每个子帧包含两个时隙，每个时隙长度为 0.5 ms，每个无线帧包含 20 个时隙，编号为 0～19。

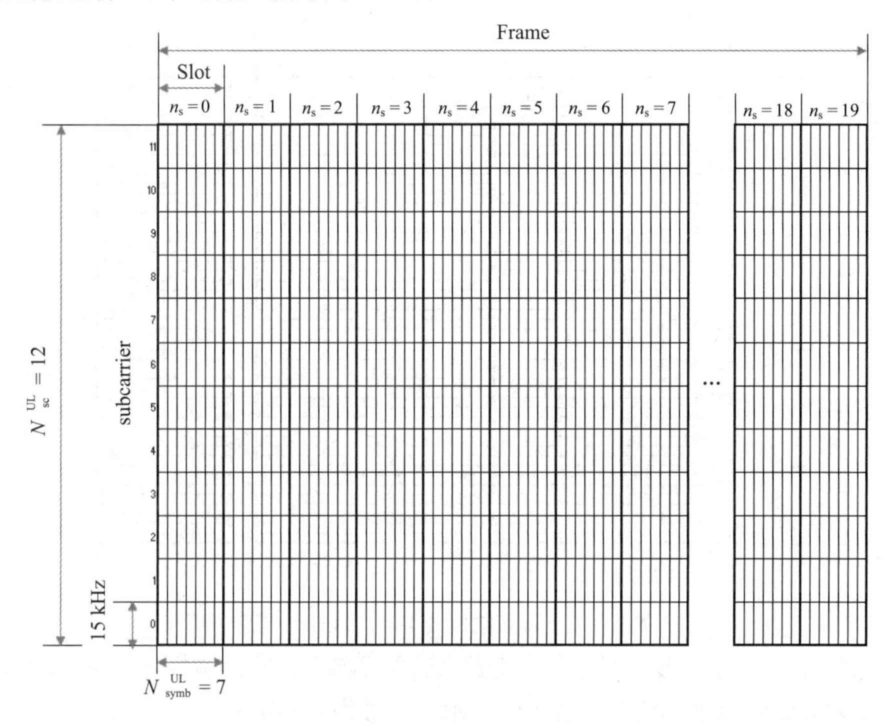

图 3-30　NB-IoT 上行帧结构(采用 15 kHz 子载波间隔)

2. 下行频域结构

根据 NB-IoT 系统需求，终端的下行射频接收带宽是 180 kHz，采用 15 kHz 的子载波间隔。

下行频域结构如图 3-31 所示，其中 NB-IoT 占据 180 kHz 带宽(1 个 RB)，12 个子载波(subcarrier)，子载波间隔(subcarrier spacing)为 15 kHz。

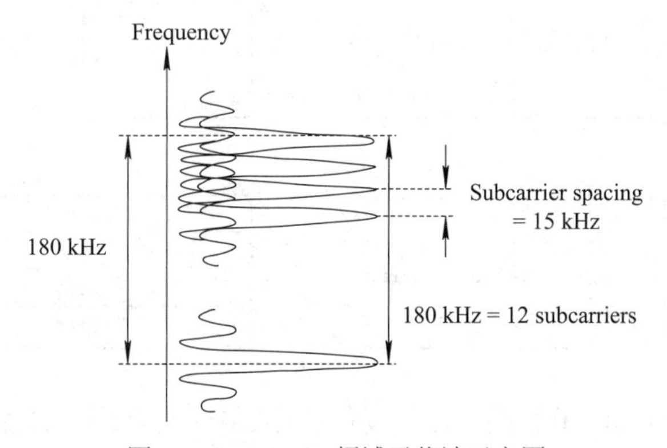

图 3-31　NB-IoT 频域子载波示意图

3. 上行时域结构

在上行链路中，有 15 kHz 和 3.75 kHz 的帧结构，15 kHz 系统帧结构与下行相同。对于 3.75 kHz 子载波间隔而言，其时隙长度延长至 2 ms，一个无线帧内包含有 5 个时隙。此种情况下一个时隙的时频域示意图如 3-32 所示。

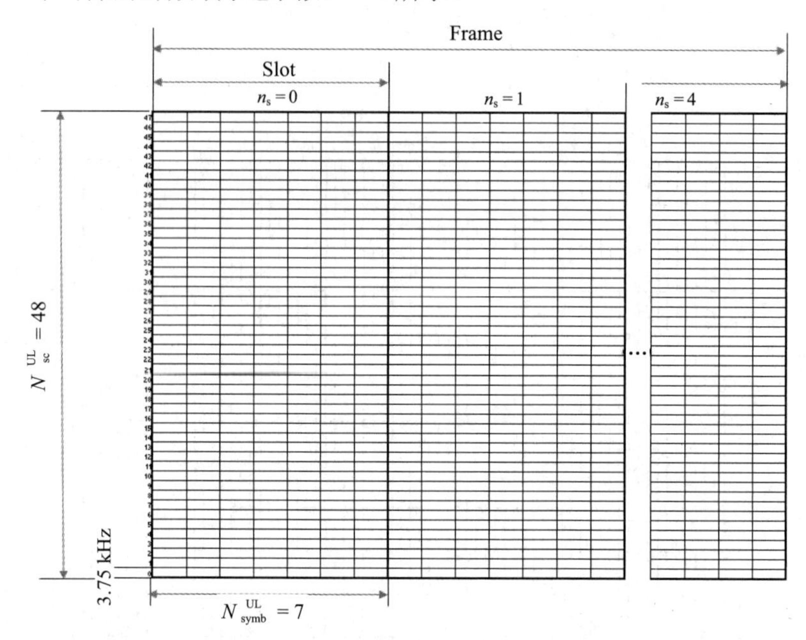

图 3-32　NB-IoT 上行帧结构(采用 3.75 kHz 子载波间隔)

上行 3.75 kHz 的子载波，频域上包含有 48 个连续子载波，编号为 0～47。时域上每个时隙长度为 2 ms，每个无线帧包含 5 个时隙，编号为 0～4。

4. 上行频域结构

如图 3-33 所示为 NB-IoT 上行频域子载波示意图，上行频域占据 180 kHz 带宽(1 个 RB)，可支持两种子载波间隔：15 kHz 和 3.75 kHz。

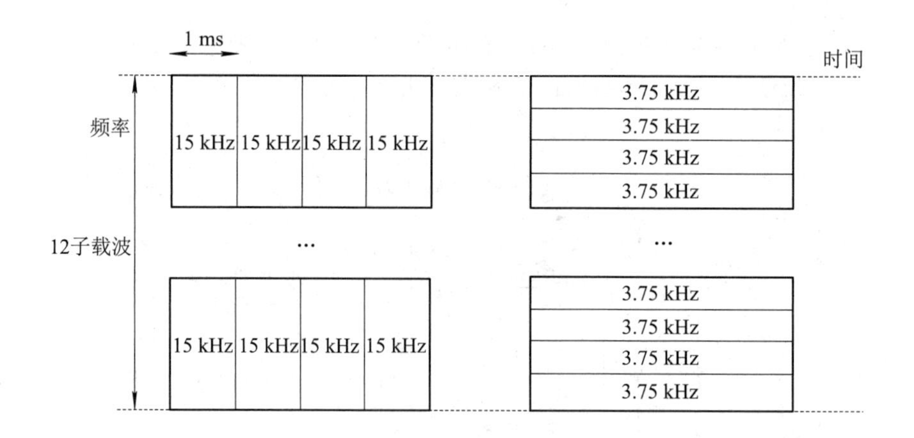

图 3-33　NB-IoT 上行频域子载波示意图(采用 3.75 kHz 子载波间隔)

(1) 15 kHz：最大可支持 12 个子载波，帧结构与 LTE 保持一致，相比 LTE，NB-IoT

的频域调度的颗粒由原来的 PRB 变成了子载波。

(2) 3.75 kHz：最大可支持 48 个子载波，3.75 kHz 相比 15 kHz 将有相当大的功率谱密度 PSD 增益，这将转化为覆盖能力，同时在仅有的 180 kHz 的频谱资源里，将调度资源从原来的 12 个子载波扩展到 48 个子载波，能带来容量的提升以及更灵活的调度。

3.6.6 NB-IoT 的 Tone 是什么

在频域调度上，NB-IoT 支持两种模式：Single-Tone 和 Multi-Tone。

(1) Multi-Tone：多载波方式，与 LTE 具有相同的 15 kHz 子载波间隔、0.5 ms 时隙、1ms 子帧长度，每个时隙包含 7 个 SC-FDMA 符号。1 个用户使用多个载波，高速物联网应用，仅针对 15 kHz 子载波间隔(特别注意，如果终端支持 Multi-Tone，则必须向网络上报终端支持的能力)。

(2) Single-Tone：单载波方式，配置 15 kHz 和 3.75 kHz 两种子载波间隔，由于每时隙符号数需保持不变，3.75 kHz 的时隙延长至 2 ms(子帧长度延长至 4 ms)。1 个用户使用 1 个载波，低速物联网应用，针对 15 kHz 和 3.75 kHz 的子载波都适用，特别适合 IoT 终端的低速应用。

Single-Tone 与 Multi-Tone 的示意图如图 3-34 如示。

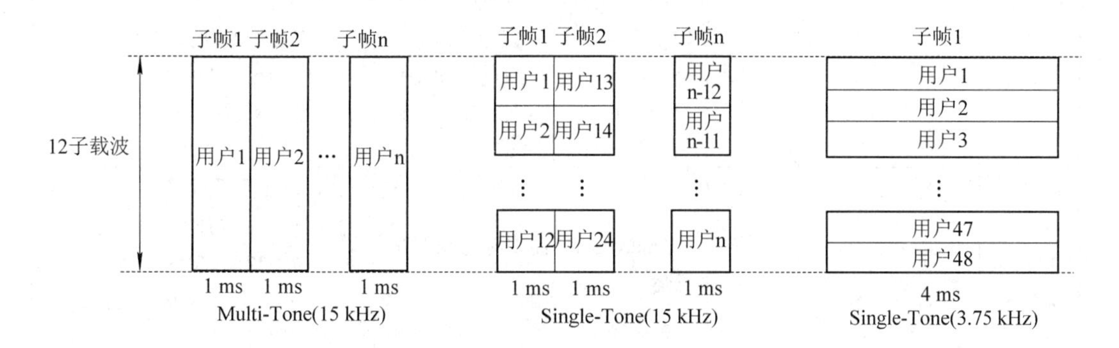

图 3-34　Single-Tone 与 Multi-Tone 示意图

(1) 在 Multi-Tone 情况下：1 个用户可以占 1 个 1 ms 子帧的 3、6、12 个子载波。

(2) 在 Single-Tone(15 kHz)情况下：1 个用户只能占 1 个 1 ms 子帧的 1 个子载波，则每个子帧的频率资源可以分给 12 个用户。

(3) 在 Single-Tone(3.75 kHz)情况下：1 个用户在频率上占 1 个子载波，时域上最少占 4 ms 时长，可等效理解为频率降低则用时延长。

3.6.7 NB-IoT 部署方式

NB-IoT 工作带宽为 200 kHz，去掉工作带宽旁各 10 kHz 的保护带宽，实际工作带宽为 180 kHz。3GPP 定义 NB-IoT 的三种部署模式：独立部署、保护带部署和带内部署，NB-IoT 的部署模式如图 3-35 所示。

(1) 独立部署主要是利用现网的空闲频谱或者新的频谱部署 NB-IoT。

(2) 保护带部署利用现网的 LTE 网络频段的带宽保护带进行 NB-IoT 部署，最大化频谱资源利用率。

(3) 带内部署是利用现网 LTE 网络频段中的频率资源来部署 NB-IoT。

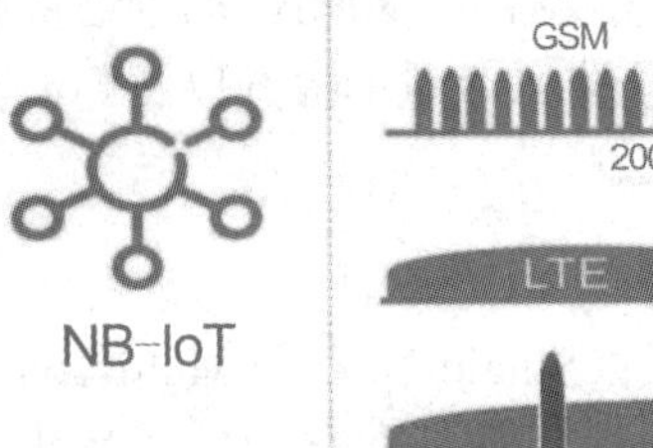

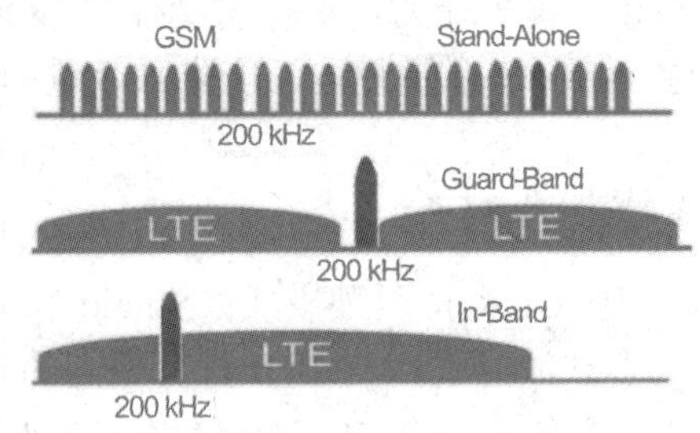

图 3-35 NB-IoT 的部署模式

三种部署模式的性能对比如表 3-8 所示。

表 3-8 NB-IoT 部署模式性能对比

	Stand-alone	Guard-band	In-band
频谱	频谱上 NB-IoT 独占，不存在与现有系统共存问题	需要考虑与 LTE 系统共存的问题，如干扰规避、射频指标等问题	需要考虑与 LTE 系统共存的问题，如干扰消除、射频指标等问题
带宽	Stand-alone 限制会比较少	LTE 系统带宽不同对应的可用 Guard-band 带宽也不同，另外，要满足中心频点 300 kHz 需求，可以用在 NB-IoT 的频域位置也比较少	要满足中心频点 300 kHz 需求，In-band 可以用在 NB-IoT 的频域位置也比较少
与 2G/3G/4G 兼容性	Stand-alone 下配置限制较少	Guard-band 需要考虑与 LTE 兼容	In-band 需要考虑与 LTE 兼容的问题，如：避开 PDCCH 区域、避开 CSI-RS、PRS、LTE-同步信道和 PBCH、CRS、TDD 上下行配比等
覆盖	满足覆盖要求，覆盖略大	满足覆盖要求，覆盖略小	满足覆盖要求，覆盖最小
容量	上行 15 kHz 子载波间隔可以支持每小区容纳 207 000 个设备，满足每小区容纳 52 500 设备的容量目标	Guard-band 模式下，上行 15 kHz 子载波间隔可以支持每小区容纳 210 000 个设备，满足每小区容纳 52 500 设备的容量目标	上行支持至少每小区 71 000 个设备，满足每小区容纳 52 500 个设备的容量目标，但支持容量略小
传输时延	满足时延要求，时延略小，传输效率略高	满足时延要求，时延略大	满足时延要求，时延最大
终端能耗	满足能耗目标	满足能耗目标	满足能耗目标

NB-IoT 小区采用何种部署方式，会通过系统消息的 MIB 指示 UE。

3.6.8 信道栅格

信道栅格(Channel raster)是用于调整载波频率位置的最小单位，表示各个频点间的间隔应该是 100 kHz 的整数倍，相当于一条高速路划分为若干车道，两个车道之间的中心距离为 100 kHz 的整数倍。NB-IoT 终端在开机并搜索载波(小区)时，会在可能的频率范围内重复 NPSS/NSSS 的搜索和检测过程，直至搜索到锚点载波，频率扫描的栅格大小为 100 kHz。手机终端在频率扫描时就是按 100 kHz 整数倍来扫描的。

注：锚点载波(anchor carrier)是用于发送 NPSS/NSSS/NPBCH/SIB-NB 的载波。

In-band 部署时，并且不是 LTE 载波内的所有 PRB 资源都能被用作 NB-IoT 的锚点载波，即只有特定的 LTE PRB 数能被 NB-IoT 使用，如表 3-9 所示。

表 3-9　NB-IoT In-band 部署时可用的 LTE 资源索引表

LTE 系统带宽	3 MHz	5 MHz	10 MHz	15 MHz	20 MHz
带内部署时可用于 NB-IoT 锚点载波的 LTE 频域上的 PRB 索引	2，12	2，7，17，22	4，9，14，19，30，35，40，45	2，7，12，17，22，27，32，42，47，52，57，62，67，72	4，9，14，19，24，29，34，39，44，55，60，65，70，75，80，85，90，95

以 10 MHz 来说明，10 MHz 组网下 NB-IoT 可用的 LTE 资源索引示意图如图 3-36 所示。

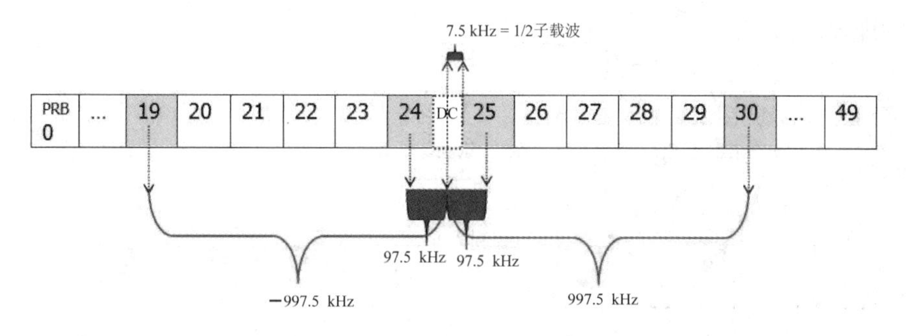

图 3-36　10 MHz 组网下 NB-IoT 可用的 LTE 资源索引示意图

图 3-36 中 DC 是 LTE 中心频率，由于 LTE 的 PRB24# 和 25# 中的 6 个 PRB 资源被 LTE 的 PSS/SSS/PBCH 使用，虽然 PRB19/24/25/50 中心频率距离 100 kHz 栅格偏差最小，为 2.5 kHz，但是 PRB24/25 并不能用做 NB-IoT 锚点载波使用。

(1) In-band 部署时，NB-IoT 的载波必须与 LTE 载波中的 PRB 对齐，Anchor carrier 的中心频点与最近的 100 kHz 整数倍的频率之间存在偏移，偏移范围{+2.5，−2.5，+7.5，−7.5} kHz。

(2) Guard-band 部署时，保护频带的子载波是从 LTE 载波传输带宽的边缘开始向两侧划分的，利用 LTE 边缘保护频带中未使用的 180 kHz 带宽的资源块，Anchor carrier 的中心频点与最近的 100 kHz 整数倍的频率之间存在偏移，偏移范围{+2.5，−2.5，+7.5，−7.5} kHz。

(3) Stand-alone 部署，NB-IoT 中心频点一定为 100kHz 的整数倍，不存在频率偏移。

第 4 章　物理信号与物理信道

知识点

本章主要介绍窄带物联网 NB-IoT 网络的空口物理信道原理，主要内容包括窄带物联网 NB-IoT 空口上下行物理信号及上下行物理信道，让读者了解窄带物联网 NB-IoT 空口物理信道，为无线规划及参数配置做好知识铺垫，本章主要介绍以下内容：

(1) NB-IoT 下行物理信号与物理信道；
(2) 窄带物理下行同步信号 NPSS/NSSS；
(3) 窄带物理参考信号 NRS；
(4) 窄带物理下行广播信道 NPBCH。
(5) 物理控制信道；
(6) 窄带下行共享信道 NPDSCH；
(7) 窄带上行随机接入信道 NPRACH；
(8) 窄带上行共享信道 NPUSCH。

4.1　NB-IoT 下行物理信号与物理信道

本节主要从下行物理信号与物理信道以及下行物理信道映射关系两个方面来进行介绍。

4.1.1　下行物理信号与物理信道

NB-IoT 下行定义两种物理信号与三种物理信道，如表 4-1 所示。

表 4-1　NB-IoT 下行物理信号与物理信道

类型	名称	中文名	英文全称
下行物理信道	NPBCH	窄带物理下行广播信道	Narrowband Physical Downlink Broadcast Channel
	NPDCCH	窄带物理下行控制信道	Narrowband Physical Downlink Control Channel
	NPDSCH	窄带物理下行共享信道	Narrowband Physical Downlink Share Channel
下行物理信号	NPSS NSSS	窄带主/辅同步信号	Narrowband Primary Synchornization Signal Narrowband Secondary Synchornization Signal
	NRS	窄带参考信号	Narrowband Reference Signal

NB-IoT 没有类似 LTE 的 PCFICH 和 PHICH 信道。

4.1.2　下行物理信道映射关系

物理信号与物理信道均是 RE 资源块(Resource Element)的组合，区别在于有无高层的映射关系：

(1) 物理信号无需承载来自高层的信息。

(2) 物理信道需要承载来自高层的信息。

下行物理信道的映射关系，如图 4-1 所示。

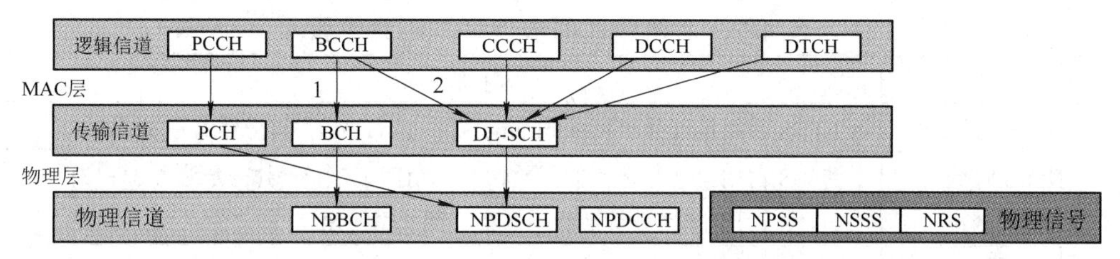

图 4-1　NB-IoT 下行物理信道与信号的映射关系

(1) 用于承载寻呼的逻辑信道 PCCH，经过 MAC 层传输信道映射到窄带物理下行共享信道 NPDSCH。

(2) 用于承载系统广播消息的逻辑信道 BCCH，分成两部分内容进行映射，用于传送主信息块的 MIB，经传输信道 BCH 映射到窄带物理下行广播信道 NPBCH；用于传送除系统主信息以外的其他信息，例如 SIB，经传输信道映射到窄带物理下行共享信道 NPDSCH。

(3) 用于承载公共控制信令消息 CCCH、专用控制信令消息 DCCH 和专用业务信道消息 DTCH，经传输信道 DL-SCH 映射到窄带物理下行共享信道 NPDSCH。

(4) 由于窄带物理下行共享信道 NPDSCH 承载不同信道的信息内容，接收方或发送方若直接传输 NPDSCH 上的内容，则查找及通知的工作量繁重。通过索引目录的方式来优化查询 NPDSCH 中的消息内容，衍生出 NPDCCH 信道。

NPDCCH 信道承载 NPDSCH 信道的控制信息，UE 需要首先解调 NPDCCH 中的控制信息(DCI)，才能在相应的 NPDSCH 资源位置上解调出属于自己的信息(包括 SIB 广播消息、寻呼、业务数据等)。

4.2　窄带物理下行同步信号 NPSS/NSSS

本节主要从窄带物理下行同步信号作用以及窄带物理同步信号时频位置两方面进行介绍。

4.2.1　窄带物理下行同步信号作用

对通信系统来说，同步信号是比较重要的，主要用于帮助接收端完成时间和频率同步。对 UE 来说，开机后第一件事就是进行小区搜索过程。终端的小区搜索过程是通过对同步信号的检测，完成终端与小区在时间和频率上的同步，以获取小区 PCI 的过程。

与 LTE 类似，NB-IoT 的同步信号也包括主同步信号(NPSS)和辅同步信号(NSSS)。其中，主同步信号用于完成时间和频率的同步，辅同步信号用于携带 504 个小区 PCI 和 80ms 的帧定时信息。

与 LTE 不同，NB-IoT 在获取小区 PCI 时，是通过辅同步信号来确定的。而 LTE 是通过主同步信号和辅同步信号共同来确定小区 PCI 的。

4.2.2　窄带物理同步信号时频位置

NB-IoT 同步信号分成主同步信号 NPSS 与辅同步信号 NSSS，两者在时频资源上的位置如表 4-2 所示。

表 4-2　窄带物理同步信号的时频位置

名称	内 容 描 述
NPSS 时域	NPSS 占用第 5 号子帧(subframe)内的后 11 个符号(符号编号 3～13)
NSSS 时域	NSSS 占用第 9 号子帧的偶数帧，占用后 11 个符号(符号编号 3～13)
NPSS 频域	NPSS 占用 11 个子载波，子载波编号为 0～10
NSSS 频域	NSSS 占用 12 个子载波，子载波编号为 0～11
周期	NPSS 周期 10 ms，NSSS 周期 20 ms
NPSS 序列	NPSS 采用长度为 11 的 ZC 序列
NSSS 序列	NSSS 由长度为 131 的 ZC 序列和长度为 128 的扰码(Hadamard)序列组成

1. 同步信号在时频资源上的位置

当 NB-IoT 采用独立部署和保护带部署时，同步信号在时频资源上的位置，如图 4-2 所示。

(1) 时域上，NPSS 占用 5 号子帧的最后 11 个符号，频域上 NPSS 占 0～10 号子载波。

(2) 时域上，NSSS 占用偶数帧 9 号子帧里最后 11 个符号，频域上 NSSS 占 0～11 号子载波。

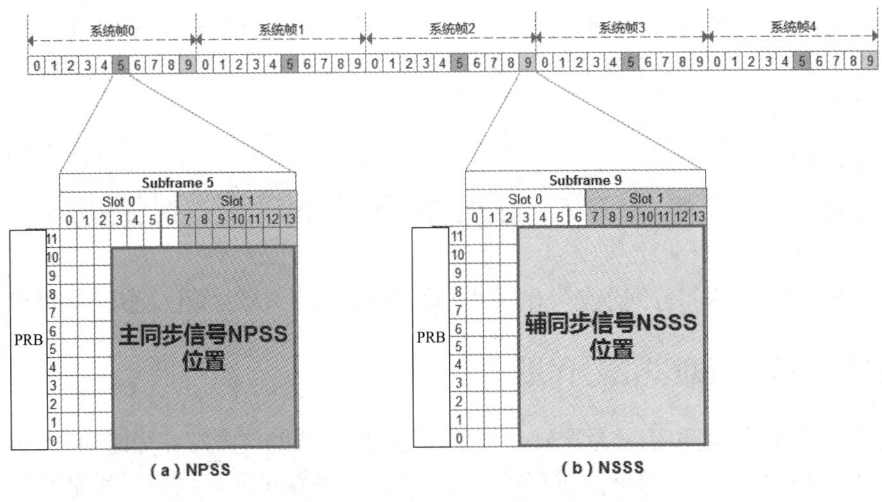

图 4-2　NB-IoT 同步信号的时频位置示意图

当 NB-IoT 采用带内部署时，NB-IoT 同步信号 NPSS/NSSS 与 LTE 的参考信号位置存在重叠区域，重叠区域不影响终端对 NB-IoT 同步信号的解码，如图 4-3 所示。

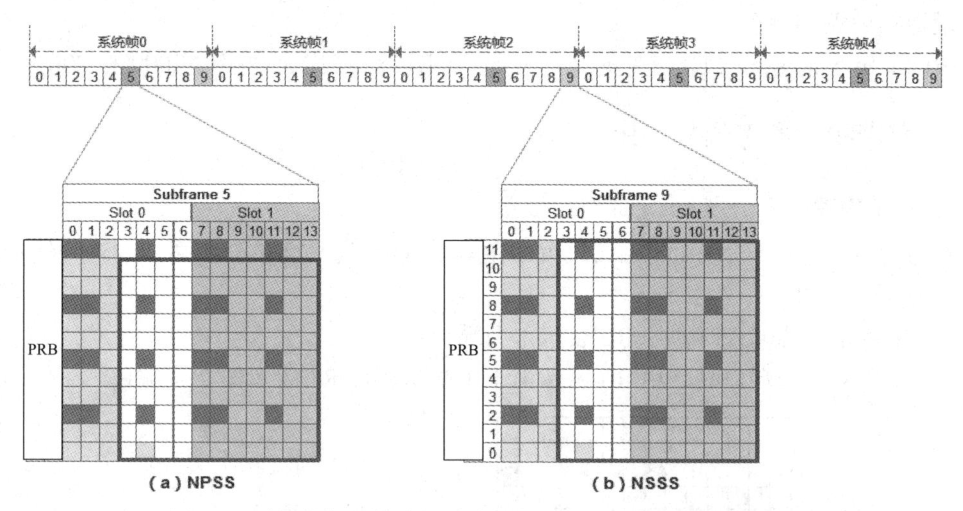

图 4-3　采用带内部署时 NB-IoT 的同步信号时频资源示意图

当 NB-IoT 采用带内部署时，NB-IoT 的 NPSS/NSSS 时频资源与 LTE 参考信号 CRS 部分重叠，不影响 NB-IoT 终端对同步信号 NPSS/NSSS 的解码。

UE 在进行小区同步时，因对 NB-IoT 操作模式未知，所以 NPSS 和 NSSS 设计时不考虑 LTE 参考信号的资源预留，均采用统一设计，即前 3 列符号预留给 LTE 的控制区域占用，后 11 列符号供 NB-IoT 同步信号使用。

2. 同步信号周期

主同步信号 NPSS 信号周期为 10 ms；辅同步信号 NSSS 信号周期为 20 ms。

4.3　窄带物理参考信号 NRS

本节主要从窄带物理参考信号作用及特点和窄带物理参考信号 NRS 时频位置两方面进行介绍。

4.3.1　窄带物理参考信号作用及特点

参考信号用于下行链路信道估算，为 UE 相干解调和检测提供参考，该参考值可用于信号强度/信号质量(RSRP/RSRQ)的测量。

窄带物理参考信号的特点如下：

(1) 支持单天线端口或两天线端口，映射到时隙的最后两个符号上。

(2) 支持三种操作模式(Stand-alone/In-band/Guard-Band)。

(3) NRS 在频域采用与 LTE CRS 相同的小区专有频率偏移，其偏移幅度为

$$V_{\text{shift}} = \text{PCI} \bmod 6 \tag{4-1}$$

(4) 在 In-band same PCI 情况下(即 NB-IoT 采用 In-band 部署模式，NB-IoT 小区的 PCI

与共小区的 LTE 小区 PCI 相同)，NB-IoT 使用天线端口 0 和 1(与 LTE CRS 一致)。

(5) 在 In-band same PCI 情况下，可以使用 LTE CRS 作为额外的参考信号用于物理下行信道数据解调和测量。

(6) 除 In-band same PCI 以外的其他情况，NB-IoT 使用天线端口 2000 和 2001。

4.3.2 窄带物理参考信号 NRS 时频位置

1. 窄带物理参考信号 NRS 的时域位置

窄带物理参考信号 NRS 的时域位置如图 4-4 所示，当采用单天线端口或双天线端口时的图均有不同位置。

(1) 采用单天线端口时，用 R0 表示 1 个端口；

(2) 采用双天线端口时，用 R0 表示第 1 个端口，用 R1 表示第 2 个端口。

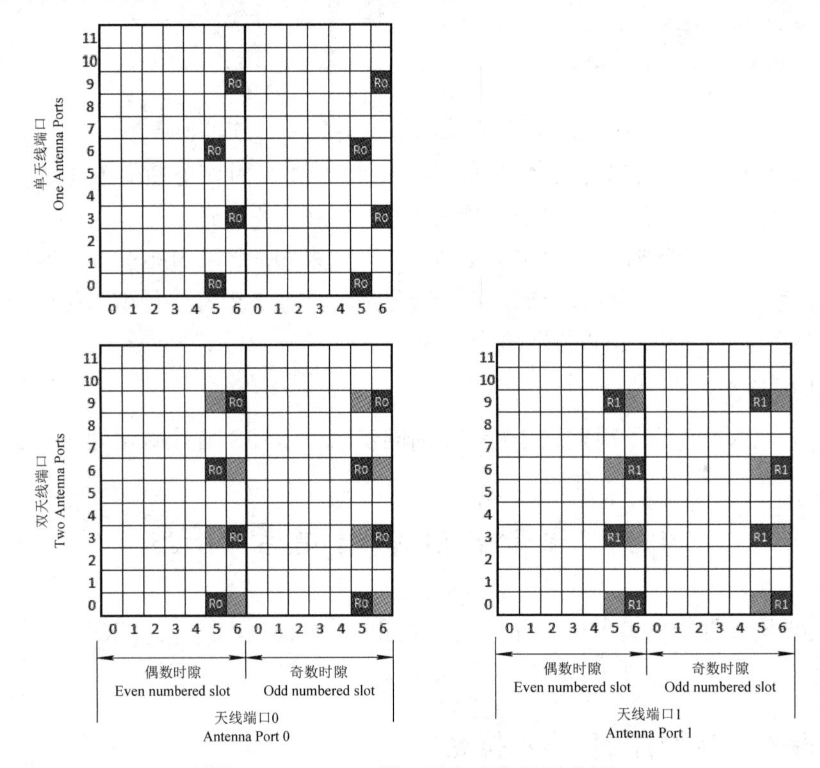

图 4-4　NB-IoT 端口及参考信号示意图

2. 窄带物理参考信号 NRS 的频域位置

窄带物理参考信号在频域映射的位置由 PCI mod 6 决定。当 PCI mod 6=0 时，NRS 的频域起始位置从#0 子载波开始。

(1) 单天线端口时，以第 5 个 OFDM 符号为时域起始点，如图 4-4 中的 R0。

(2) 双天线端口时，端口 1 的 NRS 用 R0 表示，以第 5 个 OFDM 符号为时域起始点，端口 2 的 NRS 用 R1 表示，以第 6 个 OFDM 符号为时域的起始点。

同理可以类推，当 PCI mod 6 = 1 时，NRS 的频域起始位置从 #1 子载波开始，时域不变，即整个 NRS 分布往上移一行，如图 4-5 所示。

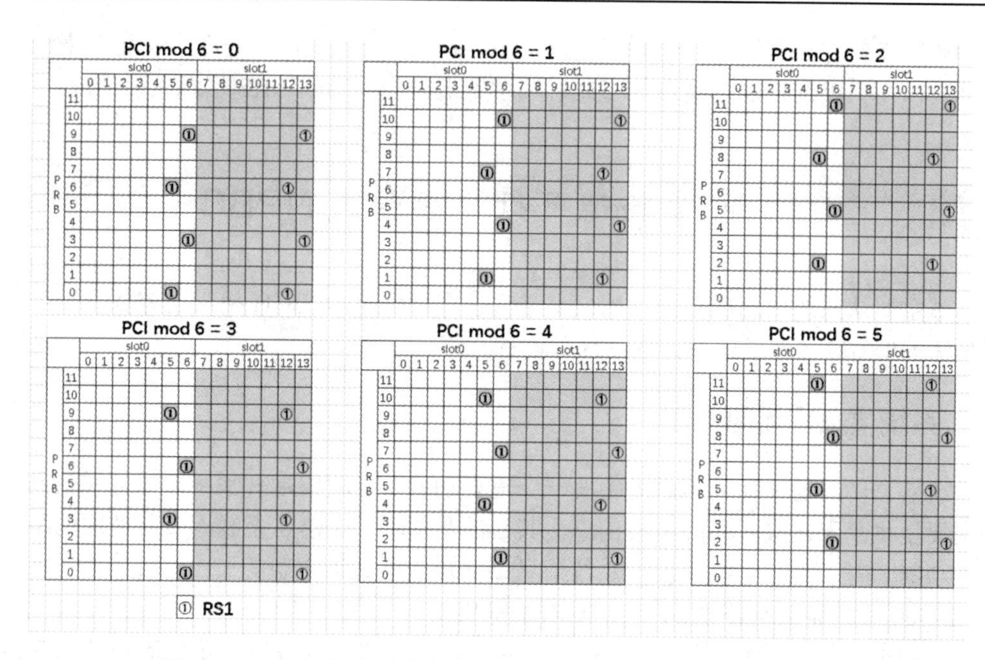

图 4-5　PCI mod 6 余数与参考信号的位置关系示意图(单天线端口)

如果是双天线端口，根据协议规定，在天线端口 0 处，天线端口 1 发送 R1 的 RE 资源位置必须置位(unused)，即该 RE 资源不可用(也有的称为 DTX)。这样就使得参考信号在双天线端口资源映射时，频域位置由 mod 6 决定变成由 mod 3 决定。例如，小区 1 采用 PCI mod 6 = 0 的配置，小区 2 采用 PCI mod 6 = 3 的配置，此时由于终端无法区分两个小区的天线端口 R0 与 R1，发生 mod 3 干扰。因此 PCI mod 6 = 0 与 PCI mod 6 = 3 时，终端无法解调出相关参考信号，如图 4-6 所示。

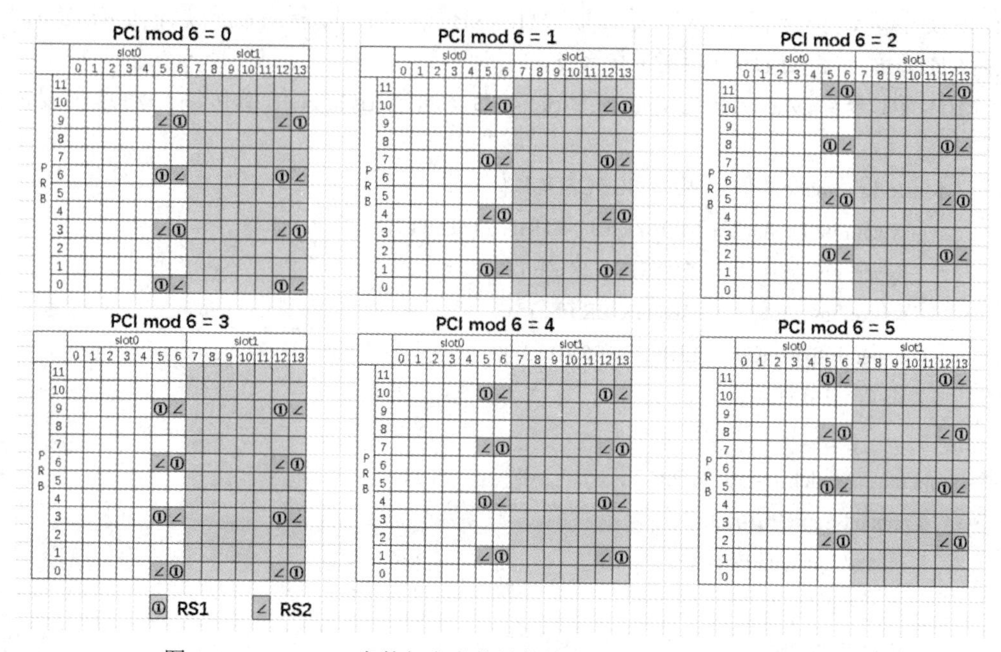

图 4-6　PCI mod 6 余数与参考信号的位置关系示意图(双天线端口)

为加深读者对参考信号的理解，通过“NB-IoT 下行物理信道分布小实验”来配置不同的 PCI 以及手机逻辑端口数量，可在时频位置上得到不同的 NRS 资源映射情况。

4.4　窄带物理下行广播信道 NPBCH

本节主要从系统信息广播的作用、窄带物理广播信道 NPBCH 携带内容以及窄带物理广播信道 NPBCH 物理层处理方式三部分进行介绍。

4.4.1　系统信息广播的作用

系统信息广播是移动通信系统中的一个重要功能，是将终端和系统联系起来的纽带。广播主要提供了无线接入网的主要信息，其目的是便于 UE 建立无线连接并使用网络提供的各项功能。对于无线系统来说，系统消息广播功能是必须实现的。

NB-IoT 系统消息分成两部分，即 MIB 和 SIBs。

(1) MIB 是主信息块，传输的是最基本的信息，是 UE 后续解读 SIBs 的基础。NPBCH 用来承载 MIB 信息。

(2) 除 MIB 携带的消息外，其余系统信息如 SIB1-NB 等则承载在 NPDSCH 信道中。

4.4.2　窄带物理广播信道 NPBCH 携带内容

NPBCH 用来承载 MIB-NB 消息内容，发送周期是 640 ms，信道所携带信息的大小是 34bits。系统消息分成两部分内容，少量重要内容放在 MIB-NB 消息中，手机在执行开机附着以及小区选择流程时必须要读取 MIB-NB 消息；其余系统消息内容(SIBs)通过 NPDCCH 调度，在 NPDSCH 信道中承载。

MIB-NB 全称 MasterInformationBlock-NB，通过 BCCH 信道传输。消息主要内容如下：

```
MasterInformationBlock-NB ::=SEQUENCE {
    systemFrameNumber-MSB-r13BIT STRING (SIZE (4)),
    hyperSFN-LSB-r13BIT STRING (SIZE (2)),
    schedulingInfoSIB1-r13INTEGER (0...15),
    systemInfoValueTag-r13INTEGER (0...31),
    ab-Enabled-r13
}.
operationModeInfo-r13CHOICE {
    inband-SamePCI-r13,
    inband-DifferentPCI-r13,
    guardband-r13,
    standalone-r13,
spareBIT STRING (SIZE (11))
```

```
}.

 ChannelRasterOffset-NB-r13 ::= ENUMERATED {khz-7dot5, khz-2dot5, khz2dot5, khz7dot5}.
Guardband-NB-r13 ::=SEQUENCE {
    rasterOffset-r13ChannelRasterOffset-NB-r13,
    spareBIT STRING (SIZE (3))
}
Inband-SamePCI-NB-r13 ::=SEQUENCE {
    eutra-CRS-SequenceInfo-r13INTEGER (0..31)
}.
```

消息内容解释详见表 4-3。

表 4-3　NPBCH 消息名词解释

消 息 名 称	中 文 释 义
systemFrameNumber-MSB-r13	系统帧号 SFN 的高 4 位，占用 4bits，系统帧号 SFN 的低 6 位通过 NPBCH 盲检得到
hyperSFN-LSB-r13	超帧号(H-SFN)的低 2 位。超帧号 H-SFN 的高 8 位在 SIB1-NB 中指示
schedulingInfoSIB1-r13	指示 SIB1-NB 的调度信息和大小
systemInfoValueTag-r13	用于指示除 MIB-NB/SIB14/SIB16 外系统信息变更
ab-Enabled-r13	用于指示该小区是否采用“接入禁止 access barring”功能，如果小区使能，则 UE 会在 RRC 连接建立或恢复前，接收 SIB14-NB 并进行 access barring 检查
operationModeInfo-r13	指示 NB-IoT 的部署模式
inband-SamePCI-r13	inband-samePCI 使用带内部署，且 NB-IoT 小区与 LTE 小区使用相同的 PCI，NRS 与 CRS 的天线端口数相同。
inband-DifferentPCI-r13	inband-DifferentPCI 使用带内部署，且 NB-IoT 小区与 LTE 小区使用不同的 PCI
guardband-r13	保护带部署模式
standalone-r13	独立部署模式
ChannelRasterOffset-NB-r13	NB-IoT 小区中心频点相对于最近的 100kHz 信道栅格的偏移，取值范围{−7.5 kHz，−2.5 kHz，2.5 kHz，7.5 kHz}
eutra-CRS-SequenceInfo-r13	指示 LTE 载波中使用 CRS 的天线端口数

4.4.3　窄带物理广播信道 NPBCH 物理层处理方式

窄带物理广播信道 NPBCH 位于无线帧的 0 号子帧，携带系统主消息块 MIB-NB，包括系统帧号(SFN)、SIB1-NB 的调度信息等。系统消息占用 34 bit 位，广播周期为 640 ms，重复 8 次发送，帧结构及发送示意如图 4-7 所示。

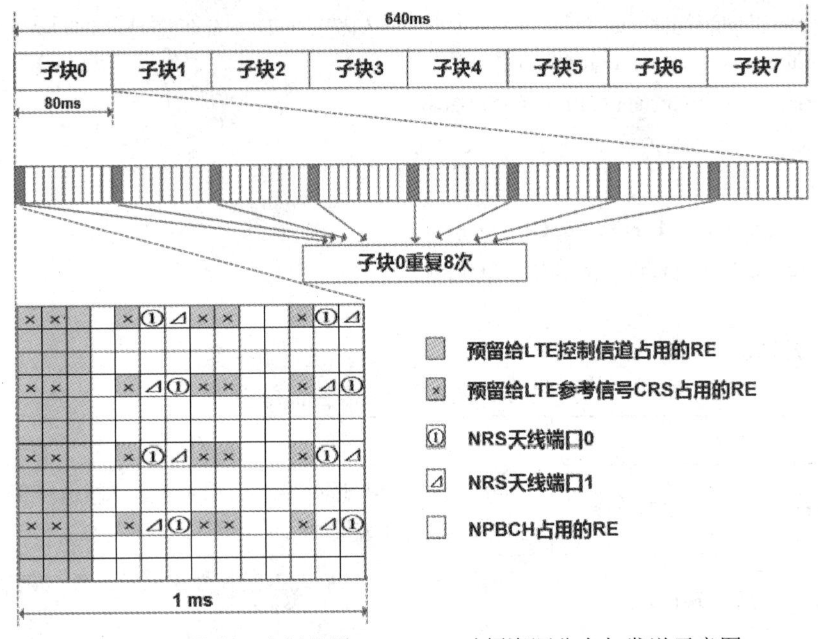

图 4-7　窄带物理广播信道 NPDBCH 时频资源分布与发送示意图

(1) NPBCH 经过物理层处理形成 1600 bit，这 1600 bit 分成 8 块编码子块，每个编码子块含 200 bit，每个编码子块的 200 bit 都是相同内容，即重复传输 8 次，并分布到 80 ms 的时间间隔上。

(2) 在 80 ms 时间间隔内，NPBCH 在每个系统帧的子帧 #0 传输 1 次，这 80 ms 内的每次传输时都由特定的序号来区分是第几个子块，即第 1 个系统帧的子帧 #0 和第 3 个系统帧的子帧 #0 的编号不同，UE 在 640 ms 内随机解出 NPBCH 后，就知道 NPBCH 的时间周期以及相应频率位置了。

(3) 每个编码子块(200 bit)采用 QPSK 调制，占用 100RE，映射到图中 NPBCH RE 中。

NPBCH 重复传输次数固定为 64 次，每个子帧均可独立解码，通过时间分集增益保证 NPBCH 的接收性能。

4.5　物理控制信道

本节主要从窄带物理控制信道 NPDCCH、NPDCCH 携带信息、NPDCCH 与 PDCCH 的区别以及搜索空间四个方面进行介绍。

4.5.1　窄带物理控制信道 NPDCCH

窄带物理控制信道 NPDCCH 用于调度 NPDSCH 信道中的内容，结合下行信道进行映射(如图 4-8 所示)。NPDSCH 上承载数据内容，例如系统消息内容(SIBs)、控制信令

CCCH/DCCH 和用户数据 DTCH，终端若要解读共享信道 NPDSCH 传输的数据信息，就必须先解读 NPDCCH 里的内容。

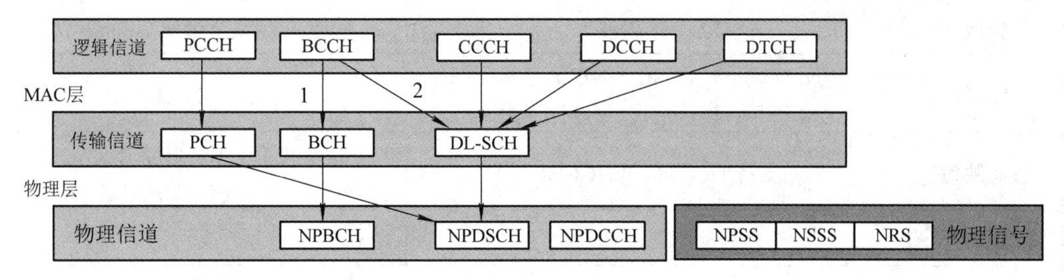

图 4-8 下行信道映射图

窄带物理控制信道 NPDCCH 中承载的下行控制信息(Downlink Control Information，DCI)包含一个或多个 UE 资源分配和其他的控制信息。UE 需要先解调 NPDCCH 获取 DCI 信息，然后才能在相应的资源位置上解调出属于自己的 NPDSCH(包括寻呼、下行用户数据等)。

4.5.2 NPDCCH 携带信息

NPDCCH 携带信息为下行控制信息(Downlink Control Information，DCI)。DCI 不仅用于下行数据的调度(DL Assignment)，也用于上行数据的授权(UL Grant)，还可用于指示寻呼 Paging 的资源或系统信息的变更。

NB-IoT 中的 DCI 格式及功能主要有三种，即 DCI format N0、DCI format N1 和 DCI format N2，如表 4-4 所示。

表 4-4 NB-IoT 中 DCI 格式及功能列表

DCI 格式	大小/bit	功 能
Format N0	23	上行 NPUSCH 授权
Format N1	23	下行 NPDSCH 调度
		NPDCCH order 触发的随机接入
Format N2	15	Paging 寻呼消息
		系统消息更新指示

4.5.3 NPDCCH 与 PDCCH 的区别

NB-IoT 的物理层下行控制信道为 NPDCCH，与 LTE 系统的 PDCCH 类似，也用于承载下行控制信息 DCI。但是 NB-IoT 系统采用窄带传输，频域上仅支持 1 个 PRB 大小的子帧，所以 LTE 系统的下行控制信道不再适用，如表 4-5 所示。

表 4-5　NPDCCH 与 PDCCH 的区别

信道内容	NPDCCH(NB-IoT)	PDCCH(Legacy LTE)
频域	12 个子载波	全带宽
时域	In-band 模式下，由 SIB1-NB 消息指示起始的 OFDM 符号；其他模式，占用全部 Symbols	CFI = [1，2，3]
资源映射	支持 NCCE0 和 NCCE1	频域 4 个 RE 组成 REG，9 个 REG 组成 CCE
REG	不支持	支持
聚合等级	NCCE 聚合等级 1 和 2	CCE 聚合等级 1、2、4、8
调度特点	跨子帧调度	同子帧调度
搜索空间	CSS & USS	CSS & USS
重复传输	支持	不支持
调制	QPSK 调制	QPSK 调制

PDCCH 的特点是：LTE 控制信道 PDCCH 使用的资源粒度是 CCE(Control Channel Element)，一个 PDCCH 在 n 个连续的 CCE 上传输，每个 CCE 由 9 个 REG 组成，在时域上固定使用子帧前 2～3 个符号，频域上根据聚合等级只占用部分频域 RB 资源，支持子帧内调度的方式。

NPDCCH 的特点包括：

(1) NB-IoT 频域上占用 12 个 RB 资源，时域上占用一个完整子帧。

(2) 为了提升编码增益，NB-IoT 的控制信道 NPDCCH 采用重复发送的方式。

(3) 由于采用重复传输，因此 NPDCCH 不再支持 LTE 中的 REG 概念。

4.5.4　搜索空间

UE 在与基站建立连接的过程中会周期性地监听 NPDCCH 以获知 DCI 的传送区域，监听 NPDCCH 的区域叫做 NPDCCH 搜索空间。

UE 在监听搜索空间时，需要用 DCI 格式去尝试解码搜索空间中的每一个 NPDCCH(即在搜索空间中盲检 NPDCCH)，为使盲检 NPDCCH 的复杂度保持在合理的范围内，NB-IoT 中的搜索空间分为三种：Type1 公共搜索空间、Type2 公共搜索空间和 UE 特定的搜索空间，这三种搜索空间作用如下：

(1) Type 1 公共搜索空间(Common Search Space，CSS)：只用于寻呼 paging；

(2) Type 2 公共搜索空间：只用于随机接入，包括 msg2(RAR)、msg3 的重传和 msg4；

(3) UE 特定的搜索空间(User Search Space，USS)：只用于某个 UE 的下行调度或上行传输授权信息。

当 UE 在收到属于自己的 DCI 后，依据 DCI 中的内容在 NPDSCH 数据区域中找到用户数据，搜索空间类型如表 4-6 所示。

表 4-6　搜索空间类型

搜索空间类型	空间子类	支持检测的 DCI format	作　用
小区公共搜索空间 CSS	CSS Type1	N2	寻呼 Paging
	CSS Type2	N0、N1	Msg2、Msg3 重传、Msg4
UE 专用搜索空间 USS		N0、N1	上、下行数据传输

4.6　窄带下行共享信道 NPDSCH

NPDSCH 用于承载 NB-IoT 系统中不同的下行业务数据，如寻呼消息、业务数据以及随机接入中的 Msg2 和 Msg4 消息。

4.6.1　NB-IoT NPDSCH 与 LTE PDSCH 的设计差异

与 LTE PDSCH 相比，NB-IoT 下行 NPDSCH 的设计主要考虑降低终端处理的复杂度，以及增强覆盖能力，主要体现在以下几个方面：

(1) NB-IoT 下行 NPDSCH 支持跨子帧的传输块映射。

(2) NB-IoT 下行频域资源分配时，不支持单子帧多用户传输。

(3) NB-IoT 下行 NPDSCH 支持重复发送，最大重复次数为 2048 次。

(4) NB-IoT 下行采用 NRS 单端口时，使用单端口传输下行数据。

(5) NB-IoT 下行采用 NRS 两端口时，下行传输使用两端口发射分集(SFBC)。

(6) NPDSCH 采用咬尾卷积编码(TBCC)，可降低终端解码复杂度，有助于降低终端成本。

4.6.2　NPDSCH 时频资源位置

NPDSCH 在频域上所占用的带宽是一个 PRB 大小，其频域资源映射规则如下：

(1) 不能占用 NPBCH/NPSS/NSSS 所在子帧；

(2) 不能占用 NRS 所在 RE 资源。

考虑到 NB-IoT 采取带内部署，其时频资源位置示意图如图 4-9 所示。

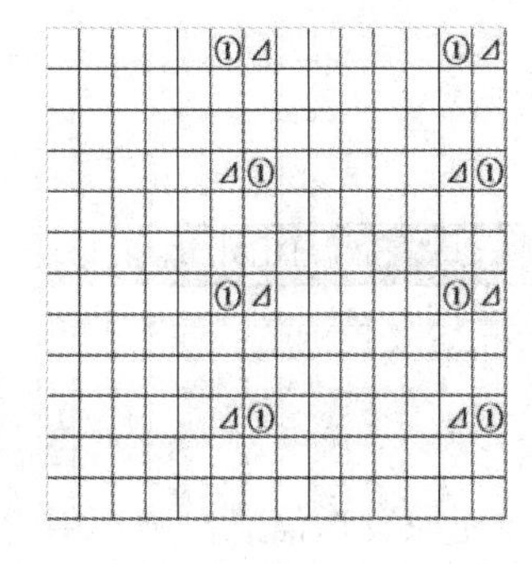

(a) 独立部署或保护带部署

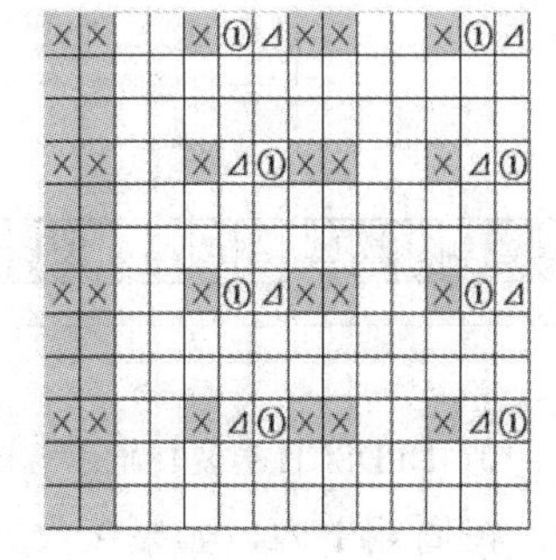

(b) 带内部署 $l = 3$

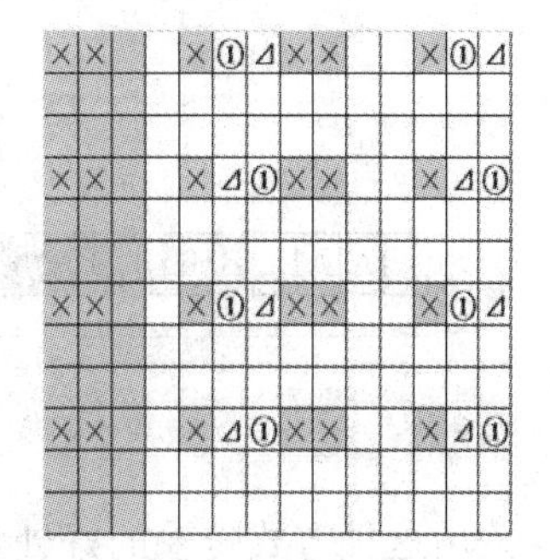

(c) 带内部署 $l = 2$

图 4-9　NPDSCH 时频资源位置示意图

1) In-Band 操作模式

(1) 时域：非SIB1-NB使用的NPDSCH子帧起始位置由参数eutraControlRegionSize-r13决定，参数值用 l 表示。SIB-NB 使用的 NPDSCH 子帧编号从 $l=2$ 或 3 的位置开始，即图 4-9 中的图(b)是 $l=3$，图(c)是 $l=2$。

(2) 频域：占用 12 个子载波，子载波编号 0～11。

2) Stand-alone/Guard-Band 操作模式

(1) 时域：占用 14 个 OFDM 符号，符号编号 0～13；

(2) 频域：占用 12 个子载波，子载波编号 0～11。

SIB1-NB 中包含 eutraControlRegionSize-r13 字段。eutraControlRegionSize-r13 取值集合为{n1，n2，n3}。

图 4-9 中的图(a)是 NB-IoT 采用独立部署或保护带部署时，NPDSCH 可使用的资源是除 NRS 使用的 RE 资源外剩下的 RE 资源。

4.6.3　NPDSCH 时域重复

NB-IoT 业务信道通过重复传输方式，可达到提升覆盖的目的。为何通过重复传输能提升覆盖性能？这就好比一句话说一次听不清，再重复多说几次就可以听清。

NB-IoT 的 NPDSCH 子帧可以重复发送的次数用 N_{Rep} 表示：

(1) 如果 NPDSCH 携带用户数据，则 N_{Rep} 取值范围{1，2，4，…，1024，2048}。

(2) 如果 NPDSCH 携带系统消息 SIB1-NB，则 N_{Rep} 取值范围{4，8，16}。

NPDSCH 重复传输示意图如图 4-10 所示，假设要传输的数据经过编码和速率匹配流程，生成需 4 个子帧传输的符号，这 4 个子帧分别传送 ABCD 内容，假设系统要求重复传输 8 次，按协议规定，这 8 次传输需要在两个周期内完成，以连续的 4×4 个子帧作为一个重复周期进行数据传输。

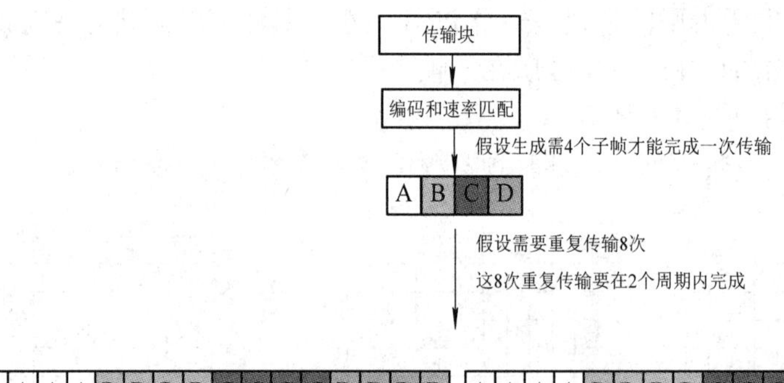

图 4-10　NPDSCH 重复传输示意图

采用这种方式传输的好处是：在周期 1 内，如果接收方能还原发送信息，则不用等周期 2 的数据传送结束后，即可获得发送信息内容。如果接收方在周期 1 内无法还原数据，则可以继续接收周期 2 的数据，然后通过编码叠加的增益获得发送信息。

4.7　窄带上行随机接入信道 NPRACH

本节主要从 NB-IoT 随机接入信令流程、NPRACH 格式以及 NPRACH 配置三个方面进行介绍。

4.7.1　NB-IoT 随机接入信令流程

在 R13 版本中，NB-IoT 仅支持竞争随机接入。基于竞争的随机接入流程如图 4-11 所示。

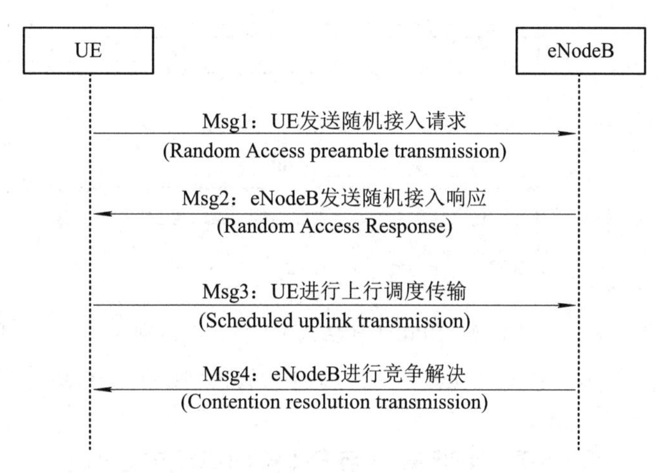

图 4-11　竞争随机接入流程图

流程解释如下：

(1) Msg1：UE 发送随机接入请求；

(2) Msg2：eNodeB 发送随机接入响应；

(3) Msg3：UE 进行上行调度传输；

(4) Msg4：eNodeB 进行竞争解决。

具体内容见第 6.3 节 NB-IoT 随机接入流程。UE 通过 SIB2 获取 NPRACH 相关配置信息，根据 RSRP 测量结果与 SIB2 中的覆盖等级门限对比，确定 UE 当前所处的覆盖等级，然后用当前覆盖等级中的参数配置，去向 eNodeB 发起随机接入请求。

4.7.2　NPRACH 格式

窄带物理随机接入信道上承载的是 UE 发送的 MSG1 的随机接入前导(Random Access Preamble)，主要用来承载 Preamble 码。

协议中，NB-IoT 设计了两种 Preamble format，包括 format0 和 format1，其中 format0 支持 10 km 覆盖距离，format1 支持 35 km 覆盖距离。

Preamble 发送的最基本单位是 4 个符号组(Symbol Groups)，Symbol Groups 包括一个循环前缀 CP(Cyclic Prefix)以及 5 个符号，且 5 个符号上发送的信号相同。单时隙内

NPRACH 的单符号组结构示意图如图 4-12 所示。

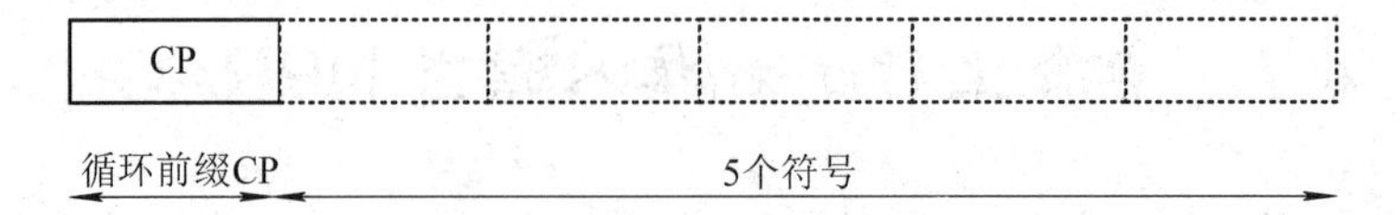

图 4-12　单时隙内 NPRACH 的单符号组结构示意图

根据循环前缀 CP 长度的不同，单时隙内 NPRACH 的单符号组结构可分为长 CP 和短 CP 两种格式，如图 4-13 所示。

(1) 短 CP 用格式 1(format1)来表示，CP 所占时间长度是 66.7 μs，前导占用时长 1.6 ms；

(2) 长 CP 用格式 2(format2)来表示，CP 所占时间长度是 266.7 μs，前导占用时长 1.4 ms。

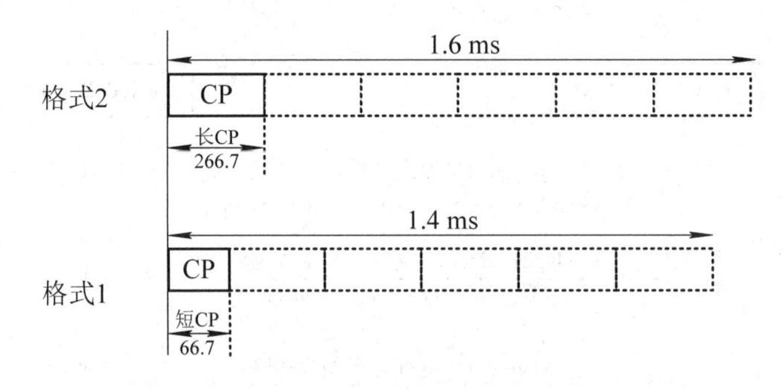

图 4-13　NPRACH 格式 1 与格式 2 区别

从频域、时域、序列、信道资源、复用方式和重复传输的角度来看，NPRACH 配置与 LTE 的对比情况如表 4-7 所示。

表 4-7　NPRACH 与 PRACH(LTE)的区别

信道内容	NPRACH(NB-IoT)	PRACH(Legacy LTE)
频域	3.75 kHz 子载波间隔 1 个 PRACH Band 45kHz 最多配置 4 个 Band Offset 可配置	1.25 kHz 子载波间隔 6 个 RB，使用 839 个子载波 Offset 可配置
时域	CP+5 Symbols 为一个 Symbol Group，时域上 4 个 Symbol Group 为一个信道。两种 CP 长度	FDD 有四种格式，对应不同 CP、Sequence 和 Guard 长度 通过 PRACH Index 配置出现周期和 format
Preamble Sequence	常数序列，不同 Symbol Group 上不变	长度为 839 的 ZC 序列，由根索引和循环移位根序列规则生成
信道(资源)	根据频域和时域配置确定	一个小区 64 个 Preamble
复用方式	不同 UE 通过 FDM/TDM 复用，不支持 Preamble 复用	根据时频资源，不同 Preamble 码分复用
重复传输	支持	不支持

Preamble 采用 Single-Tone 方式发送，子载波间隔 3.75 kHz，默认支持跳频。

Preamble 发送的最基本单位是四个 Symbol Group，每个 Symbol Group 发送时占用的子载波相同，Symbol Group 之间配置两个跳频间隔。第一/第二 Symbol Group 之间和第三/第四 Symbol Group 之间配置第一等级的跳频间隔，FH1 = 3.75 kHz；第二/第三 Symbol Group 之间配置第二等级的跳频间隔，FH2 = 22.5 kHz，具体如图 4-14 所示。

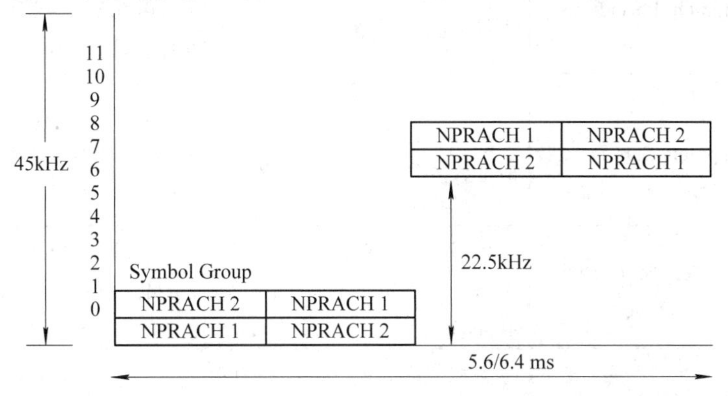

图 4-14　NPRACH 符号跳频示意图

4.7.3　NPRACH 配置

为提高随机接入成功率，NB-IoT 定义了 3 个不同的覆盖等级(CE level)，基站侧可以配置 1 个覆盖等级，也可以配 2 个或 3 个覆盖等级，每个覆盖等级必须配置不同的随机接入参数。

在发送随机接入前导前，NB-IoT 终端会通过测量下行 RSRP 信号强度来决定所处的覆盖等级，并使用该覆盖等级所配置的 NPRACH 资源发起随机接入，涉及的配置参数有起始时间、NPRACH 周期、CP 长度等，具体详见表 4-8。

表 4-8　NPRACH 配置参数

参数名称	参数英文名	参数描述	取值范围、步进	建议值
PRACH 的功率攀升步长	PrachPwrStep	当 UE 发送随机接入前导后，若未收到响应，则会把发射功率加上功率攀升步长，再次进行尝试，直到前导发送次数达到最大发送次数(Max retrans number for prach)	long：0:0，1:2，2:4，3:6	2
PRACH 前导最大发送次数	PreambleTxMax	前导发送次数达到最大传输次数	long：0:3，1:4，2:5，3:6，4:7，5:8，6:10，7:20，8:50，9:100，10:200	7
PRACH CP 的长度标志	nprach_CP_Length	该参数为 NPRACH 的循环前缀长度，短 CP 长度为 66.7 μs，长 CP 长度为 266.7 μs	long：0 为短 CP，1 为长 CP	0
NPRACH 资源数	nPRACHResourcesNum	该参数为NPRACH的资源数目，等于配置的 CEL 等级的个数	long：[1～3]	3

续表

参数名称	参数英文名	参数描述	取值范围、步进	建议值
CEL NBPRACH 周期(ms)	nprach_Periodicity	该参数为 NPRACH 周期，不同 CEL 分开配置	long[3]：0:40，1:80，2:160，3:240，4:320，5:640，6:1280，7:2560	4;6;7
CEL NBPRACH 发送时机(ms)	nprach_StartTime	该参数为 NPRACH 的起始时间，不同 CEL 分开配置	long[3]：0:8，1:16，2:32，3:64，4:128，5:256，6:512，7:1024	
CEL NBPRACH 频域位置	nprach_Subcarrier Offset	该参数为 NPRACH 资源的频域起始位置，不同 CEL 分开配置	long[3]：0:n0，1:n12，2:n24，3:n36，4:n2，5:n18，6:n34	
CEL NBPRACH 子载波数量	nprach_ NumSubcarriers	该参数为 NPRACH 资源的子载波个数，不同 CEL 分开配置	long[3]：0:n12，1:n24，2:n36，3:n48	0;0;0
基于竞争的 NPRACH 子载波个数	Nprach_NumCBRA _StartSC	基于竞争的 NPRACH 子载波个数，UE 在 nprach-SubcarrierOffset + [0, nprach-NumCBRA- StartSubcarriers - 1]子载波位置发起随机接入	long[3]：0:n8，1:n10，2:n11，3:n12，4:n20，5:n22，6:n23，7:n24，8:n32，9:n34，10:n35，11:n36，12:n40，13:n44，14:n46，15:n48	3;3;3
基于 PRACH 消息的功率偏差(dB)	deltaPreambleMsg3	该参数是基于 NPRACH 消息的功率偏差，用于弥补不同消息格式下对功率的影响	long:[-1～6]	6
UE 在 CEL NBPRACH 上最多 Preamble 重发次数	maxNumPreamble AttemptCE	该参数为 UE 在每个 CEL 的 NPRACH 上可以重发 PREAMBLE 的最大次数。若在一个 CEL 上重发次数达到最大值后还没有成功，则换另一个 CEL 继续发送 NPRACH	long[3]：0:n3，1:n4，2:n5，3:n6，4:n7，5:n8，6:n10	6;3;1
CEL NBPRACH 重复次数	numRepetPerPreamble Attempt	该参数为 NPRACH 的重复次数，不同 CEL 分开配置	long[3]：0:n1，1:n2，2:n4，3:n8，4:n16，5:n32，6:n64，7:n128	1;3;5

4.8　窄带上行共享信道 NPUSCH

本节主要从NB-IoT NPUSCH与LTE PUSCH的设计差异、上行资源RU概念、NPUSCH格式、NPUSCH配置以及DM-RS五方面内容进行介绍。

4.8.1　NB-IoT NPUSCH 与 LTE PUSCH 的设计差异

窄带物理上行共享信道用来传输上行控制信息以及上行数据，与 LTE 的表示方法不同，NB-IoT 中用 NPUSCH 格式 1 来传输用户上行数据，用 NPUSCH 格式 2 来传输用户上行控制信息，如图 4-15 所示。

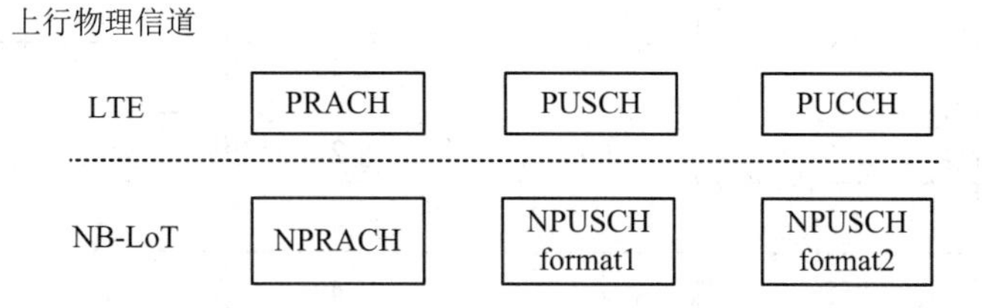

图 4-15　NB-IoT 上行物理信道与 LTE 的区别

NPUSCH 与 PUSCH 的差别，如表 4-9 所示。

表 4-9　NPUSCH 与 PUSCH 的区别

信道内容	NPUSCH(NB-IoT)	PUSCH(Legacy LTE)
频域	两种子载波间隔： 3.75 kHz 间隔，Single-Tone； 15 kHz 间隔，Single-Tone； 15 kHz 间隔，12/6/3-Tones	15 kHz 子载波间隔
时域	15 kHz 下，和 Legacy LTE 对齐； 3.75 kHz 下，定义 2 ms slot	PUSCH 主要携带上行数据，也可以携带 ACK/NACK
资源分配	按 RU 分配资源，不同频域带宽对应不同 RU 资源时长	按 RB 分配资源，RB 数量为 2、3、5 倍数
编码	format1：1/3 Turbo； format2：Repetition	1/3 Turbo
调制	Single-Tone：π/2-BPSK 或 π/4-QPSK； Multi-Tone：QPSK	QPSK，16QAM
RV 版本	支持 RV0、RV2	支持 RV0、RV1、RV2、RV3

NPUSCH 可用单通道(Single-Tone)和多通道(Multi-Tone)进行传输，频率上支持使用 3.75 kHz 和 15 kHz 两种子载波间隔，采用 1/3 的 Turbo 编码，在 Single-Tone 时采用 π/2-BPSK 或 π/4-QPSK 调制，在 Multi-Tone 时采用 QPSK 调制。

NB-IoT 采用按 RU 单元方式来分配资源，不同频域带宽对应不同的 RU 资源时长，同时只支持 RV0 和 RV2 两个 RV 版本(Redundancy Version)。

4.8.2　上行资源 RU 概念

NB-IoT 在上行数据分配中引入资源单元 RU(Resource Unit)的概念，上行数据的分配和 HARQ-ACK 信息的发送均以 RU 为单位。

RU 的构成如表 4-10 所示。

表 4-10　上行资源划分单元 RU 构成表

NPUSCH format	子载波间隔 Δf /kHz	子载波数 N_{sc}^{RU}	时隙数 N_{slot}^{UL}	时长/ms	每时隙包含符号数
1	3.75	1	16	32	7
	15	1	16	8	
		3	8	4	
		6	4	2	
		12	2	1	
2	3.75	1	4	8	
	15	1	4	2	

例如：对于 3.75 kHz 子载波间隔，1 个 RU 单元在频域上占用 1 个子载波，在时域上占用 16 个时隙，一个时隙长度为 2 ms，则总时长为 32 ms。

RU 资源划分如图 4-16 所示。

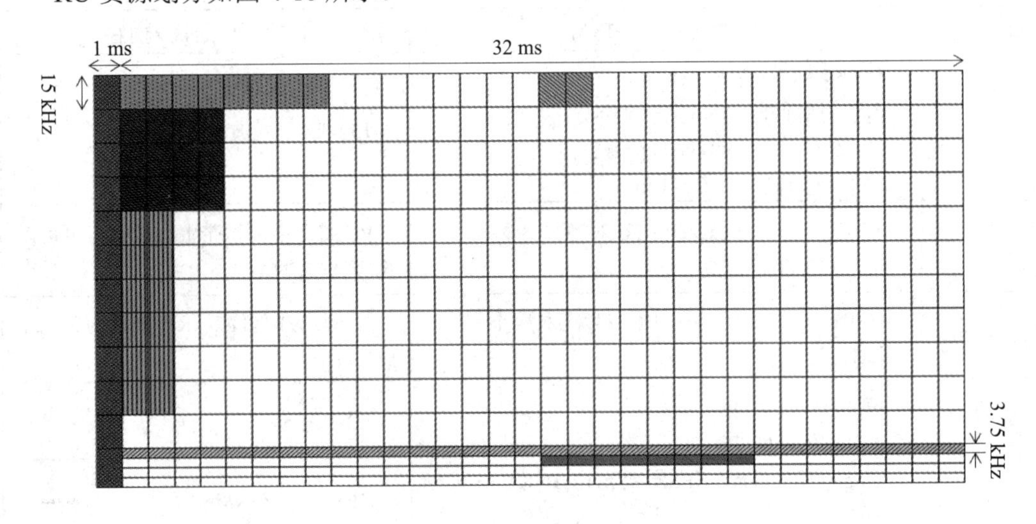

图 4-16　上行资源 RU 示意图

例如：对于 3.75 kHz 子载波间隔，RU 资源块在频域上只占用 1 个子载波，在时域上占用 32 ms，即 32 ms × 1 个子载波，如图 4-16 中下方最细长的资源格。

4.8.3　NPUSCH 格式

NB-IoT 在上行定义了两种格式的 NPUSCH 信道。

(1) NPUSCH format1 支持跨 RU 的资源映射。

(2) NPUSCH format2 仅用于 NPDSCH 的 ACK/NACK 反馈物理信道。

NPUSCH format2 与 NPUSCH format1 均不支持单子帧复用传输，两者是不同的物理信道，如表 4-11 所示。

NPUSCH 格式 1 支持 Single-Tone 和 Multi-Tone 传输，当使用 Single-Tone 传输时采用 π/2-BPSK 或 π/4-QPSK 调制；当使用 Multi-Tone 传输时采用 QPSK 调制。NPUSCH 格式 1

采用 Turbo 编码，主要承载上行业务信息(UL-SCH)。

表 4-11　NPUSCH 格式与承载信息类型表

NPUSCH format	调制方式		编码方式	承载的信息类型
1	Single-Tone	π/2 BPSK	Turbo Coding	UL-SCH
	Multi-Tone	π/4 QPSK		
2	Single-Tone	π/2 BPSK	Repetition Coding	HARQ-ACK

NPUSCH 格式 2 仅支持 Single-Tone 传输，采用 π/2-BPSK 调制，采用重复编码，主要承载 HARQ 的 ACK/NACK 信息。

(1) Single-Tone 传输主要使用于低速率、覆盖增强的场景。

(2) Multi-Tone 传输能提供比 Single-Tone 传输更快的速率，支持覆盖增强场景。

4.8.4　NPUSCH 配置

关于 NPUSCH 配置，表 4-12 给出部分重要参数示例。

表 4-12　NPUSCH 参数配置及取值说明

参数名称	参数英文名	参数描述	取值范围	建议值
NPUSCH_3.75K 传输时间门限	Pusch375TransTimeThrd	3.75K NPUSCH 一次传输的最长时间	long：[10～1280]	640
NPUSCH_15K 传输时间门限	Pusch15TransTimeThrd	15K NPUSCH 一次传输的最长时间	long：[10～1280]	640
NPUSCH 子载波带宽及 Tone 数选择方法	PUSCHSCToneMethod	NPUSCH 子载波带宽及 Tone 数选择方法	long：0 表示自适应选择，1 表示 3.75 kHz 自适应选择，2 表示 15 kHz 自适应选择，3 表示 15 kHz_12T，4 表示 15 kHz_6T，5 表示 15 kHz_3T，6 表示 15 Hz_ST，7 表示仅支持 Single-Tone	6
NPUSCH 发送数据所需要的小区名义功率(dBm)	p0NominalPUSCH	NPUSCH 发送的数据所需要的小区名义功率，该参数作为计算 NPUSCH 发射功率的一部分，用于体现不同小区的功率差异	long：[-126～24]	-85
NPUSCH 发送数据所需要的 UE 相关的功率偏差(dB)	p0UePusch1Pub	NPUSCH 发送数据所需要的 UE 相关的功率偏差	long：[-8～7]	0
NPUSCH 的指派分组	groupAssignmentNPUSCH	该参数为 NPUSCH 的组跳参数	long：[0～29]	0

续表

参数名称	参数英文名	参数描述	取值范围	建议值
3.75K NPUSCH 最大允许重复次数	MaxPermitReptNumPus375k	3.75K NPUSCH 最大允许重复次数	long：0:1，1:2，2:4，3:8，4:16，5:32，6:64，7:128	5
15K ST NPUSCH 最大允许重复次数	MaxPermitReptNumPus15kST	15K ST NPUSCH 最大允许重复次数	long：0:1，1:2，2:4，3:8，4:16，5:32，6:64，7:128	6
15K 3T NPUSCH 最大允许重复次数	MaxPermitReptNumPus15k3T	15K 3T NPUSCH 最大允许重复次数	long：0:1，1:2，2:4，3:8，4:16，5:32，6:64，7:128	7
15K 6T NPUSCH 最大允许重复次数	MaxPermitReptNumPus15k6T	15K 6T NPUSCH 最大允许重复次数	long：0:1，1:2，2:4，3:8，4:16，5:32，6:64，7:128	7
15K 12T NPUSCH 最大允许重复次数	MaxPermitReptNumPus15k12T	15K 12T NPUSCH 最大允许重复次数	long：0:1，1:2，2:4，3:8，4:16，5:32，6:64，7:128	7
3.75K Msg3 的重复次数	Msg3ReptNum375CEL	Msg3 承载于 3.75K 信道时，配置的重复次数	long[3]：0:1，1:2，2:4，3:8，4:16，5:32，6:64，7:128	0;0;3
15K ST Msg3 的重复次数	Msg3ReptNum15STCEL	Msg3 承载于 15K Single-Tone 信道时，配置的重复次数	long[3]：0:1，1:2，2:4，3:8，4:16，5:32，6:64，7:128	0;2;5
15K3T Msg3 的重复次数	Msg3ReptNum3TCEL	Msg3 承载于 15K 3Tone 信道时，配置的重复次数	long[3]：0:1，1:2，2:4，3:8，4:16，5:32，6:64，7:128	0;3;6
15K6T Msg3 的重复次数	Msg3ReptNum6TCEL	Msg3 承载于 15K 6Tone 信道时，配置的重复次数	long[3]：0:1，1:2，2:4，3:8，4:16，5:32，6:64，7:128	1;4;7
15K12T Msg3 的重复次数	Msg3ReptNum12TCEL	Msg3 承载于 15K 12Tone 信道时，配置的重复次数	long[3]：0:1，1:2，2:4，3:8，4:16，5:32，6:64，7:128	2;5;7
3.75K ACK 重复次数	norm375AckRepNum	上行 3.75K ACK 的重复次数	long[3]：0:1，1:2，2:4，3:8，4:16，5:32，6:64，7:128	0;0;4
15K ACK 重复次数	norm15AckRepNum	上行 15K ACK 的重复次数	long[3]：0:1，1:2，2:4，3:8，4:16，5:32，6:64，7:128	0;3;6

4.8.5　DM-RS

解调参考信号(DM-RS，Demodulation Reference Signals)用于基站解调 NPUSCH 信道。DM-RS 根据 NPUSCH 格式和子载波间隔在每个时隙内传输 1 个或 3 个符号。

(1) NPUSCH format1，每个 NB-Slot 有 1 个符号用于 DM-RS；

(2) NPUSCH format2，每个 NB-Slot 有 3 个符号用于 DM-RS。

根据子载波间隔，DM-RS 在时域上的符号位置如表 4-13 所示。

表 4-13　DM-RS 在时域上的符号位置列表

NPUSCH format	符号位置索引	
	子载波间隔 3.75kHz	子载波间隔 15kHz
1	4	3
2	0、1、2	2、3、4

(1) 对于 NPUSCH 格式 1，当采用 3.75 kHz 子载波间隔时，DM-RS 在第 4 个符号上；当采用 15 kHz 子载波间隔时，DM-RS 在第 3 个符号上。

(2) 对于 NPUSCH 格式 2，当采用 3.75 kHz 子载波间隔时，DM-RS 在第 0、1、2 符号上；当采用 15 kHz 子载波间隔时，DM-RS 在第 2、3、4 符号上，如图 4-17 所示。

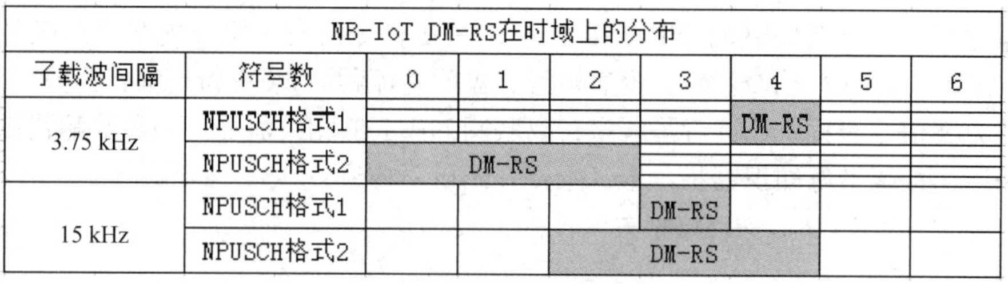

<table>
<tr><th colspan="9">NB-IoT DM-RS在时域上的分布</th></tr>
<tr><th>子载波间隔</th><th>符号数</th><th>0</th><th>1</th><th>2</th><th>3</th><th>4</th><th>5</th><th>6</th></tr>
<tr><td rowspan="2">3.75 kHz</td><td>NPUSCH格式1</td><td></td><td></td><td></td><td></td><td>DM-RS</td><td></td><td></td></tr>
<tr><td>NPUSCH格式2</td><td colspan="3">DM-RS</td><td></td><td></td><td></td><td></td></tr>
<tr><td rowspan="2">15 kHz</td><td>NPUSCH格式1</td><td></td><td></td><td></td><td>DM-RS</td><td></td><td></td><td></td></tr>
<tr><td>NPUSCH格式2</td><td></td><td></td><td colspan="3">DM-RS</td><td></td><td></td></tr>
</table>

图 4-17　NB-IoT DM-RS 是时域上分布示意图

DM-RS 的发送功率与所在的 NPUSCH 信道的功率保持一致。

DM-RS 采用 ZC 序列进行区分，可通过序列组跳变(Group Hopping)方式避免小区间上行符号的干扰。序列组跳变不改变 DM-RS 在子帧中的符号位置，而是改变 DM-RS 自身的序列。要区分 DM-RS，可通过解读系统消息 SIB2-NB 中的 NPUSCH-ConfigCommon-NB 信息中的 dmrs-config-r13 参数获取。

第5章　NB-IoT关键信令流程

知识点

本章主要介绍窄带物联网 NB-IoT 网络的关键信令流程，主要内容包括窄带物联网NB-IoT空口无线RRC信令流程、附着流程、去附着流程、TA更新流程、业务请求流程、数据传输方案信令流程，让读者了解窄带物联网NB-IoT相关流程，为参数配置以及利用信令判断网络故障做好知识铺垫，本章主要介绍以下内容：

(1) 无线空口RRC信令链路相关流程；
(2) 附着流程；
(3) 去附着流程；
(4) TA更新流程；
(5) 业务请求流程；
(6) CP传输方案信令流程；
(7) UP传输方案信令流程。

NB-IoT终端支持信令流程主要有：

(1) 附着 Attach；
(2) 去附着 Detach；
(3) 业务请求；
(4) TA更新；
(5) 主叫数据传输(MO Data Transport)；
(6) 被叫数据传输(MT Data Transport)。

NB-IoT的数据传输是通过MO Data Transport完成的，MO Data Transport流程分为两种形式，一种是CP优化方案，即Data over NAS，另一种是UP优化方案，即Data over User Plane。在数据传输过程中，首先涉及无线空口RRC相关信令过程，因此我们先学习无线空口RRC信令链路相关流程内容。

5.1　无线空口RRC信令链路相关流程

本节主要从RRC连接建立流程、RRC连接重配流程、RRC挂起流程、RRC恢复流程和RRC连接重建立流程几个方面进行介绍。

5.1.1　RRC 连接建立流程

RRC 连接建立流程是无线 RRC 连接建立的基础，相比于 LTE，NB-IoT 的 RRC 消息进行了简化，NB-IoT 引入了新的信令承载 SRB1bis，SRB1bis 的 LCID 为 3，和 SRB1 配置相同，区别在于 SRB1bis 没有 PDCP 实体，不启用 PDCP 层的加密和完保措施。RRC 连接建立流程创建 SRB1 的同时隐式创建 SRB1bis。对于采用 CP 优化方案来说，RRC 连接建立只使用 SRB1bis。

当空闲态的 UE 要发数据传输或响应寻呼时，可以发起 RRC 连接建立请求，NB-IoT 支持四种 RRC 连接建立原因(RRC setup cause)：mt-Access、mo-Signalling、mo-Data、mo-Exception-Data。这四种连接建立原因值适用场景如表 5-1 所示。

表 5-1　RRC 连接建立请求原因值适用场景

RRC 连接建立原因值	适 用 场 景
mt-Access	被叫响应接入：终端收到网络寻呼而发起的业务接入
mo-Signalling	主叫信令接入：当终端发起 Attach Request/Tracking Area Update 这样的 NAS 层信令触发的 RRC 连接建立
mo-Data	主叫数据接入：一般由主叫 Service Request/Extended Service Request 触发该原因值，也可用于主叫数据业务
mo-Exception-Data	异常数据接入：针对 NB-IoT 的主叫信令发起，如果小区访问禁止，而 UE 允许使用接入异常事件标签，那么对于 Attach/TAU/Service request 可以继续发送，而 RRC 接入标签则可设置为 mo-Exception-Data 原因值

RRC 连接建立请求流程：

(1) 终端通过上行逻辑信道 UL-CCCH 在 SRB0 上发送 RRC 连接建立请求(RRCConnectionRequest-r13)，其中携带终端的初始标识(S-TMSI)、随机数(RandomValue)、连接建立原因或终端的多通道(Tone)支持能力。

(2) eNodeB 通过下行逻辑信道 DL-CCCH 在 SRB0 上响应 RRC 连接建立(RRCConnectionSetup-r13)，这条消息对应 MAC 层中随机接入步骤中的 Msg4，其中携带有 SRB1 的完整配置信息，包括物理层/MAC/RLC 等各个实体的配置参数。

(3) 终端按照 RRC 连接建立消息配置完后，通过上行逻辑信道 UL-CCCH 发送 RRC 连接建立完成(RRCConnectionSetupComplete-r13)消息，这条 RRC 连接建立完成消息，根据需要可能会携带 NAS 信息。例如对于控制面优化传输方案(CP 优化方案)，此信息可以携带 NAS 信息转发给 MME 用于建立 S1 连接。

RRC 连接建立请求流程如图 5-1 所示。

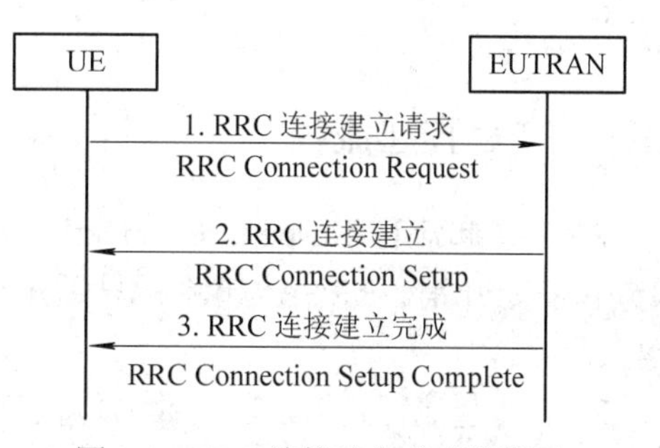

图 5-1　RRC 连接建立成功流程图

如果在 RRC 连接第(2)步中，eNodeB 拒绝为终端建立 RRC 连接，则通过下行逻辑信道 DL-CCCH 在 SRB0 上回复 RRC 连接拒绝消息(RRC Connection Reject-r13)，流程如图 5-2 所示。

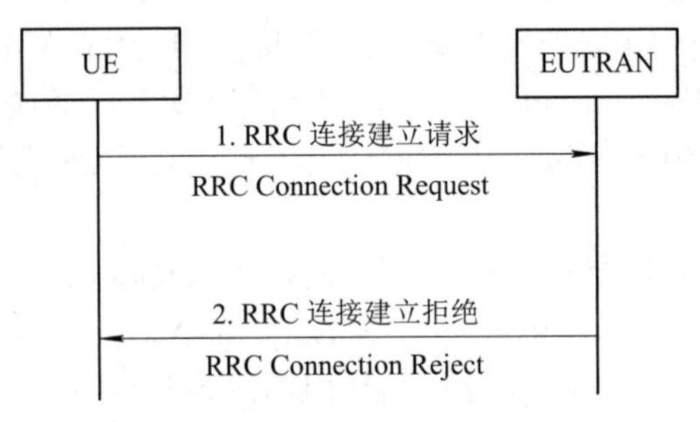

图 5-2　RRC 连接建立失败流程

终端在收到 RRC 连接建立拒绝消息后，返回空闲态。一般情况下，如果 UE 接入的小区是“禁止接入小区”，则基站会拒绝终端的 RRC 连接请求。

5.1.2　RRC 连接重配流程

在 NB-IoT 中，RRC 连接重配流程只适用于 UP 优化方案，采用 CP 优化方案不支持 RRC 连接重配流程，RRC 重配流程如图 5-3 所示。

图 5-3　RRC 连接重配流程

RRC 重配主要用于在接入层安全激活之后进行 DRB 的配置和低层参数的更新，对于 RRC 连接恢复过程，RRC 连接恢复消息在 SRB1 上传输且进行完整性保护，可以携带对 DRB 及物理层等进行重配的参数，在 RRC 连接恢复后进行 RRC 连接重配的流程对于 NB-IoT 是可选的，采用这种设计是为了在连接恢复过程中尽量减少空口消息交互，以降低终端功耗。

5.1.3　RRC 挂起流程

RRC 挂起流程(Suspend Connection procedure)在用户面承载建立/释放过程中采用，以节省信令开销。RRC 挂起流程只适用于 UP 优化方案，CP 优化方案不支持 RRC 挂起流程。

RRC 挂起流程是 UE 在无数据传输时释放 RRC 连接，但 eNodeB 和 MME 保存 UE 的接入层 AS 的上下文信息，以便 UE 进入挂起(Suspend)状态。这个过程也称为 AS 上下文缓存。RRC 挂起流程如图 5-4 所示。

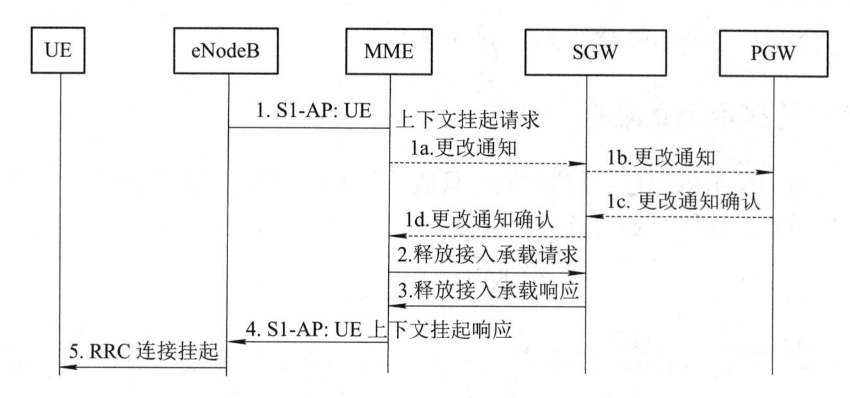

图 5-4　RRC 挂起流程图

eNodeB 通过 RRC Connection Release 信令通知 UE 释放 RRC 连接，同时把 UE 挂起状态告知 MME，MME 进入 ECM-IDLE 状态，eNodeB 从 RRC-CONNECTED 状态转入 RRC-IDLE 状态，UE 进入 RRC-IDLE 状态。

5.1.4　RRC 恢复流程

RRC 恢复流程(Resume Connection procedure)用于恢复 RRC 链路。RRC 恢复流程只适用于 UP 优化方案，采用 CP 优化方案时不支持 RRC 恢复流程。

RRC 恢复流程可分为同一个 MME 内恢复和不同 MME 恢复两种情况，同一 MME 内恢复流程如图 5-5 所示。

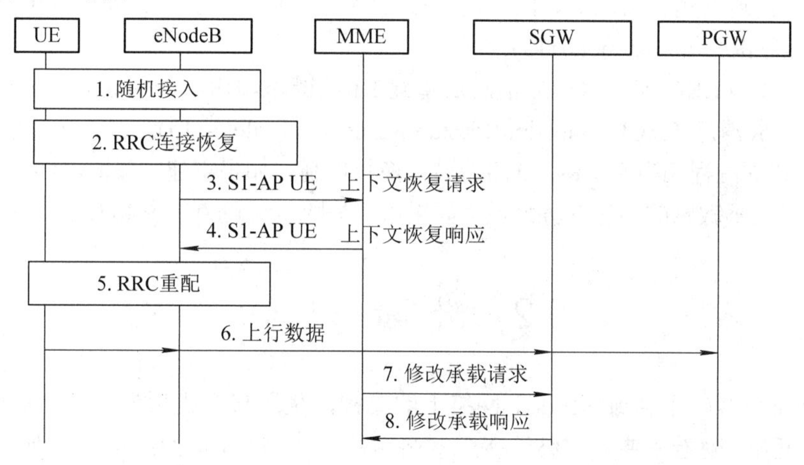

图 5-5　RRC 恢复流程

用户发起业务时，UE 通过 RRC Connection Resume Request 消息通知 eNodeB，eNodeB 收到 RRC 恢复请求消息后通过 S1-AP UE context Resume Request 消息通知 MME 激活承载，承载激活成功则进行数据传输。

不同 MME 恢复的流程，是在图 5-5 基础上，增加新 MME 与旧 MME 之间的交互过程，其余信令流程均相同。当同 MME 跨小区 Resume 时，eNodeB 将根据 ResumeID 来查找源小区。当跨 MME 做业务恢复时，eNodeB 会将 ResumeID 通知给新 MME，新 MME 根据 ResumeID 向旧 MME 核实 UE 信息，如果新 MME 收到旧 MME 反馈无误，则允许 UE 做跨 MME 的小区 RRC 恢复，若旧 MME 无反馈或反馈有问题，则不允许 RRC 恢复，

UE 重新在新 MME 下的小区发起 RRC 建立流程。

5.1.5　RRC 连接重建立流程

在 NB-IoT 中，RRC 连接重建立流程只适用于 UP 优化方案，采用 CP 优化方案不支持 RRC 连接重建立流程，RRC 连接重建立成功与失败的流程如图 5-6 所示。

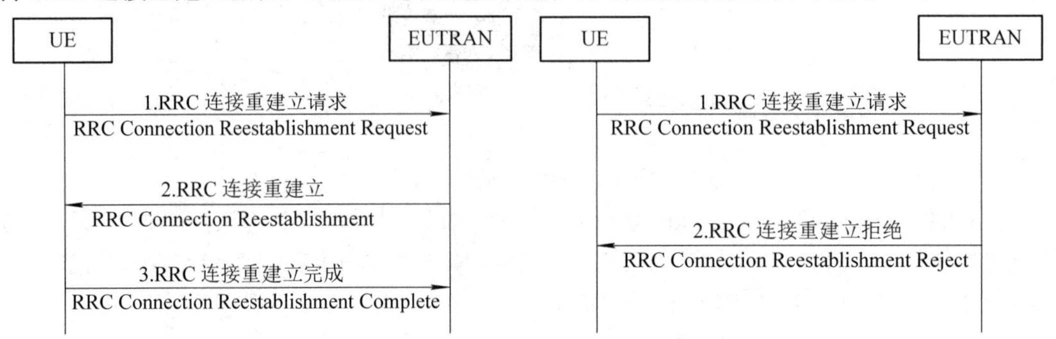

图 5-6　RRC 连接重建立成功/失败流程图

对于支持用户面优化传输方案的场景，当终端发现无线链路失败、完整性校验失败以及 RRC 重配失败时，会触发 RRC 连接重建立的流程。

(1) 终端 RRC 连接重建立请求(RRC Connection Reestablishment Request-r13)携带 UE 的原先鉴权内容以及重建路由；

(2) 基站收到重建立请求后，如果基站接受终端的重建请求，则回复 RRC 连接重建立(RRCConnectionReestablishment-r13)；

(3) 终端收到 RRC 连接重建立消息后重建 RRC 链路，RRC 链路建立完成后回复 RRC 连接重建立完成消息(RRCConnectionReestablishmentComplete-r13)。

RRC 重建立流程相当于 RRC 链路的最后挽救机制，如果重建立失败，终端就会返回空闲态，对于时延不敏感的小包业务来说，如果重建失败，还可重新发起 RRC 连接建立流程。

5.2　附 着 流 程

附着流程是用户注册到 NB-IoT 网络上的流程，是用户开机后的第一个过程，是后续所有流程的基础。附着主要完成终端接入网络的鉴权和加密、资源清理和注册更新等过程。附着完成后，网络记录 UE 的位置信息，核心网相关节点为 UE 建立上下文。

由于 NB-IoT 引入控制面优化传输方案以及用户面优化传输方案，因此相比 LTE 的附着流程，NB-IoT 附着流程有以下特点：

(1)　NB-IoT UE 可以支持不建立 PDN 连接的附着，即在附着流程中不建立 PDN 连接，体现在如图 5-7 所示的完整附着流程图中的步骤 12～16 可不执行。

(2) 如果 NB-IoT UE 和网络都支持使用控制面优化传输方案来传输用户数据，那么 UE 在附着过程中即使携带 PDN 连接建立请求信息，网络侧也可以不建立用户的无线数据承载(DRB)。这样，UE 与 MME 使用 NAS 消息来传输用户数据，体现在图 5-7 中的步骤 17～24 可不执行。

一个完整的 UE 初始附着流程，如图 5-7 所示。

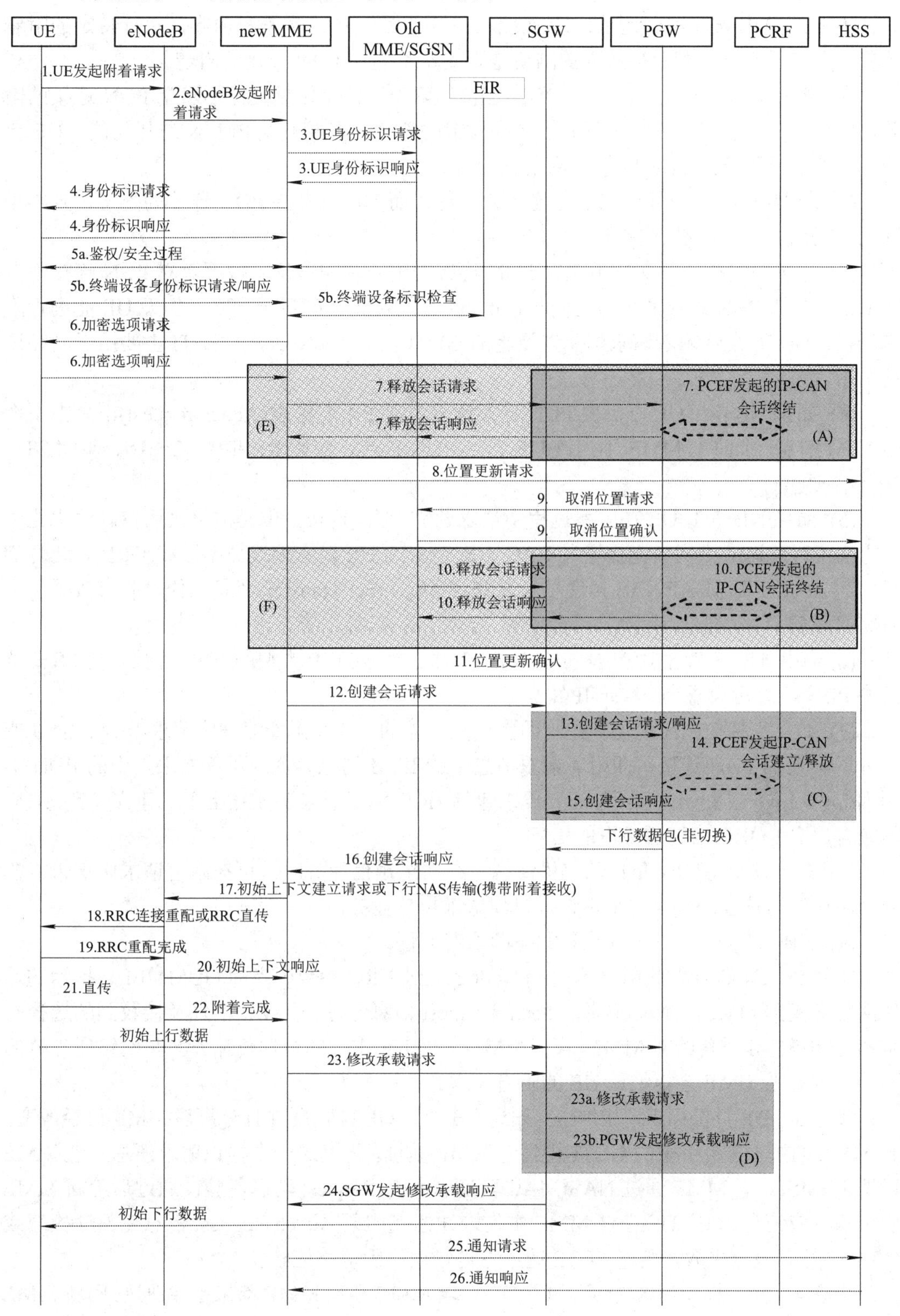

图 5-7　完整附着流程图

附着流程的步骤如下：

步骤 1　UE 发起附着请求：UE 根据 NB-IoT 小区的广播消息内容，执行特定的附着流程，在广播消息中指示待接入的网络是否支持不建立 PDN 连接的附着。

(1) 若网络指示不支持不建立 PDN 连接的附着，但 UE 只支持不建立 PDN 连接的附着，则该 UE 不能在这个网络下的小区内发起附着流程，并触发 PLMN 选择功能，UE 会选择其他支持不建立 PDN 连接的网络进行附着。

(2) 若网络仅支持不建立 PDN 连接的附着，而 UE 只支持 PDN 连接的附着，则结果同上，UE 也不能在该网络附着。

(3) 除了网络指示不支持不建立 PDN 连接的附着和网络仅支持不建立 PDN 连接附着而 UE 只支持 PDN 连接的附着这两种情况，UE 均可正常附着于网络。如果 UE 能进行附着流程，则 UE 发送附着请求消息以及老的 GUTI 信息给 eNodeB。GUTI 主要用于网络选择指示。

(4) 如果 NB-IoT UE 不需要 PDN 连接建立，则在附着请求(Attach request)消息中不携带 ESM 消息。此时，MME 不为该 UE 建立 PDN 连接，步骤 6、步骤 12～16、步骤 23～26 不需要执行。

(5) 如果 NB-IoT UE 在附着过程中请求建立 PDN 连接，但是网络采用控制面优化传输方案(CP 模式)，则网络无需通过 RRC 重配信令为 UE 建立无线数据承载(DRB)，此时步骤 17～22 仅使用 S1-AP NAS 传递以及 RRC 直传(Direct Transfer)消息来传输附着接受和附着完成消息。

(6) 如果 UE 支持非 IP 数据传输(Non-IP)并建立 Non-IP 类型的 PDN 连接，则 ESM 消息中 PDN 类型可设置为“Non-IP”。

(7) 如果支持控制面优化和控制面优化头压缩的 UE 在附着流程中请求 Ipv4、Ipv6 或 Ipv4v6 类型的 PDN 连接，即附着请求消息中的 ESM 消息容器内不仅要求携带的 PDN 类型为 Ipv4、Ipv6 或 Ipv4v6 类型，还要要求包括 HCO 消息以及头压缩上下文建立参数，HCO 是包含建立 ROHC 信道所必需的信息。

(8) 对于仅支持 NB-IoT 的单模终端，在请求短信业务时，可在附着请求中携带“非联合注册的短信业务”信息来标识，以便请求短信业务。

(9) NB-IoT UE 不能进行紧急业务的附着流程。

步骤 2　eNodeB 发起附着请求：eNodeB 通过 RRC 参数中老的 GUMMEI 和指示的选择网络查找到 MME。eNodeB 将 Attach Request 消息通过初始 UE 消息及接收到的选择网络和 TAI+ECGI 透传给新 MME。若新 MME 发现 UE 支持的数据传输方案与网络所支持的不一致时，则 MME 会拒绝该 UE 的附着请求。

步骤 3　UE 身份标识请求/响应：如果 UE 通过 GUTI 识别并且分离后 MME 已经改变，新 MME 通过 UE 带上来的 GUTI 找到老 MME 地址，再发送一个标识请求消息给老 MME 以请求 IMSI。老 MME 通过 NAS MAC 验证 Attach Request 消息，验证通过后给新 MME 回标识响应消息。如果 UE 在老 MME 中是未知的或如果 Attach Request 消息完整性检查或 P-TMSI 签名检查失败，则老 MME 通过发送错误原因值响应给新 MME。

步骤 4　身份标识请求/响应：如果 UE 在老 MME 和新 MME 都未曾注册过，则新 MME 发送身份标识请求消息给 UE 以请求 IMSI。UE 给 MME 回应身份标识响应消息。

步骤 5a　鉴权/安全过程：当网络侧没有 UE 上下文，或 Attach Request 消息没有完整性保护，或完整性检查失败的情况，因为信令的完整性保护和 NAS 加密是必需的，所以后续所有 NAS 消息都将使用 NAS 加密和完整性保护进行保护。

步骤 5b　终端设备身份(ME)标识请求/响应：ME 标识应加密传输。为减少信令延迟，ME 标识可以在步骤 5a 中的 NAS 安全建立过程获取。MME 可发送 ME 标识检查请求消息给 EIR。EIR 给 MME 回 ME 标识检查应答消息，消息包含检查结果。MME 根据检查结果决定是继续 Attach 流程还是拒绝 UE。

步骤 6　加密选项请求/响应：如果 UE 在 Attach Request 消息中设置了加密选项传输标识，加密选项(如 PCO)应先通过该步骤从 UE 获取。

步骤 7　释放会话请求/响应：如果在新 MME 上有用户激活的承载，则新 MME 通过发送删除会话请求消息给 GW 删除承载。GW 给 MME 回删除会话响应。如果部署了 PCRF，则 PGW 执行 IP-CAN 会话结束过程来指示释放资源。

步骤 8　位置更新请求：如果从 UE 上次分离后 MME 改变了，或 MME 没有 UE 的有效的签约上下文，或如果 ME 标识改变，或如果 UE 提供的 IMSI 或者 UE 提供的老 GUTI 在 MME 没有关联到有效的上下文，则 MME 发送更新位置请求消息给 HSS。

步骤 9　取消位置请求/确认：HSS 发送取消位置消息给老 MME。老 MME 回应取消位置应答消息，删除 UE 安全参数和承载上下文。

步骤 10　释放会话请求/响应：如果在老 MME 上有用户激活的承载，则老 MME 通过发送删除会话请求消息给 GW 删除承载。GW 给 MME 回删除会话响应。如果部署了 PCRF，则 PGW 执行 IP-CAN 会话结束过程来指示释放资源。

步骤 11　位置更新确认：HSS 发送更新位置应答消息给新 MME，消息包含 IMSI、签约数据等。

步骤 12　创建会话请求：MME 选择 PGW 和 SGW，MME 向 SGW 发送创建会话请求消息。

(注：如果 UE 在附着过程中没有请求 PDN 连接建立，体现在附着请求消息中无 ESM 消息，则步骤 12～16 不执行。)

步骤 13　创建会话请求/响应：SGW 创建 EPS 承载的新入口，发送创建会话请求消息给之前选择的 PGW。

步骤 14　PCEF 发起的 IP-CAN 会话建立/释放：如果部署了动态 PCC 规则，则 PGW 将执行 IP-CAN 会话建立过程，从而获得 UE 默认 PCC 规则。

步骤 15　创建会话响应：如果部署了动态 PCC 规则，则 PGW 执行 PCEF 发起的 IP-CAN 会话修改过程。PGW 创建 EPS 承载的一个新入口，生成一个计费标识。PGW 给 SGW 返回创建会话响应消息。

(注：如果 UE 在附着流程中请求 Non-IP 类型的 PDN 连接，则 MME 和 PGW 不改变 PDN 类型，PGW 向 SGW 返回的创建会话响应消息中不包括 PDN 地址。)

步骤 16　创建会话响应：SGW 回复创建会话响应消息给新 MME。

步骤 17　初始上下文建立请求或下行 NAS 传输：MME 向 eNodeB 发送附着接受(Attach Accept)消息。附着接受消息中需携带支持的网络行为，包括：是否支持控制面优化、是否支持用户面优化、是否支持 S1-U 数据传输、是否支持非联合注册的短信业务、是否支持不建立 PDN 连接的附着和是否支持控制面优化头压缩。

(1) 如果 UE 在附着过程中请求建立了 PDN 连接，且 MME 决定为此 PDN 连接建立无线数据承载，那么 MME 将附着接受消息包含在 S1-AP 初始上下文建立请求消息中。

(2) 如果 UE 在附着流程中请求 Non-IP 类型的 PDN 连接，并且 MME 决定为此 PDN 连接建立无线数据承载，则 MME 除将附着接受消息包含在 S1-AP 初始上下文建立请求消息中，还要在消息中携带 PDN 类型(此时 PDN 类型为“Non-IP”)，指示 eNodeB 不执行头压缩。

(3) 如果 UE 在附着过程中请求建立了 PDN 连接，并且 MME 确定使用控制面优化传输方案，那么 MME 将附着接受消息通过 S1-AP 下行 NAS 传输消息发送至 eNodeB。

(4) 如果 UE 在附着过程中不请求建立 PDN 连接(即 UE 发送的附着请求消息没有携带 ESM 消息)，则 MME 将附着接受消息通过 S1-AP 下行 NAS 传输消息发送至 eNodeB。

(5) 如果附着过程中建立的 PDN 连接采用控制面优化，且 UE 在附着请求消息中的 ESM 消息中携带 HCO，若 MME 支持头压缩参数，则 MME 在附着接受消息中的 ESM 消息中包含 HCO。如果 UE 在 HCO 中包含了头压缩上下文建立参数，则 MME 可向 UE 确认这些参数。如果在附着过程中没有建立 ROHC 上下文，则 UE 和 MME 应在附着完成之后根据 HCO 建立 ROHC 上下文。

步骤 18　RRC 连接重配或 RRC 直传：与 LTE 类似，如果 eNodeB 收到 S1-AP 初始上下文建立请求消息，则 eNodeB 向 UE 发送 RRC 连接重配置消息，其包含 EPS 无线承载 ID 和附着接受消息。

(1) 如果 eNodeB 接收到 S1-AP 下行 NAS 传递消息，则 eNodeB 向 UE 发送 RRC 直传消息。

(2) 如果采用控制面优化或者附着请求消息中没携带 ESM 消息，则步骤 19 和步骤 20 不执行。

步骤 19　RRC 重配完成：eNodeB 发送包含 EPS 无线承载标识的 RRC 连接重配消息及 Attach Accept 消息给 UE。

步骤 20　初始上下文响应：UE 发送 RRC 连接重配完成消息给 eNodeB。

步骤 21　直传：UE 发送直传消息给 eNodeB，该消息包含 Attach Complete 消息。eNodeB 通过上行 NAS 传输消息透传 Attach Complete 消息给新 MME。

(注：如果附着请求消息中没携带 ESM 消息，则附着完成消息中也不携带 ESM 消息。)

步骤 22　附着完成：eNodeB 发送初始上下文响应消息给新 MME。

(1) 如果步骤 1 中的附着请求消息中携带 ESM 消息，则 UE 在收到附着接受消息及 UE 获得 IP 地址信息后，UE 可以向 eNodeB 发送上行数据包。

(2) 如果采用控制面优化传输方案且 UE 在附着请求过程中请求建立 PDN 连接，则上行数据的发送见 5.6 节 CP 传输方案信令流程。

步骤 23　修改承载请求：新 MME 接收到步骤 21 的初始上下文响应消息和步骤 22 的 Attach Complete 消息，新 MME 发送修改承载请求消息给 SGW。

(1) 如果 UE 使用控制面优化且 PDN 连接是连接到 SGW、PGW 的，则步骤 23a、23b、24 不执行。

(2) 当 PDN 连接是连接到 SCEF 的，则步骤 23～26 不执行。

步骤 23a　修改承载请求：如果步骤 23 包含承载修改指示，则 SGW 发送修改承载请求消息给 PGW，使其将报文从非 3GPP 接入切到 3GPP 接入，立即将报文发给 SGW。

步骤 23b PGW 发起修改承载响应：PGW 向 SGW 发送修改承载响应消息。

步骤 24 SGW 发起修改承载响应：SGW 向新 MME 发送修改承载响应消息。SGW 可发送缓存的下行报文。

步骤 25 通知请求：新 MME 接收到 SGW 发送的修改承载响应消息。如果请求类型没有指示承载修改，且 MME 选择的 PGW 不同于 HSS 签约 PDN 上下文的 PGW 标识，则 MME 应发送通知请求消息给 HSS。

步骤 26 通知响应：HSS 保存 APN 和 PGW 标识，发送通知响应消息给 MME。

5.3 去附着流程

当 UE 不需要或者不能够继续附着在网络时，将发起去附着流程。去附着流程分为显示去附着和隐式去附着两种。

(1) 显示去附着：由网络或 UE 通过明确的信令方式去附着。

(2) 隐式去附着：网络注销 UE，不通过信令方式告知 UE。

根据发起方不同，去附着过程可分为 UE 侧发起或网络侧 MME 发起的去附着过程。

(1) 如果 UE 不存在激活的 PDN 连接，那么去附着流程中不存在 MME-SGW-PGW 网元间的信令。

(2) 如果 UE 存在激活的 PDN 连接，则去附着流程与 LTE 流程类似。

5.3.1 UE 发起的去附着流程

UE 发起的去附着流程如图 5-8 所示，主要是步骤 2 与 LTE 的去附着流程存在差异，区别是 UE 有无激活的 PDN 连接。

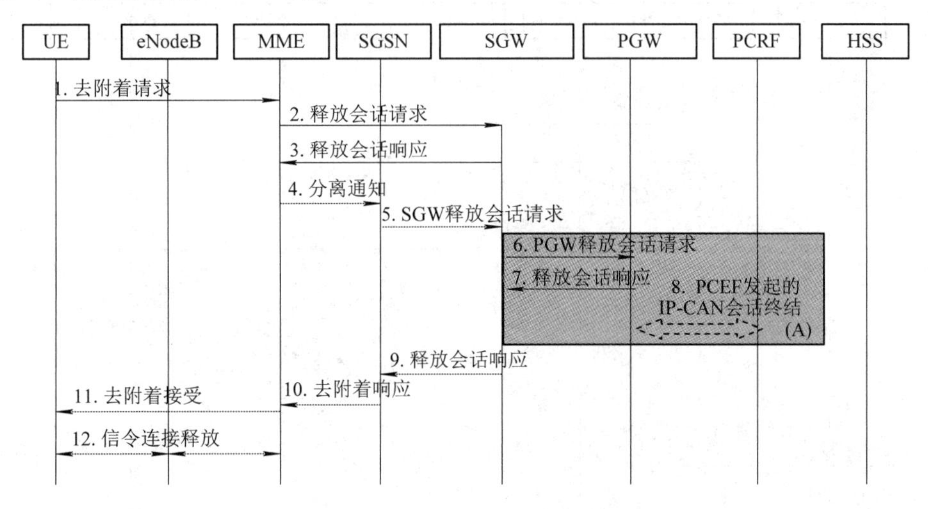

图 5-8 UE 发起的去附着流程

步骤 1 去附着请求：UE 发送 Detach Request 消息给 MME。

步骤 2 释放会话请求：MME 按每 PDN 连接发送释放会话请求消息给 SGW。

(1) 如果UE没有激活的PDN连接，则步骤2～8不需要执行。

(2) 如果UE存在到SCEF的PDN连接，则MME向SCEF指示UE的PDN连接不可用，而不需执行步骤2～8。

(3) 如果UE存在到PGW的PDN连接，则MME向SGW发送释放会话请求消息。

步骤3　释放会话响应：SGW响应“释放相关承载”信息，把“删除会话请求消息(TEID)”发送给PGW。

步骤4　分离通知：MME通知SGSN释放旧会话(LTE才会有本步骤，NB-IoT中不存在步骤4和步骤5)。

步骤5　SGW释放会话请求：SGSN通知SGW释放旧的会话。

步骤6　PGW释放会话请求：PGW给SGW返回删除会话响应消息(TEID)。

步骤7、8　释放会话响应：如果部署了PCRF，则PGW执行PCEF发起的IP-CAN会话结束流程去指示PCRF释放EPS承载。

步骤9　释放会话响应：SGW向MME发送删除会话响应消息(TEID)。

步骤10　去附着响应：如果关机指示分离不是由关机引起的，则MME发送去附着接受(Detach Accept)给UE。

步骤11　去附着接受：MME发送S1释放信令给eNodeB，用于释放UE的S1-MME信令连接。

步骤12　信令连接释放：eNodeB释放无线信令连接。

5.3.2　MME发起的去附着流程

与UE发起的去附着流程类似，同样在步骤2中会依据UE是否存在激活的PDN连接，而会有相应的流程。本小节只列出有区别的步骤，如图5-9所示，其余相同步骤详见5.3.1UE发起的去附着流程。

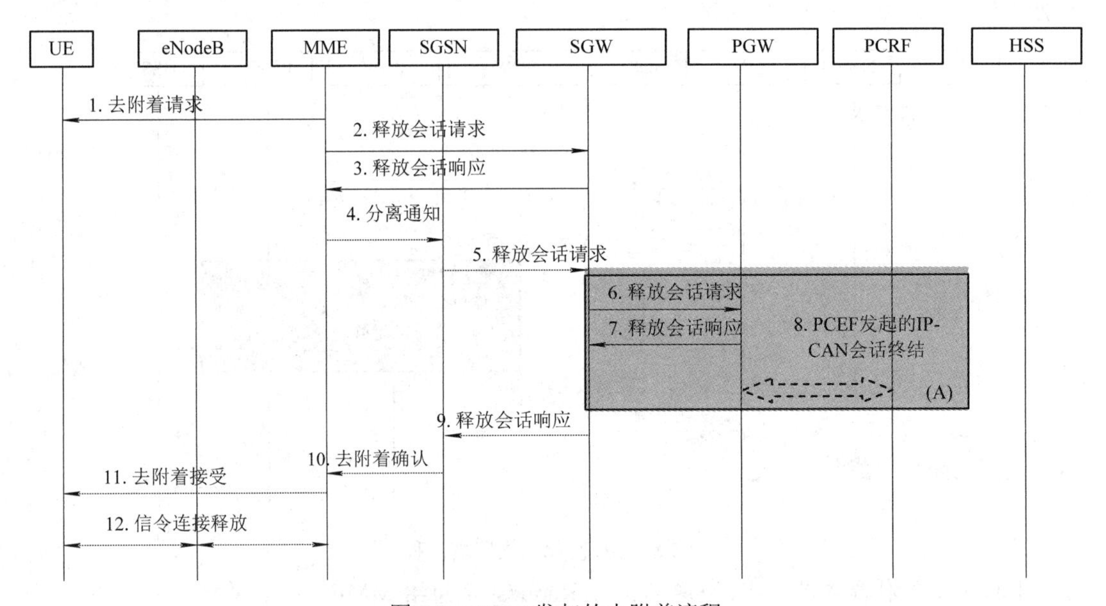

图5-9　MME发起的去附着流程

步骤 1　去附着请求：MME 发送 NAS 去附着请求消息(Detach Request)给 UE。

步骤 2　释放会话请求：MME 按 PDN 连接发送释放会话请求消息给 SGW。

(1) 如果 UE 没有激活的 PDN 连接，则步骤 2～8 不需要执行。

(2) 如果 UE 存在到 SCEF 的 PDN 连接，则 MME 向 SCEF 指示 UE 的 PDN 连接不可用，而不需执行步骤 2～8。

(3) 如果 UE 存在到 PGW 的 PDN 连接，则 MME 向 SGW 发送释放会话请求消息。

5.4　TA 更新流程

TA 是位置跟踪区域，与 LTE 相比，NB-IoT UE 触发跟踪区更新流程条件还包括 UE 支持的网络行为信息发生变化。由于 NB-IoT 终端一般不移动(注：通常仅在基站新入网时采用移动终端进行业务验证)，R13 协议版本不支持 2G/3G 网络中接入，因此仅支持 SGW 不变的 TA 更新流程(Tracking Area Update，TAU)，如图 5-10 所示。

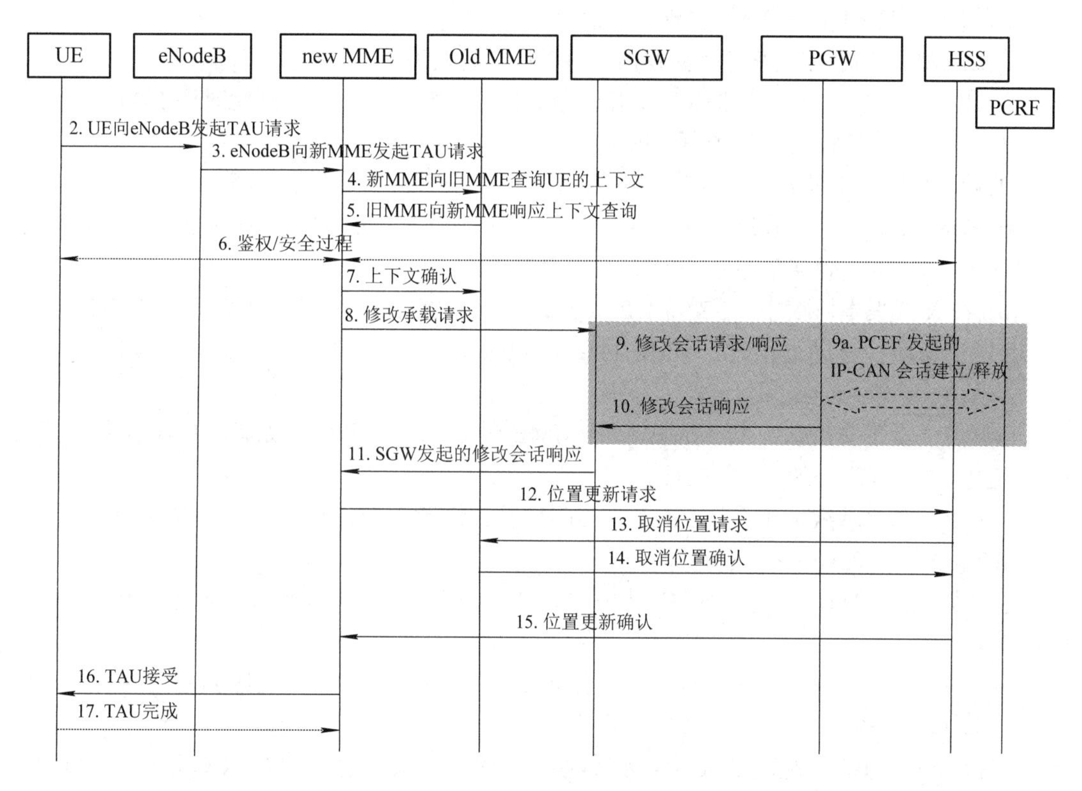

图 5-10　SGW 不变的 TAU 更新流程

步骤 1　触发 TAU 流程：UE 根据条件判决，触发 TAU 流程。

步骤 2　UE 向 eNodeB 发起 TAU 请求：消息内包含支持及偏好的网络行为。

支持及偏好的网络行为包括：是否支持控制面优化、是否支持用户面优化、是偏好控制面优化还是偏好用户面优化、是否支持 S1-U 数据传输、是否支持非联合注册的短信业务、是否支持不建立 PDN 连接的附着、是否支持控制面优化的头压缩。

(1) 如果 UE 没有激活任何 PDN 连接，则 TAU 中不携带激活标记或 EPS 承载状态字段。

(2) 如果 UE 激活 Non-IP 类型的 PDN 连接，则 UE 需在 TAU 请求消息中携带 EPS 承载状态。

(3) TAU 请求消息中还携带信令激活标识字段来指示网络是否应该保留 UE 与 MME 之间的 NAS 信令连接。

步骤 3　eNodeB 向新 MME 发起 TAU 请求：eNodeB 根据旧 GUMMEI 得到 MME 地址，并将 TAU 消息转发给新 MME，转发消息中还需携带小区的无线接入类型(RAT)，以区分是 NB-IoT 还是 LTE 系统。

步骤 4　新 MME 向旧 MME 查询 UE 的上下文：新 MME 根据 GUTI 获取原 MME 地址，并向其发送上下文请求消息来获取用户的移动性管理和承载上下文信息。如果新 MME 支持 NB-IoT 优化传输功能，则本消息中还携带 NB-IoT 优化支持信息，用于指示新 MME 所支持的 NB-IoT 优化方案，例如支持控制面优化的头压缩功能等。

步骤 5　旧 MME 向新 MME 响应上下文查询：如果 UE 没有激活任何 PDN 连接，则上下文响应消息中不携带 EPS 承载相关信息。

针对 NB-IoT 优化支持信息及 MME 的支持能力，有如下情况：

(1) 如果旧 MME 支持 NB-IoT 优化功能，但新 MME 不支持，则此时旧 MME 不会将 Non-IP 的 PDN 连接信息传送给新 MME。

(2) 如果某个 PDN 连接的所有 EPS 承载上下文没有被完全转移到新 MME，则旧 MME 会将该 PDN 连接的所有承载视为失败，并触发 MME 请求的 PDN 连接释放流程。同时原 MME 在收到上下文确认消息后丢弃其所缓存的数据。

(3) 在 R13 版本协议中，不支持 UE 从 NB-IoT 移动到 LTE 或者从 LTE 移动到 NB-IoT，当 UE 发生这两种移动过程时，MME 将要求 UE 进行重新附着。

步骤 6　鉴权/安全过程。

步骤 7　上下文确认：新 MME 与旧 MME 进行上下文确认，如果 UE 没有激活任何 PDN 连接，则步骤 8～11 不需执行。

步骤 8　修改承载请求：新 MME 向 SGW 发起修改承载消息，消息中携带 MME 的控制面 IP 地址和 TEID。

注：如果新 MME 收到与 SCEF 相关的 EPS 承载上下文，则新 MME 将更新到 SCEF 的连接。

步骤 9　修改会话请求/响应：SGW 创建 EPS 承载的新入口，发送创建会话请求消息给之前选择的 PGW。

步骤 9a　PCEF 发起的 IP-CAN 会话建立/释放：如果部署了动态 PCC 规则，则 PGW 执行 IP-CAN 会话建立过程，从而获得 UE 默认 PCC 规则。

步骤 10　修改会话响应：如果部署了动态 PCC 规则，则 PGW 执行 PCEF 发起的 IP-CAN 会话修改过程，创建一个 EPS 承载的新入口，生成一个计费标识，并给 SGW 返回创建会话响应消息。

步骤 11　SGW 发起的修改会话响应：SGW 更新承载上下文并向新 MME 返回修改承载响应消息。

注：在控制面优化传输方案中，如果步骤 8 的消息中包含 MME 下行用户面 IP 地址和 TEID 字段，则 SGW 在修改承载响应消息中携带 SGW 上行用户面 IP 地址和 TEID 信息。

步骤 12 位置更新请求：新 MME 发送更新位置请求消息给 HSS。

步骤 13～14 取消位置请求/确认：HSS 发送取消位置消息给老 MME。老 MME 回应取消位置应答消息，删除旧 MME 相关的承载上下文。

步骤 15 位置更新确认：HSS 发送位置更新确认消息给新 MME。

步骤 16 TAU 接受：MME 向 UE 回应 TAU 接受消息，并告诉 UE 新的 GUTI 信息。

步骤 17 TAU 完成：UE 通过跟踪区完成(Tracking Area Update Complete)消息发送给新 MME，以确认新的 GUTI。

5.5 业务请求流程

业务请求流程包括 UE 发起的业务请求流程以及网络触发的业务请求流程。

5.5.1 UE 发起的业务请求流程

与 LTE 类似，当 UE 发起业务连接时，会发起业务请求(Service Request)流程，即使 UE 和网络仅支持控制面优化传输方案或用户面优化传输方案，处于空闲态(ECM-IDLE)的 UE 也可通过业务请求流程建立无线资源承载。UE 发起业务请求的流程如图 5-11 所示。

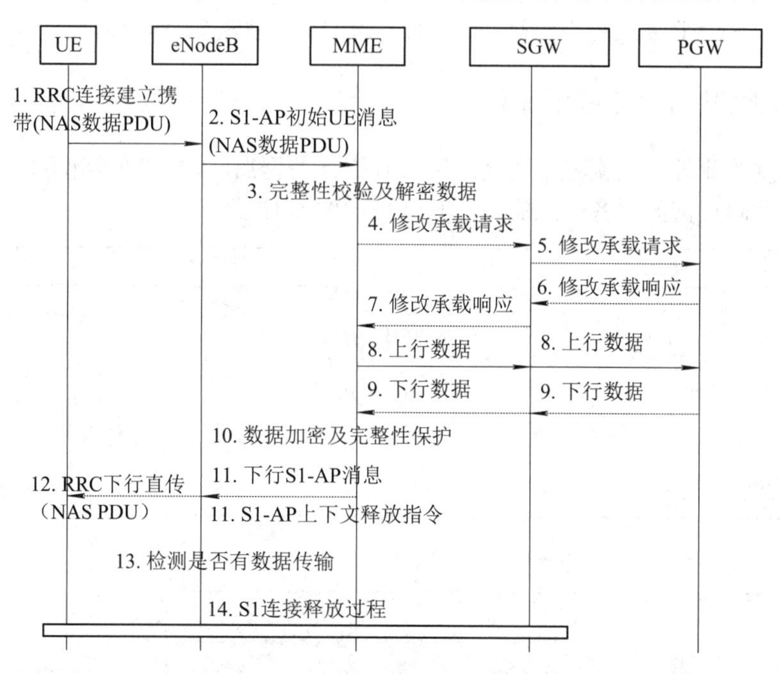

图 5-11 UE 发起的业务请求流程图

步骤 1 RRC 连接建立携带：UE 附着网络后转为空闲态，当有业务要发送时，UE 要将发给 MME 的 NAS 信令(Service Request)封装在 RRC 包中，通过 RRC 信息发送到 eNodeB。

步骤 2 S1-AP 初始 UE 消息：eNodeB 通过 S1-AP 初始 UE 消息将 UE 的 NAS PDU

转发给 MME。

步骤 3　完整性校验及解密数据：MME 检查 NAS PDU 的完整性，然后解密数据，触发鉴权及安全加密过程。MME 根据配置需要执行安全相关的流程，步骤 4～9 可与安全相关流程并行执行，但步骤 10 和步骤 11 只可等到安全相关流程完成后再执行。

步骤 4～7　建立 S11-U 承载，如果 S11-U 未建立，则 MME 向 SGW 发送修改承载消息，消息中携带 MME 下行用户面 IP 地址和 TEID，建立 S11-U 承载。

步骤 8　上行数据：S11-U 承载建立成功后，MME 将上行数据经 SGW 发送给 PGW。

步骤 9　下行数据：如果在步骤 1 中未携带期望下行数据接收，当上行数据传送完毕后，MME 执行步骤 14 的 S1 连接释放过程。如果步骤 1 携带期望下行数据接收，则开始接收下行数据。

步骤 10　数据加密及完整性保护：MME 将步骤 9 中接收到的下行数据进行加密和完整性保护。

步骤 11　下行 S1-AP 消息：MME 将下行数据封装在 NAS PDU 中，在 S1-AP 下行消息中将 NAS PDU 发送给 eNodeB。

步骤 12　RRC 下行直传：eNodeB 向 UE 发送 RRC 下行数据消息，将封装下行数据的 NAS PDU 下发给 UE，若同时收到 MME 的 S1-AP UE 上下文释放指令消息，则 eNodeB 会先发送 NAS PDU，再执行步骤 14 释放连接。

步骤 13　检测是否有数据传输：eNodeB 检测下行数据传输，如果持续一段时间没有 NAS PDU 传输，则进入步骤 14 进行 S1 链路释放。

步骤 14　S1-AP 连接释放过程：eNodeB 或 MME 触发 S1 释放流程。

5.5.2　网络触发的业务请求流程

网络触发的业务请求流程主要是网络收到下行数据后，向 UE 发起寻呼，UE 收到寻呼信息后，发起正常的服务请求流程，其流程如图 5-12 所示。

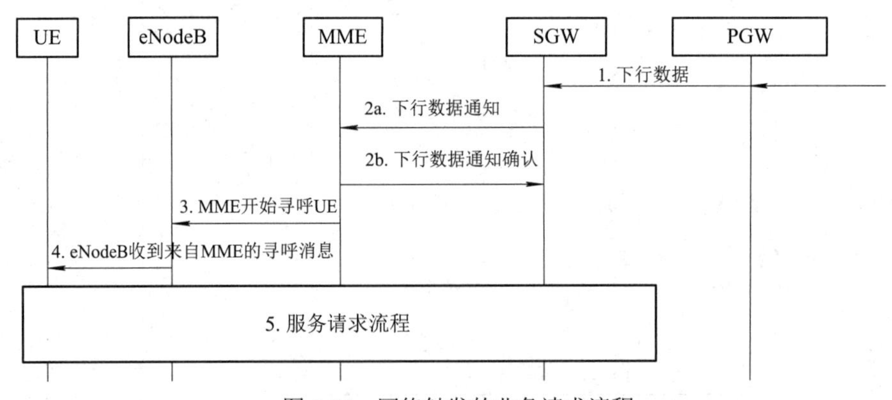

图 5-12　网络触发的业务请求流程

步骤 1　下行数据：下行数据到达 SGW。当 SGW 收到 UE 的下行数据包或下行控制信令时，SGW 先缓存 UE 的用户数据。

步骤 2　下行数据通知/确认：SGW 向 MME 发起下行数据通知，MME 收到下行数据通知后，向 SGW 确认并回复下行数据通知确认信息。

步骤 3　MME 开始寻呼 UE：如果 UE 已在 MME 注册并且处于寻呼可达状态，则 MME 向 UE 已注册的跟踪区内的每个 eNodeB 发送寻呼消息，消息中携带寻呼的 NAS ID 和跟踪区标识信息。

步骤 4　eNodeB 收到来自 MME 的寻呼消息：在空口发送寻呼消息。

步骤 5　服务请求流程：UE 收到寻呼后，响应寻呼消息，发起服务请求流程，后续流程与 UE 发起的业务请求流程相同。

5.6　CP 传输方案信令流程

CP 传输方案(Data over NAS)是用控制面消息传递用户数据的方法。其目的是减少 UE 接入过程中的空口消息交互次数，节省 UE 传输数据的功耗。

CP 传输方案端到端信令流程，以 UE 向网络发起数据传输流程为例，如图 5-13 所示。

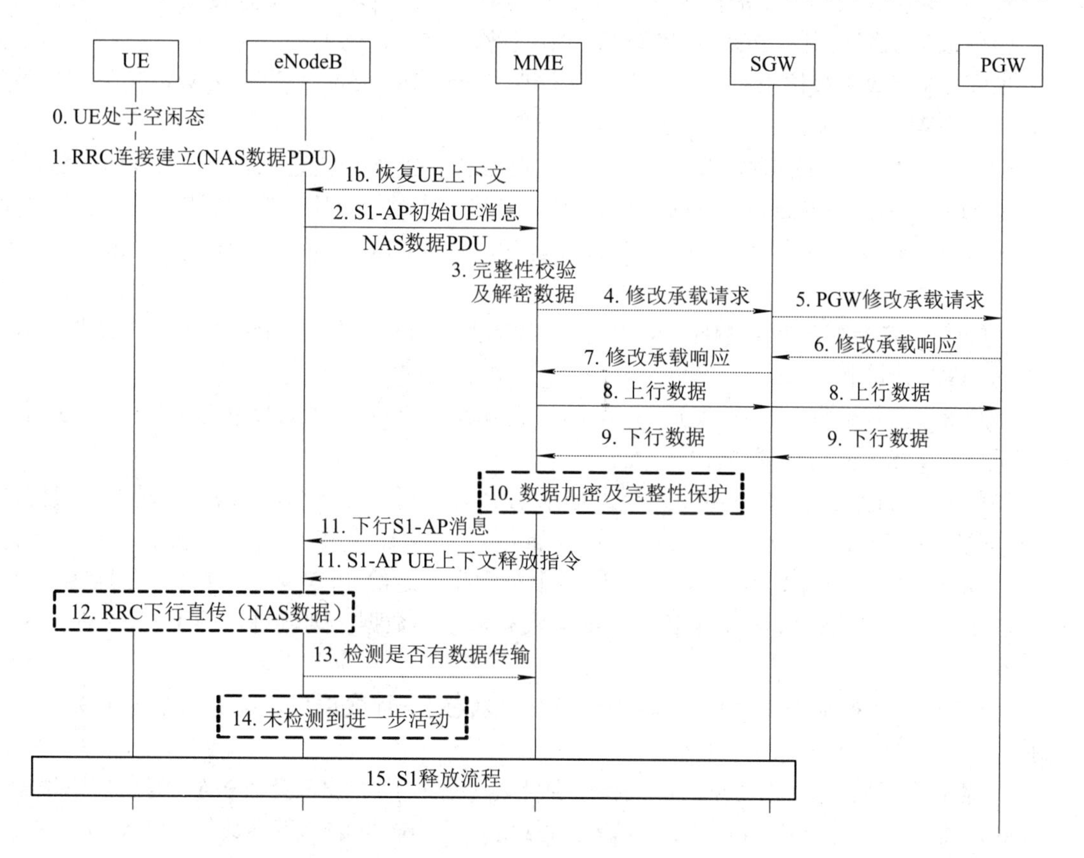

图 5-13　UE 向网络发起数据传输时的信令流程

步骤 0　UE 处于空闲态：UE 已经完成附着，且当前状态为空闲状态(ECM-IDLE)。

步骤 1　RRC 连接建立：UE 建立 RRC 连接，发送受完整性保护的 NAS 数据包(NAS PDU)。NAS PDU 携带 EPS 承载 ID(EPS Bearer ID)和加密上行数据。对于配置，为支持报头压缩的 IP PDN 类型的 PDN 连接，UE 应该在将数据封装到 NAS 消息之前应用报头压缩。UE 还可以在 NAS PDU 中的辅助信息中表明，是否预期不再进行上行或下行数据传输，或者预期在此上行数据传输之后仅进行一次下行数据传输(如对上行数据的确认或响应)。

步骤 1b　恢复 UE 上下文：在 NB-IoT 系统中，eNodeB 基于配置信息，可以从 MME 检索 EPS 协商后的 QoS 配置文件。RRC Connection Request 报文中 S-TMSI 中的 MME 代码用于识别 MME。在网络共享的情况下，MME 代码在运营商的 MME 池内是唯一的。eNodeB 可以在触发步骤 2 之前在 RRC 连接中依据 UE 优先级建立相应资源承载。

步骤 2　S1-AP 初始 UE 消息：在步骤 1 中发送的 NAS PDU 由 eNodeB 使用 S1-AP 初始 UE 消息(S1-AP Initial UE message)转发到 MME。为了协助定位服务，eNodeB 向 MME 指示 UE 的覆盖级别。

步骤 3　完整性校验及解密数据：MME 检查 NAS 消息的完整性，如果 MME 中用于衡量 UE 活跃时长的计时器超时，则 MME 会拒绝 UE 收听寻呼时发起的被叫数据连接请求，并通过 NAS PDU 返回拒绝原因。MME 还可以为 UE 提供一个移动管理备份计时器，设置为 UE 活跃时长计时器的剩余值，然后执行步骤 15。

MME 检查 NAS PDU 的完整性，并解密其中包含的数据。当配置使用头压缩 ROHC 时，如果报头压缩应用于 PDN 连接，则 MME 应解压缩 IP 报头。

步骤 4　修改承载请求：MME 发送 Modify Bearer Request 消息到 SGW，消息中携带 MME 的下行传输地址。

步骤 5　PGW 修改承载请求：当 UE 位置信息中携带的位置信息发生改变时，SGW 会通过 Modify Bearer Request 消息通知 PGW，让 PGW 改变原先已经建立的承载。

步骤 6　修改承载响应：PGW 完成承载修改后，给 SGW 回复承载修改完成(Modify Bearer Response)。

步骤 7　SGW 修改承载响应：SGW 把承载修改完成信息告知 MME，消息中携带上行传输的 SGW 地址和 TEID。

步骤 8　上行数据：MME 收到 SGW 的承载修改响应消息(Modify Bearer Response)后，UE 可通过 NAS 进行上行数据传输。

步骤 9　下行数据：在 RRC 连接激活期间，UE 还可以在 NAS 消息中发送上行数据，上行数据中携带 Release Assistance Information。如果在步骤 1 的 Release Assistance Information 中没有下行数据指示，MME 将上行数据发送给 PGW 后，立即释放连接，执行步骤 15。否则，进行下行数据传输。如果没有接收到数据，则跳过步骤 11～14 进行 S1 链路释放。

步骤 10　数据加密及完整性保护：MME 接收到下行数据后，会进行加密和完整性保护。

步骤 11　下行 S1-AP 消息：如果接收到下行数据，则 MME 会在 NAS 消息中下发给 eNodeB。如果上行数据中的 Release Assistance Information 指示有下行数据，则 MME 不会释放 S1 链路，直到上行数据传送结束后，MME 释放 S1 链路。

步骤 12　RRC 下行直传：eNodeB 将 NAS 数据下发给 UE，若此时收到 MME 的 S1 释放指示，则会在 NAS 数据下发后释放 RRC 连接。

步骤 13　检测是否有数据传输：如果网络设置 eNodeB 向 MME 发送 NAS 交付指示(NAS Delivery indication)，则 eNodeB 需要把发送 NAS 数据成功与否的状态响应反馈给 MME。

步骤 14　未检测到进一步活动：如果 NAS 传输有一段时间没有活动，则 eNodeB 进入步骤 15 启动 S1 链路释放。

步骤 15　S1 释放流程：S1 链路释放流程。

5.7　UP 传输方案信令流程

与 CP 传输方案相比，UP 传输方案支持 NB-IoT 业务数据通过建立 E-RAB 承载后在用户面(User Plane)上传输，无线侧支持对信令和业务数据进行加密和完整性保护。

为降低接入流程的信令开销，满足 UE 低功耗的要求，UP 优化传输支持释放 UE 时，基站和 UE 可以挂起 RRC 连接，在网络侧和 UE 侧仍保存 UE 的上下文。当 UE 重新接入时，UE 和基站能快速恢复 UE 上下文，无需再经过安全激活和 RRC 重配的流程，减少空口信令交互。

UP 传输方案端到端信令流程，以 UE 发起数据为例，如图 5-14 所示。

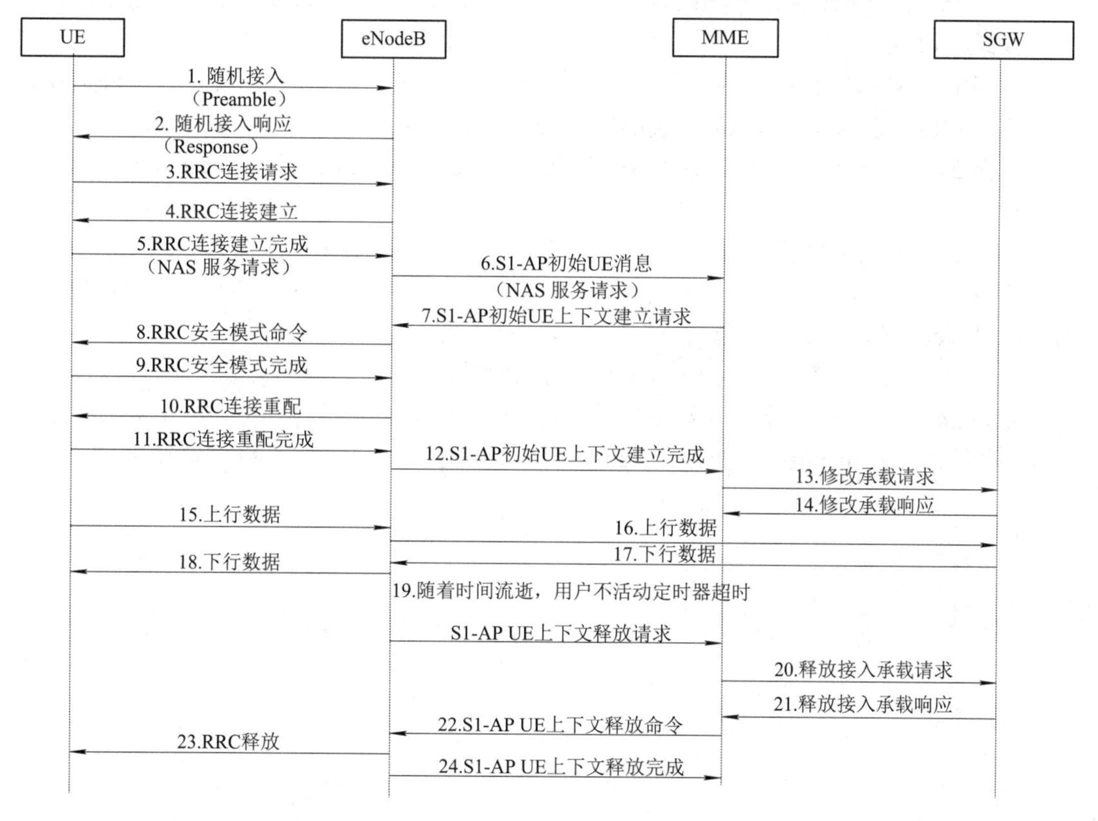

图 5-14　UP 传输方案端到端信令流程

步骤 1～5　UE 通过随机接入并发起 RRC 连接建立请求，建立与 eNodeB 的 RRC 连接，UE 是否支持 UP 传输的能力需在 MSG5 中携带 up-CIoT-EPS-Optimisation 信息通知基站，通过该信息帮助 eNodeB 选择支持 UP 的 MME。

步骤 6　S1-AP 初始 UE 消息：eNodeB 收到 RRC Connection Setup Complete 后，向 MME 发送 Initial UE message 消息，包含 NAS PDU、eNodeB 的 TAI 信息和 ECGI 信息等。

在这一步，MME 还会确定是否使用 SGi 或 SCEF 方式传输数据。

步骤 7　S1-AP 初始 UE 上下文建立请求：MME 向 eNodeB 发起上下文建立请求，UE 和 MME 的传输模式协商结果通过 S1 消息 S1-AP Initial UE Context Setup Request 中的 UE User Plane CIoT Support Indicator 信息指示。eNodeB 只需支持正常的建立流程，数据传输完成后直接释放连接，不支持后续的用户挂起。

步骤 8、9　激活 PDCP 层安全机制，支持对空口加密和数据完整性保护。

步骤 10～12　建立 NB-IoT DRB 承载，终端能支持 0、1 或 2 条 DRB 的情况取决于 UE 的能力，UE 能力通过 UEcapability-NB 信息中的 multipleDRB 指示，NB-IoT UE 仅支持 Non-GBR 业务，不考虑对 GBR 业务的支持。

步骤 13　修改承载请求：MME 发送 Modify Bearer Request 消息，给 SGW 提供 eNodeB 的下行传输地址。SGW 可通过 eNodeB 传输下行数据给 UE。

步骤 14　修改承载响应：SGW 在响应消息中给 MME 提供上行传输的 SGW 地址和 TEID。

步骤 15～18　UE 通过 eNodeB 将上行数据经 SGW 发送给 PGW，PGW 通过 SGW 将下行数据经 eNodeB 发送给 UE。

步骤 19　S1-AP UE 上下文释放请求：如果 UE 持续有一段时间没有活动，则 eNodeB 启动 S1 与 RRC 连接释放或 RRC 连接挂起，eNodeB 向 MME 发送释放请求消息。

步骤 20　释放接入承载请求：MME 发送 Release Access Bearers Request 释放 SGW 上的连接。

步骤 21　释放接入承载响应：SGW 释放连接后，响应 Release Access Bearers Response。

步骤 22　S1-AP UE 上下文释放命令：MME 释放 S1 连接，向 eNodeB 发送 S1-AP UE Context Release Command 消息。

步骤 23　RRC 释放：eNodeB 向 UE 发送 RRC 连接释放。

步骤 24　S1-AP UE 上下文释放完成：eNodeB 给 MME 回复释放完成。eNodeB 可在消息中携带 Recommended Cells And eNodeBs，MME 会保存起来，在寻呼时使用。

第 6 章 NB-IoT 关键技术

知识点

本章主要介绍窄带物联网 NB-IoT 的空口关键技术，主要内容为窄带物联网 NB-IoT 空口相关技术，例如系统消息调度、小区选择与重选、随机接入、寻呼、功率控制及 HARQ 相关技术原理，通过介绍 NB-IoT 覆盖增强技术以及省电机制，让读者更加深入了解窄带物联网 NB-IoT 相关技术，为无线规划、参数配置、故障排查做好知识铺垫，本章主要介绍以下内容：

(1) NB-IoT 系统消息调度；
(2) NB-IoT 小区选择与重选；
(3) NB-IoT 随机接入过程；
(4) NB-IoT 寻呼；
(5) NB-IoT 功率控制；
(6) NB-IoT 的 HARQ 过程；
(7) NB-IoT 覆盖增强技术；
(8) NB-IoT 省电机制。

6.1 NB-IoT 系统消息调度

本节主要从系统消息作用、系统消息内容、系统消息调度以及系统消息更新机制四个方面进行介绍。

6.1.1 系统消息作用

UE 获取小区的系统消息是终端的行为准则，是联系基站与终端的纽带，例如：

(1) 确定小区是否可以驻留。
(2) 确定小区的参数配置，以便接入小区后能够正常工作。

与 LTE 类似，NB-IoT 的系统消息包括一个主信息块(MIB-NB)和多个系统信息块(SIB)，在 3GPP 的 R13 版本中，SIB 类型包括：SIB1-NB、SIB2-NB、SIB3-NB、SIB4-NB、SIB5-NB、SIB14-NB 和 SIB16-NB。其中除 SIB1-NB 外的 SIB 块组成若干个系统消息(SI message)，通过 NPDSCH 信道承载。

6.1.2　系统消息内容

NB-IoT 系统消息内容如表 6-1 所示。

表 6-1　NB-IoT 系统消息

消息类型	消 息 内 容
MIB	部署方式、SIB1 调度信息、接入禁止使能开关、H-SFN 帧号、无线帧号 SFN 和系统消息标志(systemInfoValueTag)
SIB1	小区接入、选择相关信息和其他 SIB 调度信息
SIB2	无线资源配置信息
SIB3	同频、异频小区重选信息
SIB4	用于重选的同频邻小区信息
SIB5	用于重选的异频邻小区信息
SIB14	接入控制信息
SIB16	GPS 时间和世界标准时间(UTC，　Coordinated Universal Time)信息

注：相比于 LTE，NB-IoT 中不存在 SIB6、SIB7、SIB8、SIB9、SIB10、SIB11、SIB12 等消息类型。

6.1.3　系统消息调度

1. MIB 与 SIBs 的调度关系

MIB 与 SIBs 的调度关系如图 6-1 所示。

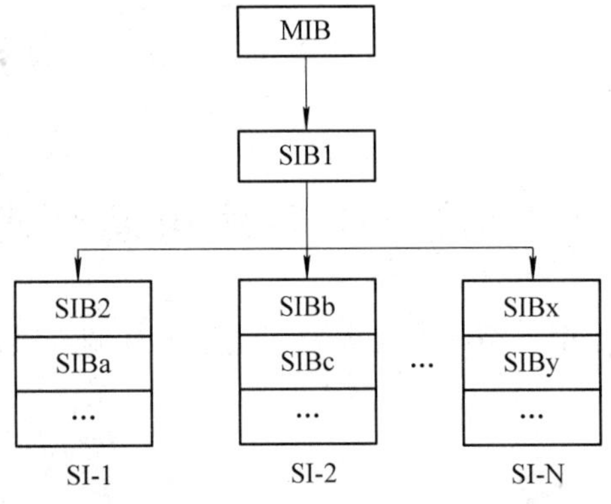

图 6-1　MIB 与 SIBs 的调度关系示意图

MIB 和 SIB1 均使用一条 RRC 消息独立下发，SIB2～SIB5、SIB14、SIB16 使用 SI 消息下发，每 SI 个调度周期可独立配置，调度周期相同的 SIB 可以包含在同一个 SI 消息中发送，例如图中 SI-1、SI-2、SI-3 可以包含在同一个 SI 消息中发送。

2. MIB 和 SIB1 的发送

MIB 使用一条独立的 RRC 消息下发，在逻辑信道 BCCH 上发送。BCH 的传输格式是预定义的，所以 UE 无须从网络侧获取信息就可以直接在 BCH 上接收 MIB。MIB 的调度周期固定为 640 ms，一个调度周期内重复 8 次，每次传输占用 8 个子帧，在连续 8 个无线帧的 0 号子帧发送。MIB 消息的调度示意图如图 6-2 所示。

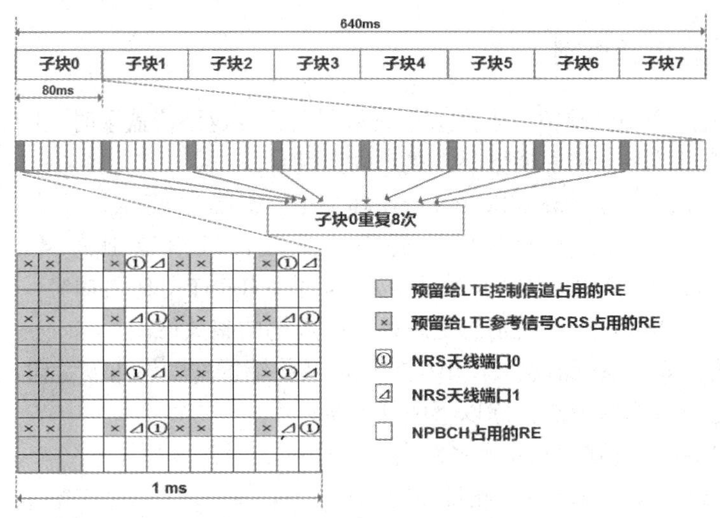

图 6-2　MIB 消息的调度示意图

更多细节详见 4.4 节窄带物理下行广播信道 NPBCH。

SIB1 使用一条独立的 RRC 消息下发，在逻辑信道 DL-SCH 上发送。SIB1 消息的调度周期为 2560 ms，重复次数可以配置为 4、8、16，由 MIB 中的调度信息下发。

NB-IoT 与 LTE 的 MIB 和 SIB1-NB 调度区别如图 6-3 所示。

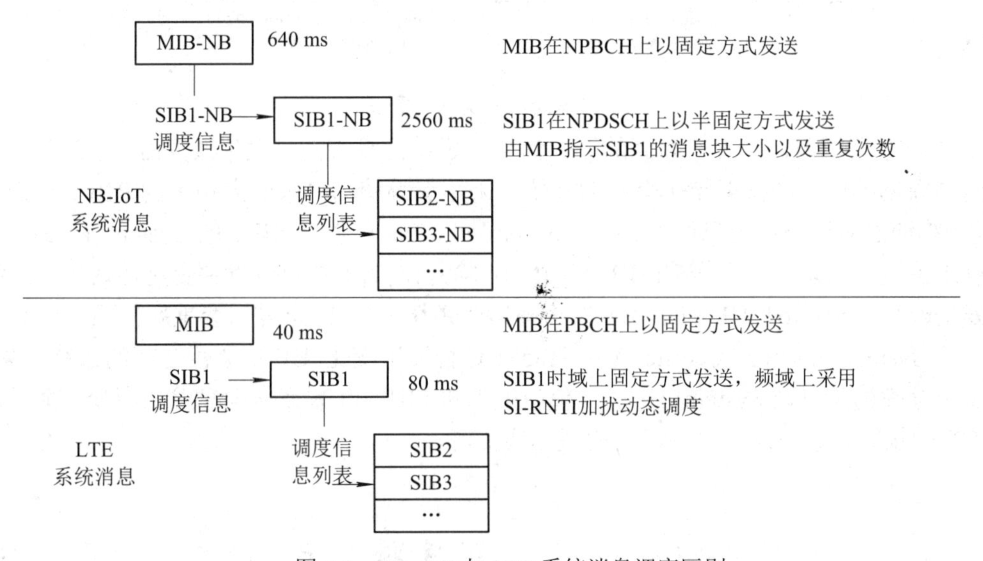

图 6-3　NB-IoT 与 LTE 系统消息调度区别

3. 其他 SIB 消息调度

SIB2～SIB5、SIB14、SIB16 使用 SI 消息下发，调度周期可独立配置。调度周期相同的 SIB 可以包含在同一 SI 消息中发送，调度周期不同的 SIB 不可以在同一 SI 消息中发送。SIB1 携带所有的 SI 的调度信息以及其他 SIB 与 SI 的映射关系，其中 SIB2 消息位于所有 SI 消息的第一位。

SI 消息只能在调度周期的特定时间段发送，这个特定时间段称为 SI window。窗口长度对所有 SI 消息通用，在 SIB1 中广播。

6.1.4　系统消息更新机制

当 UE 开机选择小区驻留、小区重选或从覆盖盲区返回覆盖区时，UE 会主动读取系统消息。系统消息按照一定周期更新，更新周期满足：

$$N_{系统消息更新} = \text{modificationPeriodCoeff} \times \text{defaultPagingCycle} \tag{6-1}$$

其中：modificationPeriodCoeff 是修改周期的系数，取值范围为 4、8、16、32；defaultPagingCycle 是寻呼周期(关于寻呼详见 6.4 节 NB-IoT 寻呼的内容)。

从上述公式可以看出，系统消息更新是寻呼周期的整数倍。

当 UE 正确获取了系统消息后，出于省电以及终端低移动性角度考虑，NB-IoT UE 在连接态下不频繁读取系统消息，除以下两种场景：

(1) 收到 eNodeB 寻呼消息指示系统消息变化；

(2) 距上次正确接收系统消息超过 24 小时。

当 UE 收到寻呼消息指示系统消息变化时，不会立即更新系统消息，而是在系统消息的下一个周期再进行修改，如图 6-4 所示。

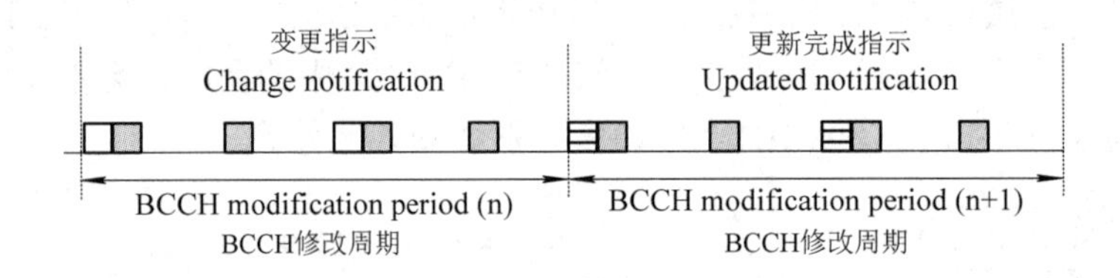

图 6-4　系统消息更改示意图

在第 n 个周期内，当 UE 收到的寻呼消息指示小区系统消息发生改变时，UE 会在本系统消息周期结束后，在第 n+1 个周期开始，采用新系统消息来建立相关的 RRC 连接。

UE 将通过对比系统消息中 MIB 的 SystemValueTag 值以及 SIB1 的 SystemValueTagSI 值来确定系统消息是否发生变化(SIB14、SIB16 除外)，如果参数值发生变化，则认为系统消息发生改变。NB-IoT UE 在距离上次正确读取系统消息 24 小时后会重新读系统消息，此时不论 SystemValueTag 或 SystemValueTagSI 是否发生变化，UE 都会读全部的系统消息。

采用寻呼消息以及 SystemValueTag 值改变的机制通知 UE 系统消息发生改变，主要是确保 UE 能正确解读系统消息并建立相关无线资源。

6.2　NB-IoT 小区选择与重选

本节主要从小区选择与重选作用、NB-IoT 小区选择与重选状态、PLMN 选择策略、确定 PLMN 后小区选择策略、空闲模式的测量策略以及小区重选策略几个方面进行介绍。

6.2.1　小区选择与重选作用

小区选择是终端开机时选择一个小区进行附着，以接入网络提供通讯服务。

小区重选是在空闲态下的终端，为获取更好的服务质量，需要进行小区重选。

6.2.2　NB-IoT 小区选择与重选状态

NB-IoT 支持空闲态同频、异频小区重选，但是不支持空闲态异系统重选、连接态切换，即 NB-IoT 的移动性只有重选，无切换。

NB-IoT 的小区选择与重选是基于 LTE 简化而来的，考虑到 NB-IoT 终端的低成本、低移动性以及承载的小数据包业务特性，NB-IoT 系统不支持以下功能：

(1) NB-IoT 不支持紧急呼叫(Emergency Call)。因为 NB-IoT 不支持语音业务，所以它不支持紧急呼叫。

(2) NB-IoT 不支持系统间测量与重选。NB-IoT 终端只限于 NB-IoT 系统内，不支持与异系统互操作，不支持异系统测量与重选。

(3) NB-IoT 不支持基于优先级的小区重选策略(Priority based reselection)。考虑到 NB-IoT 终端的低成本及低移动性，对小区重选功能进行简化，不再支持基于优先级的小区重选功能。

(4) NB-IoT 不支持基于小区偏置(Qoffset)的小区重选策略。小区重选中的偏置只针对频率来设置(一个频率可包含多个小区)，不支持基于小区的重选偏置。

(5) NB-IoT 不支持基于封闭组(CSG)的小区选择与重选。因为 NB-IoT 没有 CSG 相关功能需求，所以它不支持基于 CSG 的小区选择与重选。

(6) NB-IoT 不支持可接受小区(Acceptable cell)和驻留于任何小区(camped on any cell state)的重选状态。由于 NB-IoT 不支持紧急呼叫，所以 NB-IoT 系统中处于空闲态的 UE 只能处于小区搜索状态(Any cell selection)，以找到合适的驻留小区(Suitable cell)，不存在其他小区选择的状态。

除以上六种情况，NB-IoT 空闲态的小区选择和重选过程与 LTE 一致。NB-IoT 系统空闲态下小区选择与重选的状态迁移如图 6-5 所示。

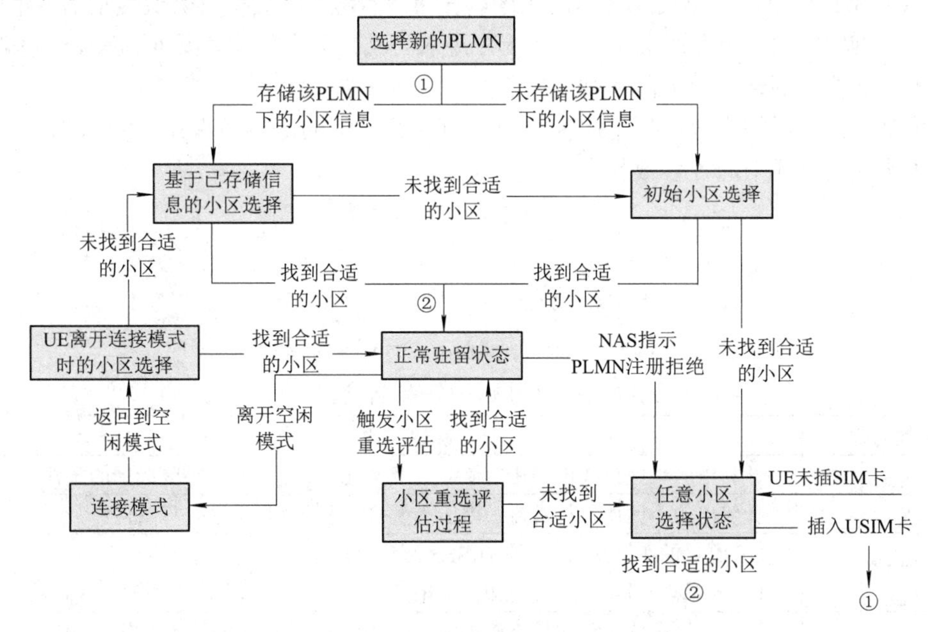

图 6-5　空闲态下小区选择与重选的状态迁移图

6.2.3　PLMN 选择策略

NB-IoT 支持多 PLMN 选择功能，NB-IoT 系统中 PLMN 选择策略与 LTE 一致，具体如下：

UE 首先基于存储的最后一次驻留时的相关信息进行 PLMN 选择，即优先尝试选择已存储信息中所归属的 PLMN。如果基于已存储的信息没有找到合适的 PLMN，或 UE 没有相关的存储信息，则 UE 执行初始 PLMN 选择过程。初始 PLMN 选择过程为 UE 扫描自身支持的频带内的所有 NB-IoT 载波，从而找到可用的 PLMN。在每个载波上，UE 搜索信号最强的小区，并读取该小区系统消息，以确定小区所归属的 PLMN。

(1) 如果信号最强的小区归属于一个或多个 PLMN，且小区信号强度(RSRP)大于或等于 −110 dBm，则把此 PLMN 作为高质量 PLMN 上报给 NAS 层(无需携带 RSRP 值)。

(2) 如果找到的 PLMN 不满足高质量 PLMN 的条件，但 UE 能读到包含 PLMN 的系统消息，则将相关的 PLMN 以及测量到的小区 RSRP 值一起上报给 NAS 层。

NAS 层收到 PLMN 或 PLMN 列表，根据 PLMN 列表中的 PLMN 优先级来手动或自动选择某个 PLMN。一旦 UE 选择到 PLMN，就开始小区选择过程，并在该 PLMN 上选择一个合适的小区进行驻留；如果 NAS 收到 PLMN 后进行注册时被拒绝，则 UE 进入任意小区选择状态。

6.2.4　确定 PLMN 后小区选择策略

UE 确定 PLMN 后，首先基于 UE 内部存储的最后一次驻留时的相关信息进行小区选择。一旦 UE 找到一个合适的小区，则 UE 进入正常驻留状态，该小区就作为驻留小区。如果基于 UE 内部存储的相关信息没有找到合适小区或者 UE 内部没有存储相关的小区驻留信息，则 UE 执行初始小区选择策略。初始小区选择策略为 UE 扫描自身支持的频带内的所有 NB-IoT 载波，从而找到合适的小区。在每个载波上，UE 只需要搜索信号最强的小区。一旦 UE 找到一个合适的小区，则 UE 进入正常的驻留状态，该小区就作为驻留小区；如果仍然找不到合适的小区，则 UE 进入任意小区选择状态。

评价是否为合适的小区选择采用 S 准则(满足 UE 驻留的基本条件)，S 准则的计算公式如式(6-2)所示，公式中的各参数代表的含义详见表 6-2。

$$S_{\text{rxlev}} > 0 \quad \text{和} \quad S_{\text{qual}} > 0 \tag{6-2}$$

其中：

$$S_{\text{rxlev}} = Q_{\text{rxlevmeas}} - Q_{\text{rxlevmin}} - P_{\text{compensation}} - Q_{\text{offsettemp}} \tag{6-3}$$

$$S_{\text{qual}} = Q_{\text{qualmeas}} - Q_{\text{qualmin}} - Q_{\text{offsettemp}} \tag{6-4}$$

表 6-2　S 准则中各参数含义

参数名称	参 数 含 义
S_{rxlev}	计算出的小区接收电平相对值，用于衡量 UE 是否满足小区选择的条件
S_{qual}	计算出的小区质量相对值，用于衡量 UE 是否满足小区选择条件
$Q_{\text{rxlevmeas}}$	UE 测量的小区接收电平值(RSRP 测量值)
Q_{qualmeas}	UE 测量的小区质量值(RSRQ 测量值)
Q_{rxlevmin}	满足小区选择条件的最小接收电平值(dBm)，通过系统消息下发给 UE

续表

参数名称	参 数 含 义
$Q_{qualmin}$	满足小区选择条件的最小质量值(dB)，通过系统消息下发给 UE
$P_{compensation}$	功率补偿系数，针对不同 UE 支持的最大发射功率的不同而进行的补偿 如果在 SIB1、SIB3 和 SIB5 中存在 NS-PmaxList 信源，且 UE 支持信息中的 additionalPmax 配置的功率值，则 $P_{compensation} = \max(P_{emax1} - P_{PowerClass}, 0) - (\min(P_{emax2}, P_{PowerClass}) - (\min(P_{emax1}, P_{PowerClass}))(dB)$ 否则：$P_{compensation} = \max(P_{emax1} - P_{PowerClass}, 0)$
P_{emax1}	网络允许 UE 的最大发射功率值级别。P_{emax1} 取值来源于 SIB1、SIB3 和 SIB5 中的 P-Max 参数，针对小区而言
P_{emax2}	网络允许 UE 的最大发射功率值级别 P_{emax2} 取值来源于 SIB1、SIB3 和 SIB5，针对频带而言
$P_{PowerClass}$	UE 的最大射频输出功率级别，UE 的固有特性
$Q_{offsettemp}$	UE 接入小区失败后的惩罚性偏置，发生接入失败后，后续该小区的评估在一段时间内需要考虑的惩罚偏置。如果参数未配置，则取值无穷大，即当 UE 接入小区失败后，不再重选该小区

6.2.5　空闲模式的测量策略

对处于空闲态的 UE，采用系统信息(SIB)中服务小区的参数 S_{rxlev}、$S_{IntraSearchP}$ 和 $S_{nonIntraSearchP}$ 进行如下测量判决：

(1) 如果服务小区满足 $S_{rxlev} > S_{IntraSearchP}$，则 UE 可不进行频内测量；否则，UE 需要进行频内测量。

(2) 如果服务小区满足 $S_{rxlev} > S_{nonIntraSearchP}$，则 UE 可不进行频间测量；否则，UE 需要进行频间测量。

6.2.6　小区重选策略

小区重选采用 R 准则，R 准则如式(6-5)与式(6-6)所示，其中各参数含义详见表 6-3。

$$R_s = Q_{meas,s} + Q_{Hyst} - Q_{offsettemp} \tag{6-5}$$

$$R_n = Q_{meas,n} - Q_{offset} - Q_{offsettemp} \tag{6-6}$$

表 6-3　R 准则中各参数含义

参数名称	参 数 含 义
$Q_{meas,S}$	UE 测量的服务小区 RSRP 值
Q_{Hyst}	小区重选的迟滞值，防止小区乒乓重选
$Q_{meas,n}$	UE 测量的邻区的 RSRP 值
Q_{offset}	小区重选的频率偏置值
$Q_{offsettemp}$	UE 接入小区失败后的惩罚性偏置
R_s	主服务小区的 R 值
R_n	邻区的 R 值

只有当邻区的 $R_n > R_s$ 时，UE 才会选择该小区，若同时存在多个小区满足测量条件，则根据小区重选规则选择 R_n 最高的邻区。

当下列条件都满足时，UE 重选到该邻区。

(1) 在小区重选时间内(同频邻区重选在 SIB3 中广播，异频邻区重选在 SIB5 中广播)，邻区的信号质量等级一直高于当前服务小区信号质量等级。

(2) UE 在当前服务小区驻留超过 1 秒。

UE 在执行小区重选时，需检查邻区是否设置“接入禁止”，如果小区被禁止，则必须从候选小区清单中排除。

6.3　NB-IoT 随机接入过程

本节主要从随机接入使用场景、随机接入过程的理解以及 NB-IoT 随机接入流程三个方面进行介绍。

6.3.1　随机接入使用场景

NB-IoT 使用随机接入过程实现 UE 初始接入网络，完成上行同步过程。

在 R13 版本中，NB-IoT 不支持 PUCCH 信道，也不支持连接态切换、定位功能，所以使用随机接入的场景被简化如下：

(1) RRC 空闲态的初始接入过程；

(2) RRC 连接重建过程；

(3) RRC 连接态下接收下行数据过程(上行链路失步)；

(4) RRC 连接态下发送上行数据过程(上行链路失步或者触发服务请求过程)。

6.3.2　随机接入过程的理解

第 1 个问题：什么是随机接入？

以银行办理业务为例：基站看做银行，UE 看做客户，UE 要接入基站，可以看做客户要去银行办理业务。去银行办业务，首先要排号，而排号的过程就是随机接入过程。

第 2 个问题：随机接入分类是什么？

随机接入分为竞争随机接入和非竞争随机接入两种类型。如何理解竞争与非竞争，仍以银行办理业务为例：在排号等待过程中，有 VIP 客户免排队通道，这些 VIP 号就是非竞争的，而普通客户都会分到竞争号牌。注意：普通用户也能分到 VIP 号牌，但仅限于特殊场景，例如 RRC 连接重建。而对于 UE 初始接入，只能用普通号牌进行接入。

假设号牌只有 64 个，为区分普通客户和 VIP 客户，先把号牌分成两组 A 和 B，并做规定：A 组只能分配给普通用户，B 组只能分配给 VIP 客户，银行号牌示意图如图 6-6 所示。

(1) 假设办理业务的普通用户少于 60 人，则号牌够用，每人分一个号牌。

(2) 假设要办理业务的普通用户有 61 个，那就意味着有两个人要去抢 A 组中的同一号，此时这两人进行号牌竞争，竞争号牌的过程就是竞争随机接入。

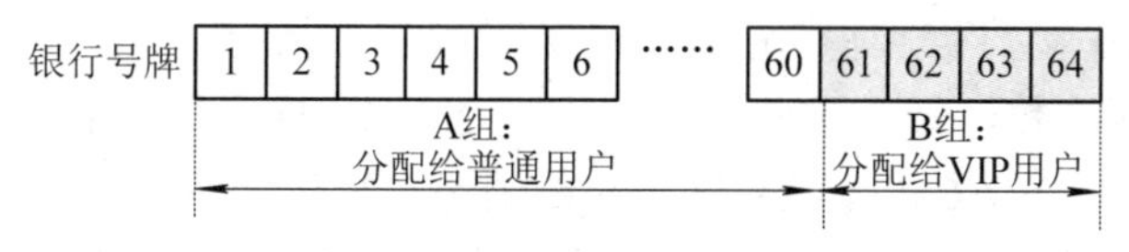

图 6-6　银行号牌示意图

第 3 个问题：竞争随机接入过程如何处理？

上例中出现两人去竞争同一个号牌，客户都是文明人，银行现场也不允许用武力来抢号牌，那只能用抽签的办法来决定谁能分到号牌，正常处理流程大致如下：

(1) 这两个人先同时向银行申请号牌。

(2) 银行收到两人的号牌申请后，先告知这两个人去拿纸，拿纸的目的就是方便银行抽签，谁中了就在纸上盖个章，算合法拿到号牌的人。

(3) 这两个人收到银行告知后，拿纸，然后给银行抽签。

(4) 银行抽签结果公示：用户 1 分到号牌，用户 2 没分到，则用户 1 就拿着盖过公章的纸去办理业务，用户 2 没分到号牌，只能等下一轮。

6.3.3　NB-IoT 随机接入流程

在 R13 版本中，NB-IoT 仅支持竞争随机接入。基于竞争的随机接入流程如图 6-7 所示。

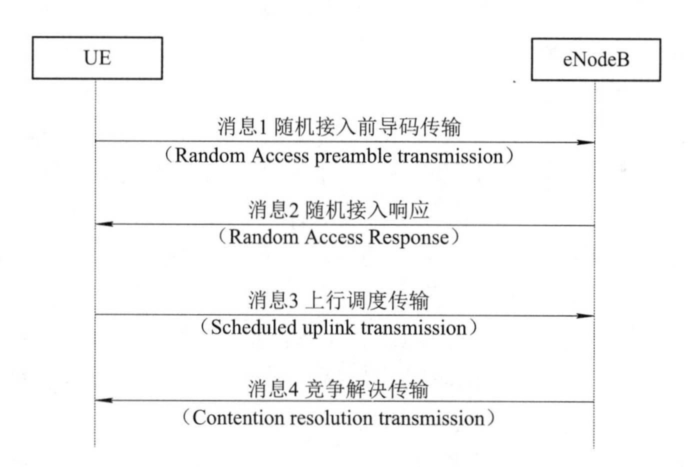

图 6-7　竞争随机接入流程图

Msg1(消息 1)：UE 发送随机接入请求(发送 Preamble 前导码)

UE 通过 SIB2 获取 NPRACH 相关配置信息，将 RSRP 测量结果与 SIB2 中的覆盖等级门限对比，确定 UE 当前所处的覆盖等级，然后用当前覆盖等级中的参数配置，去向 eNodeB 发起随机接入请求。

与 LTE 不同，针对 NB-IoT 覆盖要求，NB-PRACH 资源采用不同覆盖等级进行配置：

(1) 对于频域资源，根据 180 kHz 的窄带配置以及 3.75 kHz 子载波间隔的要求，频域资源有两种配置方式，一种是划分为 4 个 band，每个 band 包含 12 个 3.75 kHz 的子载波；另一种是划分为 3 个 band，每个 band 包含 16 个 3.75 kHz 的子载波。

(2) 对于时域资源，定义了周期 nprach-Periodicity、起始子帧位置 nprach-StartTime。

这些时域、频域参数需要针对每个覆盖等级进行配置。每个覆盖等级还要定义 Preamble 的最大发送次数、最大尝试次数、下行 NPDCCH 监听位置等参数。这些参数构成每个覆盖等级的 NB-PRACH 配置并通过系统消息进行广播。在 R13 协议版本中，NB-IoT 定义了 3 个覆盖等级，因此系统消息中会广播 3 套 NB-PRACH 配置参数。

由于 NB-IoT 采用竞争接入，不支持非竞争接入，因此随机接入的 64 前导码 Preamble 全用于竞争接入。

在 NB-IoT 中，UE 通常采用 Single-Tone 方式传输，但为了提高传输效率，降低传输时延，对于支持 Multi-Tone 的 UE，也允许其采用 Multi-tone 传输 Msg1。

如何在时频资源上区分这两种 UE 呢？时域不区分，只采用频域资源来区分，具体做法就是把 48 个 3.75 kHz 子载波划分成两组，一部分子载波给支持 Single-Tone 的 UE 使用，剩余部分的子载波给支持 Multi-Tone 的 UE 使用。

Msg2(消息 2)：eNodeB 发送随机接入响应

eNodeB 收到 UE 的前导码后，申请分配临时用户许可(Temporary C-RNTI)并进行上下行调度资源授权。eNodeB 发送的随机接入响应消息，携带内容有：TA 调整量、Temporary C-RNTI 和 Msg3 的调度信息。

UE 发送 Msg1 后，需要在特定的时间内监听基站是否有回应，这个特定时间称为随机接入监听时间窗。在 NB-IoT 中，由于上下行信道均采用重复传输，因此 LTE 中的 10 ms 随机接入监听时间窗不再适用，需要进一步扩展，即随机接入监听时间窗单位从子帧改为 NPDCCH 周期(NPDCCH Period，PP)。NPDCCH 周期的含义由物理层参数 R_{max} 与 G 定义，可以简单理解为两个 NPDCCH 传输的时间间隔。在较差覆盖下，NPDCCH 周期可以很长，导致相应的随机接入监听时间窗很长，甚至很可能长于 PRACH 的最大传输周期(2560 ms)。而且此时基站可能还会出现收到该 UE 的第 2 个 Preamble 时，尚未传输完第一个 Preamble 的随机接入响应的情况，此时基站就会延迟发送针对第 2 个 Preamble 的响应，如果延迟不断积累，会导致系统出现严重的随机接入延迟。为避免这种情况，可考虑将随机接入监听时间窗取较小值，例如只取 1 个 NPDCCH 周期长度，若采用这个设置，又会导致 UE 没有足够长的响应窗来接收 Msg2，因此考虑折中 NPDCCH 的周期和随机接入的时间延迟，在现有以 PP 为单位的随机接入监听时间窗基础上，规定随机接入监听时间窗的最大长度不超过 10.24 s，也就是不超过一个超帧的长度。

Msg3(消息 3)：UE 进行上行调度传输

UE 使用 Msg2 中分配的上行授权(UL Grant)资源发送 Msg3，同时 UE 启动冲突检测定时器(mac-contentionResolutionTimer)。

不同的随机接入场景，Msg3 传输的信令以及携带的信息有所不同：

(1) 初始 RRC 连接建立：携带 RRC 建立原因、NAS UE_ID、MAC CE，用于申请上行数据发送资源。

(2) 其他情况，至少传送 UE 的 Temporary C-RNTI。

Msg4(消息 4)：eNodeB 进行竞争决议

基站在收到 Msg3 后，在 MAC 层进行竞争决议，并通过 Msg4 指示 UE 是否通过竞争。UE 在冲突检测定时器超时前，一直监听 NPDCCH 信道，定时器设置时长与随机接入响应窗机理类似，若 UE 在 NPDCCH 信道上监听到 Msg4 中的 MAC CE 包含 UE Contention Resolution Identity 指示 UE 竞争成功，则 UE 会停止计时器，完成随机接入流程。

如果计时器超时仍未收到 Msg4，则 UE 认为竞争失败，或者收到的 Msg4 中包含的信息指示竞争失败，UE 会重新发起 Msg1 进行随机接入。

6.4　NB-IoT 寻 呼

本节主要从寻呼概述、空口寻呼机制以及寻呼处理过程三个方面进行介绍。

6.4.1　寻呼概述

在通信系统中，寻呼是用来通知空闲态用户系统消息变更以及通知用户有下行数据到达。

寻呼消息根据使用场景，可以由 MME 触发，也可以由 eNodeB 触发，虽然触发源不同，但在空口的寻呼机制均相同。例如当核心网需要向用户发送数据时，将通过 MME 经 S1 接口向基站发送寻呼消息，并在寻呼消息中携带被呼用户的 ID、TAI 列表等信息。基站收到 MME 的寻呼消息，解读其中内容得到用户的 TAI 列表，依据 TAI 列表中的小区经过 CCCH 信道进行寻呼消息下发。

6.4.2　空口寻呼机制

空闲状态下，UE 要收听寻呼以便知道网络是否有数据下发，但是如果 UE 时时刻刻收听寻呼信息，不仅效率低而且耗电。为了省电，UE 以不连续接收方式(DRX)来接收寻呼信息，即在某个时间周期内的特定时间，UE 才会去收听寻呼消息，在其余时间均不收听寻呼消息。由于业务不频繁特性，因此 NB-IoT 系统引入更长的时间周期概念，将时间周期放大。

在 NB-IoT 中，采用寻呼帧(Paging Frame，PF)和寻呼时刻(Paging Occasion，PO)来划分时间粒度，如图 6-8 所示。

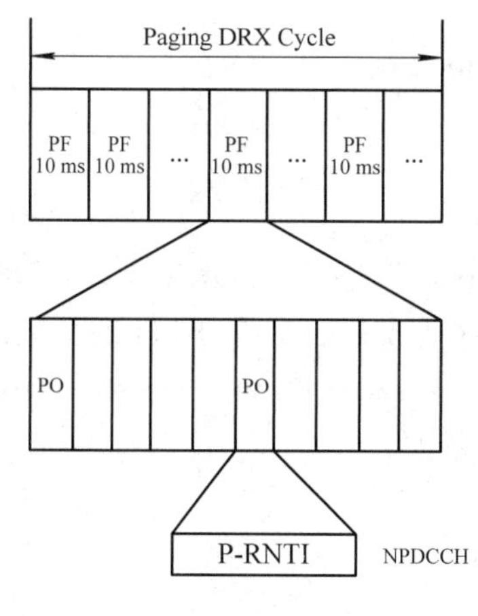

寻呼帧（PF，Paging Frame）
寻呼时刻（PO，Paging Occasion）

1. PF为一个无线帧，长度10 ms
2. PF上可以有一个或多个PO

3. PO为一个子帧，长度1 ms
4. PO即为寻呼时刻，通过NPDCCH信道发送寻呼消息提示
5. UE在一个DRX周期内只监听一个PO

图 6-8　寻呼周期示意图

一个寻呼帧 PF 是一个无线帧，长度 10 ms；一个寻呼时刻 PO 是一个寻呼帧中的一个下行子帧，长度 1 ms。一个寻呼帧 PF 可以包含一个或多个 PO。

在一个寻呼时刻 PO 内，如果有寻呼消息下发，则 UE 先查找是否带有寻呼临时标识(Paging Radio Network Temporary Identity，P-RNTI)加扰的 NPDCCH，UE 根据 P-RNTI 读取 NPDCCH 控制信息，根据控制信息在 NPDSCH 中读取寻呼消息内容。

UE 首先与 MME 协商获得 UE 特定的 eDRX 周期，通过寻呼帧的计算得到寻呼消息所在的帧号，再通过寻呼传输窗(PTW)得到该 UE 的寻呼消息可能所在的系统帧号(SFN)，最后通过计算 PF/PO 获得寻呼消息所在的 SFN 以及子帧。

PF 的帧号和 PO 的子帧号可通过 UE 的 IMSI、DRX 周期以及 DRX 周期内的 PO 的个数来计算得出。帧号信息在 UE 的 DRX 参数相关的系统消息中传递，当 DRX 参数变化时，PF 和 PO 的帧号也随之更新。

(1) PF 的帧号 SFN 计算公式如下：

$$\text{SFN} \bmod T - (T \operatorname{div} N) \times (\text{UE}_{\text{ID}} \bmod N) \tag{6-7}$$

(注：div 是除后取整，mod 是除后取余数。)

(2) UE_{ID} 计算公式为

$$\text{UE}_{\text{ID}} = \text{IMSI} \bmod 4096 \tag{6-8}$$

(3) PO 的子帧号由表 6-4 确定。

表 6-4　PO 子帧号取值

Ns	PO when $i_s = 0$	PO when $i_s = 1$	PO when $i_s = 2$	PO when $i_s = 3$
1	9	N/A	N/A	N/A
2	4	9	N/A	N/A
4	0	4	5	9

表格中 i_s 的计算公式为

$$i_s = \text{floor}\left(\frac{\text{UE}_{\text{ID}}}{N}\right) \bmod \text{Ns} \tag{6-9}$$

以上公式中各参数的含义如下：

floor：表示对括号中的数字向下取整。

N：DRX 周期内 PF 的个数，$N = \min(T，\text{nB})$。其中 T 为 DRX 周期，DRX 越大，UE 越省电，在 SIB2 中广播 defaultpagingCycle；nB 为 DRX 周期内 PO 的个数，取值范围为 $4T$、$2T$、T、$T/2$、$T/4$、$T/8$、$T/16$、$T/32$、$T/64$、$T/128$、$T/256$、$T/512$、$T/1024$，nB 根据小区寻呼量需求配置，nB 越大，小区寻呼能力越大。

Ns：PF 上 PO 的个数，其取值为

$$\text{Ns} = \max\left(1, \frac{\text{nB}}{T}\right) \tag{6-10}$$

6.4.3　寻呼处理过程

如果 eNodeB 需要更新系统消息，则从下一个 PO 开始，在每个 PO 上生成一个系统消息变更通知的 NPDCCH 消息；如果 eNodeB 需要发送特定 UE 的寻呼，则会计算 UE 的最近一个 PO，生成一个寻呼消息，并填写 Paging Record，如果这个 PO 上已经有其他 UE 的 Paging Record 或系统消息变更通知的 NPDCCH 消息，则进行合并再发送。合并后的寻呼消息中包含多个 UE 的 Paging Record，或者同时携带系统消息变更指示，不再单独下发系统消息变更通知的 NPDCCH 消息。

UE 使用空闲模式 DRX 来降低功耗。在每个 DRX 周期内，UE 只会在自己的 PO 去读取 NPDCCH 信息，而不同的 UE，可能会有相同的 PO。空闲态的 UE 在每个 DRX 周期内的 PO 子帧打开接收机进行监听 NPDCCH：

(1) 当 UE 解析出属于自己的寻呼时，UE 向 MME 返回寻呼响应，通过 RRC Connection Request 消息中的建立原因值 mt-Access 来指示 UE 响应 MME 寻呼。

(2) 当 UE 未从 NPDCCH 解析出 P-RNTI 或者 UE 解析出 P-RNTI，但发现不是自己的 Paging Record 时，UE 会立即关闭接收机，进入 DRX 休眠周期以节省功耗。

6.5　NB-IoT 功率控制

本节主要从功率控制概述、下行功率分配、上行功率控制、功率控制分类以及 NB-IoT 功率控制思路几个方面进行介绍。

6.5.1　功率控制概述

功率控制主要是终端调整发射功率，保持上下行链路的通信质量，克服阴影衰落和快衰落，克服远近效应，降低网络干扰，提高系统质量。目前功率控制有两种方法：功率分配与功率控制。

功率分配：各个信道发射功率要提前配置好，一旦配置好，则发射功率恒定不变，除非配置值进行调整，体现静态变化，一般用于基站下行信号发射。

功率控制：初始发射功率遵循配置规则，因中途某些变化，发现功率不足时，可通过相互反馈不断地修正以及调整发射功率，这个过程就是功率控制，一般用于终端上行发射信号。

6.5.2　下行功率分配

NB-IoT 下行功率分配采用恒功率分配方式，下行功率可由 NRS 功率配置得到，用于下行信道估计、数据解调。NRS 功率通过 EPRE(Energy Per Resource Element)表征，用于分配确定每个 RE 上的下行发射能量。如图 6-9 所示为 NB-IoT 参考信号 NRS 时频资源位置示意图。

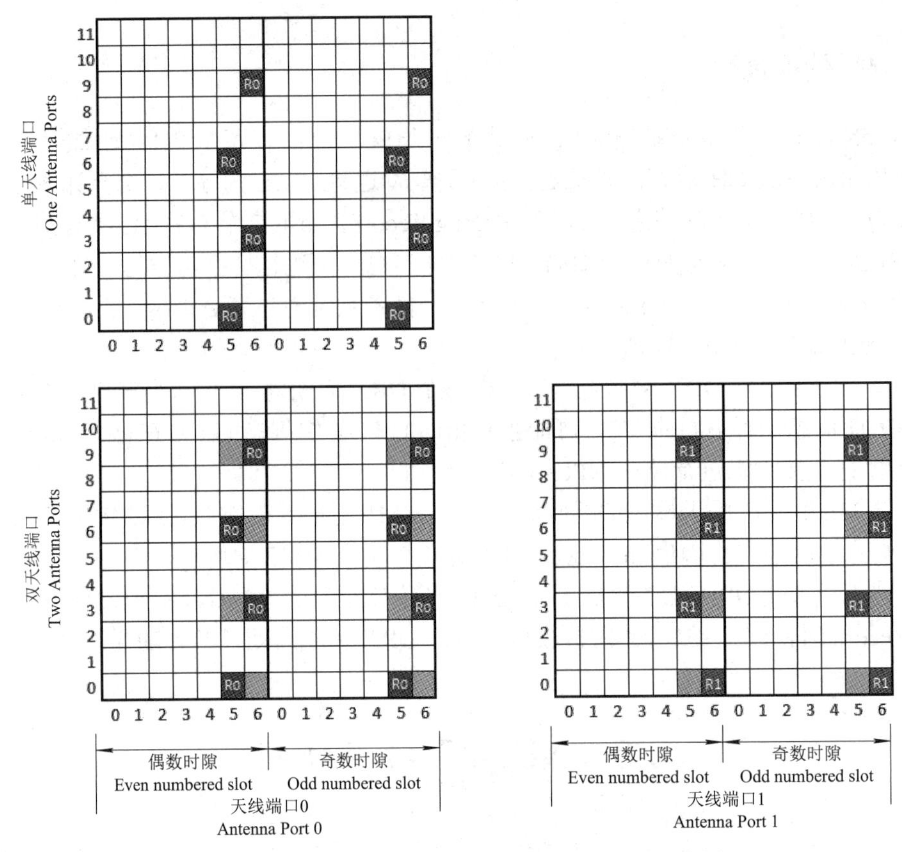

图 6-9　NB-IoT 参考信号 NRS 时频资源位置示意图

第 1 步：资源分组。从图 6-9 可以看到，RE(图 6-9 中每个小方格就是一个 RE)可分为两种：一种是用于传输 NRS 的 RE，一种是用于传非 NRS 的 RE，例如传输 NPDCCH、NPDSCH。

第 2 步：NRS 功率可由高层参数 nrs-Power 指示 NRS 发射功率，此参数定义为 NB-IoT 系统带宽内所有携带 NRS 的 RE 功率的线性平均值。

第 3 步：根据发射天线端口，确定非 NRS 的 RE 发射功率。

(1) 当 NRS 天线端口为 1 时，RS 所在的 RE 功率与非 RS 所在的 RE 功率比为 1，即

$$\frac{P_{\text{NRS-RE}}}{P_{\text{非NRS-RE}}}=1 \tag{6-11}$$

即携带 NRS 的 RE 功率与非携带 NRS 的 RE 功率相等，也可认为功率比为 0dB。

(2) 当 NRS 天线端口为 2 时，RS 所在的 RE 功率与非 RS 所在的 RE 功率比为 2，即

$$\frac{P_{\text{NRS-RE}}}{P_{\text{非NRS-RE}}}=2 \tag{6-12}$$

即携带 NRS 的 RE 功率比非携带 NRS 的 RE 功率大一倍，也可认为功率比为 3 dB。

6.5.3　上行功率控制

上行功率控制用于终端发射信号，作用主要有：

(1) 降低终端功耗，达到省电目的。

(2) 减少系统干扰，终端到达基站的功率在合理范围，既能满足解调要求，又不会抬升底噪。

(3) 克服远近效应，使同基站覆盖范围下，远处终端功率不被近处的终端功率所覆盖。

6.5.4　功率控制分类

功率控制分类介绍如下：

(1) 对基站来说，功控分为内环功控和外环功控两种。

① 内环功控是根据当前信噪比与目标信噪比的差异调整发射功率改善信号强度；

② 外环功控是根据误块率 BLER 来调整目标信噪比。

(2) 对终端来说，功控分为开环功控和闭环功控两种。

① 开环功控不需接收端反馈，发射端根据自身测量得到的信息对发射功率进行控制。

② 闭环功控是指发射端根据接收端的反馈信息对发射功率进行控制的过程。

NB-IoT 上行不支持 CQI 反馈，不存在采用外环功控或内环功控修正的必要，仅采用开环功率控制。

6.5.5　NB-IoT 功率控制思路

NB-IoT 功率控制思路，适用于 NPRACH、NPUSCH 信道的功率调整，如图 6-10 所示。

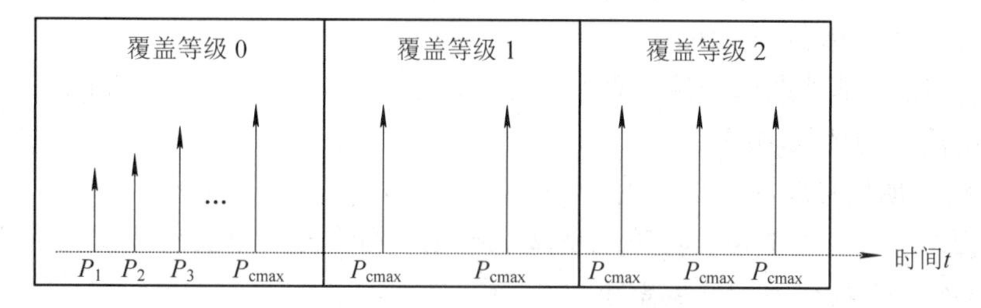

图 6-10　NB-IoT 功控思路示意图

(1) 在覆盖良好的情况下，例如覆盖等级 0，此时 UE 的发射功率未达到最大值 P_{cmax}，可通过初始开环功控确定首次功率值，再根据需要进行功率爬坡调整(Power Ramping)，一直达到功率最大值 P_{cmax}。

(2) 在覆盖较差的情况下，例如覆盖等级 1 和覆盖等级 2，由于 UE 用最大功率 P_{cmax} 发射，因此上行信号均无法被基站解调，此时就需要重复传输提升编码增益。这也是 NB-IoT 采用重复传输的原因。

在开环功控中，确定初始发射功率 P_1，可分为 NPRACH 功控方案与 NPUSCH 功控方案。

(1) NPRACH 功控方案，NPRACH 发射功率计算公式如下：

$$P_{NPRACH} = \min\{P_{cmax}，\text{Narrowband\_Preamble\_Received\_Taget\_Power} + PL\} \quad (6\text{-}13)$$

公式中各参量含义如下：

① P_{cmax} 是 UE 的最大发射功率。

② PL 是 UE 估计的下行路径损耗值，通过 RSRP 和 NRS 发射功率计算得到，计算公式为 PL=NRS 发射功率 − RSRP。

③ Narrowband_Preamble_Received_Taget_Powe 是在满足前导检测性能时，基站所期望的目标接收功率水平，计算公式为

$$\begin{aligned}\text{基站期望接收功率值} = &\ \text{Preamble 期望接收功率} + \text{Preamble 发送修正因子} + \\ &(\text{Preamble 发送次数} - 1) \times \text{功率爬坡步长} - \\ &\text{Preamble 重复发送次数增益}\end{aligned} \tag{6-14}$$

其中：Preamble 发射修正因子是考虑 Preamble 码格式的功率偏置，NB-IoT 中有两种 CP，但格式相同，不用修正，所以 Preamble 发送修正因子等于 0。

$$\text{Preamble 重复接收次数增益} = 10\lg(\text{重复接收次数})$$

(2) NPUSCH 功控方案，NPUSCH 功率控制计算公式如下：

$$P_{\text{NPUSCH}}(i)=\begin{cases}P_{\text{cmax}}(i)\\ 10\lg\ \left(M_{\text{NPUSCH}}(i)+P_{\text{O\_NPUSCH}}(j)+\alpha(j)\times\text{PL}\right)\end{cases} \tag{6-15}$$

其中：

① P_{cmax} 是 UE 的最大发射功率，是当前时隙。

② M_{NPUSCH} 为子载波数，Single-Tone 3.75 kHz 时取值 1/4，Single-Tone 15 kHz 时取值 1，Multi-Tone 时取值为子载波数，取值范围为{3，6，12}。考虑子载波数，相当于是考虑频带的功率补偿，若资源分配越多，发射带宽越大，则需要补偿的功率越大。

③ PL 是 UE 估计的下行路径损耗值，通过 RSRP 和 NRS 发射功率计算得到，计算公式为 PL=NRS 发射功率 − RSRP。

④ $P_{\text{O\_NPUSCH}}$ 是基站期望的接收功率水平，由基站决定，体现了达到 NPUSCH 解调性能要求时基站期望的接收功率。

⑤ α 是路径损耗补偿因子，取值为{0，0.4，0.5，0.6，0.7，0.8，0.9，1 }。

总结：相比 LTE，NB-IoT 功控思路做了简化，由于考虑重发次数以及不考虑闭环调整量，因此 NB-IoT 功控无闭环调整量。

6.6　NB-IoT 的 HARQ 过程

本节主要从 HARQ 定义、HARQ 实现机制、CRC 循环冗余纠错算法原理、NB-IoT 中 HARQ 的应用、NB-IoT HARQ 定时关系、NB-IoT 下行 HARQ 定时关系以及 NB-IoT 上行 HARQ 定时关系几个方面进行介绍。

6.6.1　HARQ 定义

混合自动重传请求(Hybrid Automatic Repeat-reQuest，HARQ)是一种将前向纠错编码(FEC)和自动重传请求(ARQ)结合的技术。

为什么采用 HARQ 技术？

在通信中，数据传输的可靠性是通过重传来实现的。当前一次尝试传输失败时，就要

求重传分组数据。在无线传输环境下，由于信道噪声和移动性带来的衰落以及其他用户带来的干扰使得信道传输质量很差，因此应该对数据分组加以保护来抑制各种干扰。这种保护主要是采用前向纠错编码(FEC)，通过添加冗余信息，使得接收端能够纠正一部分错误，从而减少重传的次数。

对于 FEC 无法纠正的错误，接收端会通过 ARQ 机制请求发送端重发数据。接收端使用检错码，通常为 CRC 校验，来检测接收到的数据包是否出错。如果无错，则接收端会发送一个确认响应(ACK)给发送端，发送端收到 ACK 后，会接着发送下一个数据包。如果出错，则接收端会丢弃该数据包，并发送一个否定响应(NACK)给发送端，发送端收到 NACK 后，会重发相同的数据，如图 6-11 所示。

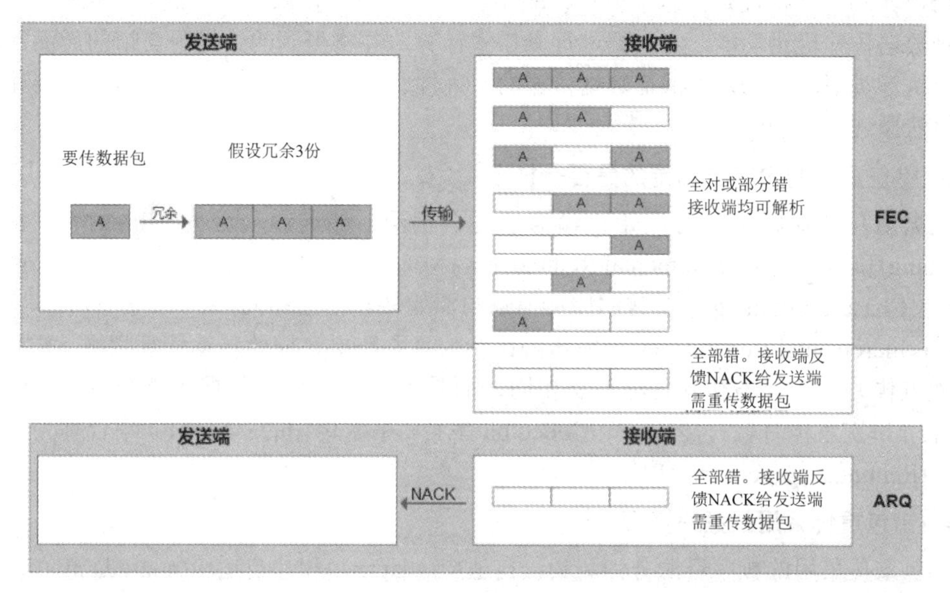

图 6-11　HARQ 示意图

然而，过多的前向纠错编码会使传输效率变低。因此，一种混合方案 HARQ，即 ARQ 和 FEC 相结合的方案被提出了。HARQ 是将 FEC 与 ARQ 结合起来使用，称为混合自动重传请求，即 Hybird ARQ。HARQ 的基本原理如下：

(1) 在接收端使用 FEC 技术纠正所有错误中能够纠正的那一部分。

(2) 通过错误检测判断不能纠正错误的数据包。

(3) 丢弃不能纠错的数据包，向发送端请求重新发送相同的数据包。

HARQ 的关键词是存储、请求重传、合并解调。接收方在解码失败的情况下，保存接收到的数据，并要求发送方重传数据，接收方将重传的数据和先前接收到的数据进行合并后再解码。可以通俗地理解为 UE 接收到基站传来的数据时，如果解码失败，则需要在上行信道中将 NACK 消息反馈给基站，请求基站重传。

6.6.2　HARQ 实现机制

1. HARQ 进程是什么

如果 UE 在接收基站数据的过程中，发现有个数据包有误，则反馈 NACK 给基站，在接下来的时间里，UE 都一直在等待基站重传数据包，等待重传数据包的过程，就是 HARQ 进程，直到收到基站重传数据包为止，UE 才会发送新的数据包。LTE 支持 8 个 HARQ 进程，NB-IoT 仅支持 1 个 HARQ 进程。

2. 如何发现错包(CRC 循环冗余纠错算法)

HARQ 通过校验 CRC 来判断接收到的数据包是否出错，并且校验 CRC 是在软合并之后进行的。如果 CRC 校验成功，则接收端会发送肯定的反馈(ACK)；如果 CRC 校验失败，则接收端会发送否定的反馈(NACK)。

CRC 码即循环冗余校验(Cyclic Redundancy Check)码，是数据通信领域中最常用的一种查错校验码，其特征是信息字段和校验字段的长度可以任意选定。循环冗余校验(CRC)是一种数据传输检错功能，对数据进行多项式计算，并将得到的结果附在帧的后面，接收设备也执行类似的算法，以保证数据传输的正确性和完整性，详见 6.6.3 节 CRC 循环冗余纠错算法原理。

3. 错包重传的内容与初传的是否一样

根据重传的比特信息与原始传输信息是否相同，错包重传分为 Chase 合并(Chase Combining)和增量冗余(Incremental Redundancy)。

(1) Chase Combining 中重传的比特信息与原始传输信息相同；

(2) Incremental Redundancy 中重传的比特信息不需要与原始传输信息相同。重传时，每一次重传并不需要与初始传输信息相同，而是把需要重传的数据包集合成码流(Coded bit)集合，每次重传时就只传输一个 Coded bit 集合，每次传输的 Coded bit 集合称为一个冗余版本(Redundancy Version，RV)。

4. 错包重传采用的频率资源

错包重传采用的频率资源分为两类：自适应(adaptive)和非自适应(non-adaptive)。

(1) 自适应 HARQ 意味着重传使用频率资源可以根据需要调度，不一定采用原数据包发送时采用的频率资源。

(2) 非自适应 HARQ 意味重传使用频率资源必须采用原数据包发送时用的频率资源。

5. 错包重传采用的时间资源

错包重传采用的时间资源分为两类：同步(synchronous)和异步(asynchronous)。同步/异步是针对同一数据包的初传和重传而言，而不是仅针对错包的 ACK/NACK 反馈。

(1) 异步重传表示重传可以发生在任一时刻，即任意顺序使用 HARQ 进程，其中会涉及调度算法的设计问题。

(2) 同步重传表示重传只能按固定的时刻来发送。

6.6.3 CRC 循环冗余纠错算法原理

循环冗余校验(CRC)的基本原理是：在 K 位信息码后再拼接 R 位的校验码，整个编码长度为 N 位，因此，这种编码也叫(N，K)码。对于一个给定的(N，K)码，可以证明存在一个最高次幂为 $N-K=R$ 的多项式 $G(x)$。根据 $G(x)$可以生成 K 位信息的校验码，而 $G(x)$叫做这个 CRC 码的生成多项式。校验码的具体生成过程：假设要发送的信息用多项式 $C(x)$

表示，将 $C(x)$左移 R 位可表示成 $C(x)\times 2^R$，这样 $C(x)$的右边就会空出 R 位，这就是校验码的位置。用 $C(x)\times 2^R$ 除以生成多项式 $G(x)$得到的余数就是校验码。

1. 校验码生成过程

假设发送信息用信息多项式 $C(x)$表示，生成多项式为 $G(x)$，$G(x)$的最高次幂是 R。

将 $C(x)$左移 R 位，这样 $C(x)$的右边就会空出 R 位，空出的 R 位就是校验码的位置。$C(x)$左移 R 位后，可以表示成 $C(x)\times 2^R$，然后除以生成多项式 $G(x)$，得到的余数就是校验码。在求余数时，只要余数的位数小于或等于 R 即可。

生成多项式是接收方和发送方的一个约定，也就是一个二进制数，在整个传输过程中，这个数始终保持不变。

在发送方，利用生成多项式对信息多项式做模 2 除法生成校验码。在接收方利用生成多项式对收到的编码多项式做模 2 除法检测和确定错误位置。

2. 纠错满足条件

纠错算法应满足以下条件：

(1) 生成多项式的最高位和最低位必须为 1。

(2) 当被传送信息(CRC 码)发生错误时，左移 R 位后的信息多项式 $C(x)$被生成多项式整除后应该使余数不为 0。

(3) 不同位发生错误时，应该使余数不同。

(4) 对余数继续做除法运算，应使余数循环。

3. CRC 校验码举例

假设使用的生成多项式是 $G(x)=x^3+x+1$，原始报文为 4 位的 1010，求经 CRC 编码后的报文。

解　(1) 将生成多项式转换成对应的二进制数，如下：

$$G(x)=x^3+x+1=1\times x^3+0\times x^2+1\times x+1\times x^0 \tag{6-16}$$

则该信息多项式系数的二进制表达是 1011。

(2) 生成原始报文 $C(x)\times 2^R$，生成多项式 $G(x)$的最高次幂为 3，所以要把原始报文 $C(x)$左移 3 位，如下：

$$C(x)\times 2^R=1010000 \tag{6-17}$$

(3) 用生成多项式对应的二进制数对左移 3 位后的原始报文进行模 2 除运算。

如图 6-12 所示，用 1011 模 1010000 得余数 11(余数小于生成多项式的最高次幂，余数是 2 位，小于最高次幂 3)。

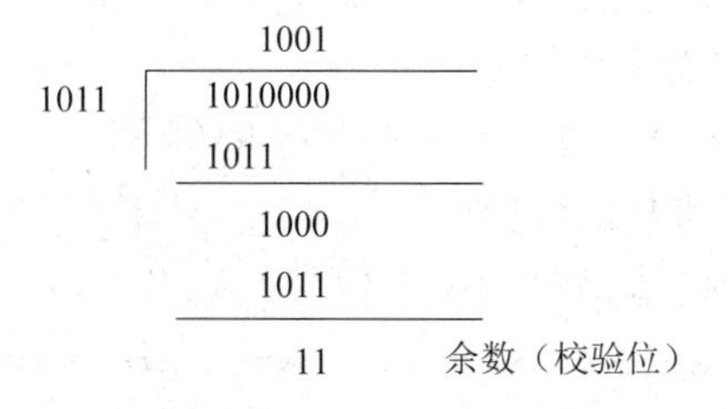

图 6-12　CRC 取余数过程

(4) 编码后的报文(CRC 码)，把第(3)步中算出的余数补充到左移的 3 位中，得到 1010011，如图 6-13 所示。

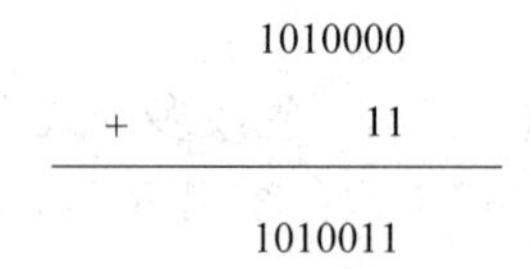

图 6-13　余数校验过程

(5) 纠错方式，发送方和接收方均已知生成多项式及系数，即双方均知道 1011。

现发送方发送带 CRC 编码的报文 1010011，如果接收方也收到 1010011，接收方用 1011 去模 1010011，则得到的余数是 0，证明数据传输无误。

若传输过程中发生差错，例如接收方收到的编码报文为 1010010，则再用 1011 去模 1010010 的时候，余数不为 0，此时即可判断数据传输发生错误，要求发送方重传，如图 6-14 所示。

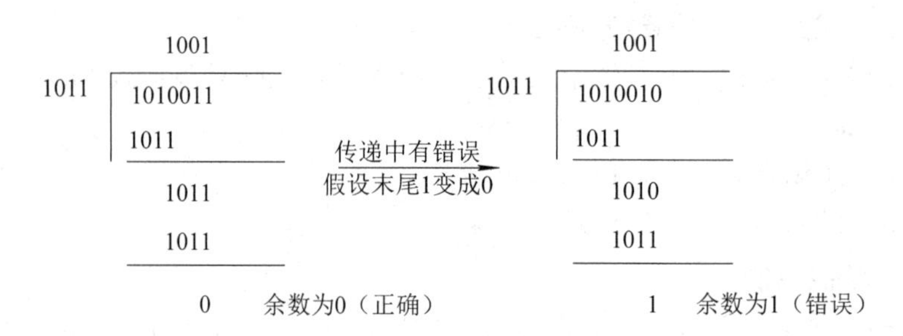

图 6-14　CRC 校验过程示意图

6.6.4　NB-IoT 中 HARQ 的应用

NB-IoT 上下行仅有一个 HARQ 进程。出于成本以及复杂度考虑，NB-IoT 只有一个 HARQ 进程，意味着终端收到基站下发的数据包后，发现错包后向基站反馈 NACK 信息时，只能等待基站重传，其时延的影响相对 LTE 来说会比较大。采用 1 个 HARQ 进程设计的目的主要是考虑 NB-IoT 所使用的场景，即在最恶劣的无线环境下，数据包传输严重受影响，在这种情况下，为了确保数据包的准确性，使用低速正确数据流比使用高速误码率高的数据流有意义。通俗来说，正确的数据包总比错误的数据包有用，只要在 NB-IoT 业务的时延要求范围内，还是可以接收的。

NB-IoT 上下行都是异步 HARQ。NB-IoT 采用上下行异步 HARQ，意味着重传数据包与初传数据包没有固定的定时关系。

NB-IoT 上行支持 RV 版本 0 和 2，下行不支持 RV 版本。仿真结果表明：下行数据传输不支持 RV 版本，不会降低重传的性能。

NB-IoT 中通过什么途径传输错包的反馈信息 NACK？对于下行 NPDSCH 数据反馈，在 DCI N1 中，分配承载 ACK/NACK 信息的 NPUSCH Format2 信道资源。对于上行 NPUSCH 数据，在 DCI N0 中，通过 NDI(New Data Indicator)字段进行 ACK/NACK 信息

反馈。上行采用 NDI 字段对错包信息进行反馈的原因是：NB-IoT 的下行信道中不存在 LTE 中为了传输 HARQ 信息而专门设置的 PHICH 信道，将错包信息反馈功能合并到 DCI N0 中。

6.6.5　NB-IoT HARQ 定时关系

从前面章节的介绍中，我们知道 NB-IoT 中要传输数据，先要经过 NPDCCH 信道中的 DCI 调度，再通过 NPDSCH 信道传输用户数据内容。由于 NPDCCH 和 NPDSCH 不在同一个子帧中发送数据，因此存在一个延时，这个延时关系就是本小节要讨论的下行数据传输的定时关系。采取数据传输延时的目的主要是降低对硬件处理能力的要求。

协议上考虑 NB-IoT 终端的成本问题，将下行数据调度传输的最短时间间隔定为 4ms，即假设子帧 n 为 NPDCCH 传输结束的时间帧，则调度 NPDSCH 的最快时间是从 n+5 帧开始的，如图 6-15 所示。

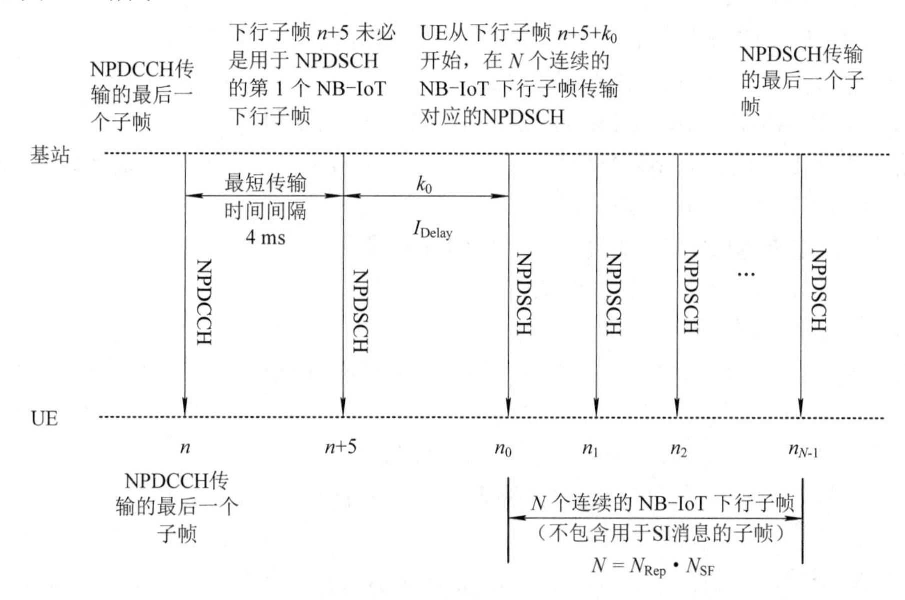

图 6-15　NB-IoT 下行数据传输及上行调度示意图

假设 UE 接收 NPDCCH 调度信息止于子帧 n，根据 NB-IoT 最小传输时间间隔 4 ms 的要求，那么 UE 会从下行子帧 $n+5$ 开始，根据 NPDCCH 信道中的指示信息用 NPDSCH 信道传输本次调度用户数据。

问题 1：从 NPDCCH 传输结束，到 NPDSCH 开始传输的时间是多少？

特别注意：下行子帧 $n+5$ 只是 NPDCCH 调度 NPDSCH 传输的理论值，由于实际传输中，特别是在覆盖较差的环境下，各种信道都需要多次重复传输以提高编码增益，此时 $n+5$ 的子帧，有可能用于非 NPDSCH 信道的传输，因此要等待这些非 NPDSCH 信道重复传输结束后，才开始 NPDSCH 信道的传输，这个等待延后发送 NPDSCH 的时间过程，用 k_0 来表示，协议中用 I_{delay} 表示 k_0 取值的索引，k_0 根据 NPDCCH 传输 DCI 格式取值，取值分别如下：

(1) 当 NPDCCH 采用 DCI format N1 格式传输时，k_0 取值如表 6-5 所示。

表 6-5　等待延后发送 NPDSCH 的时间 k_0 取值表

I_{delay}	k_0	
	R_{max}<123	$R_{max}\geqslant 128$
0	0	0
1	4	16
2	8	32
3	12	64
4	16	128
5	32	256
6	64	512
7	128	1024

表 6-5 中各参量的含义：

① 索引 I_{delay} 取值有 8 个，分别是 0～7，代表 8 种不同的取值。

② R_{max} 是 NPDCCH 的最大重复次数。

(2) 当 NPDCCH 采用 DCI format N1 格式传输时，$k_0=0$。

(注：NB-IoT 的下行 NPDSCH 传输等待时间 k_0 是由 NPDCCH 重复次数和 NPDCCH 所传输的 DCI 格式进行区分的。)

问题 2：根据 NPDCCH 调度指示，NPDSCH 要传输多久？

根据 NPDCCH 指示，在 $n+5+k_0$ 的子帧，基站开始通过 NPDSCH 传输用户数据，那 NPDSCH 要传输多久呢？

答：用 N 个不包含系统消息 SI 内容的连续 NPDSCH 信道进行用户数据传输。

N 的取值如下：

$$N = N_{Rep} \cdot N_{SF} \tag{6-18}$$

其中：N_{SF} 是指传输一个用户数据包所需要的子帧个数；N_{Rep} 是把 N_{SF} 个子帧重复发送的次数。

(1) N_{SF} 取值范围是 1～10 个，用索引 I_{SF} 来表示，I_{SF} 索引与 N_{SF} 取值对应如表 6-6 所示。

表 6-6　子帧重复发送索引 I_{SF} 与子帧重复发送次数 N_{SF} 取值对应表

I_{SF}	N_{SF}
0	1
1	2
2	3
3	4
4	5
5	6
6	8
7	10

(2) N_{Rep} 取值范围是 1～2048 次，用索引 I_{Rep} 来表示，I_{Rep} 索引与 N_{Rep} 取值的对应如表 6-7 所示。

表 6-7　子帧编组索引 I_{Rep} 与参与重复发送的连续子帧个数 N_{Rep} 取值的对应表

I_{Rep}	N_{Rep}	I_{Rep}	N_{Rep}
0	1	8	192
1	2	9	256
2	4	10	384
3	8	11	512
4	16	12	768
5	32	13	1024
6	64	14	1536
7	128	15	2048

假设一个数据包需要分成4个包，重复传输32次，总共需要128个连续的下行NPDSCH子帧传输，则对应的关系是 $N_{SF}=4$ 个、$N_{Rep}=32$ 次，$N=N_{SF}\cdot N_{Rep}=4\times 32=128$ 次，如图 6-16 所示。

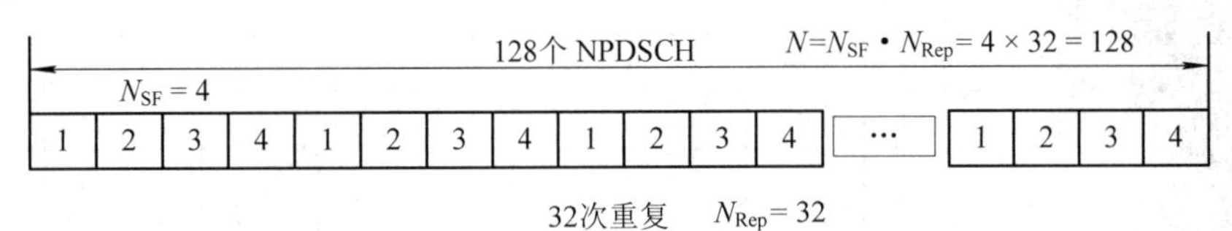

图 6-16　NB-IoT 数据传输示意图

6.6.6　NB-IoT 下行 HARQ 定时关系

NB-IoT 中对下行 NPDSCH 信道承载数据的反馈消息 ACK/NACK，是通过 NPUSCH format2 来发送的。

如图 6-17 所示，若 UE 接收的 NPDSCH 传输结束于 NB-IoT 下行子帧 n，则 UE 会在 $n+k_0$ 子帧上开始，在 N 个连续的 NB-IoT 上行时隙上使用 NPUSCH format 2 发送对下行数据包传输对错状态的反馈(ACK/NACK)。

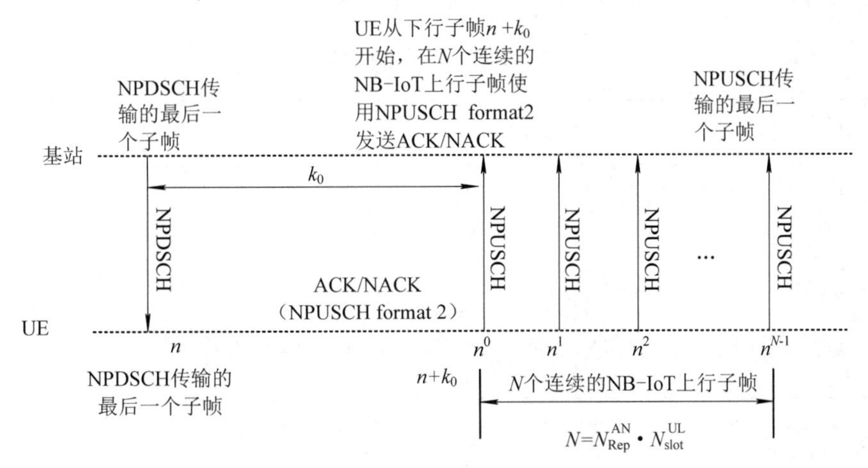

图 6-17　NB-IoT 数据调度示意图

其中：

$$N=N_{\text{Rep}}^{\text{AN}}\cdot N_{\text{slot}}^{\text{UL}} \tag{6-19}$$

(1) 参量 $N_{\text{Rep}}^{\text{AN}}$ 表示用于携带下行 HARQ 反馈的 RU 资源的重复次数(注：上行资源是通过 RU 来分配的)。

(2) 参量 $N_{\text{slot}}^{\text{UL}}$ 表示一个 RU 资源占用的时隙数。

(3) 参量 k_0 表示等待延后发送 ACK/NACK 的时间。

问题 1：什么是 RU？

RU 用于描述如何将 NPUSCH 映射到 RE 上。一个 RU 在时域上由 $N_{\text{symb}}^{\text{UL}}\cdot N_{\text{slot}}^{\text{UL}}$ 个连续的 SC-FDMA 符号组成，在频域上由 $N_{\text{sc}}^{\text{RU}}$ 个连续的子载波组成。

一个 RU 在时域上的长度为 $T_{\text{slot}}\cdot N_{\text{slot}}^{\text{UL}}$，RU 资源图如图 6-18 所示。

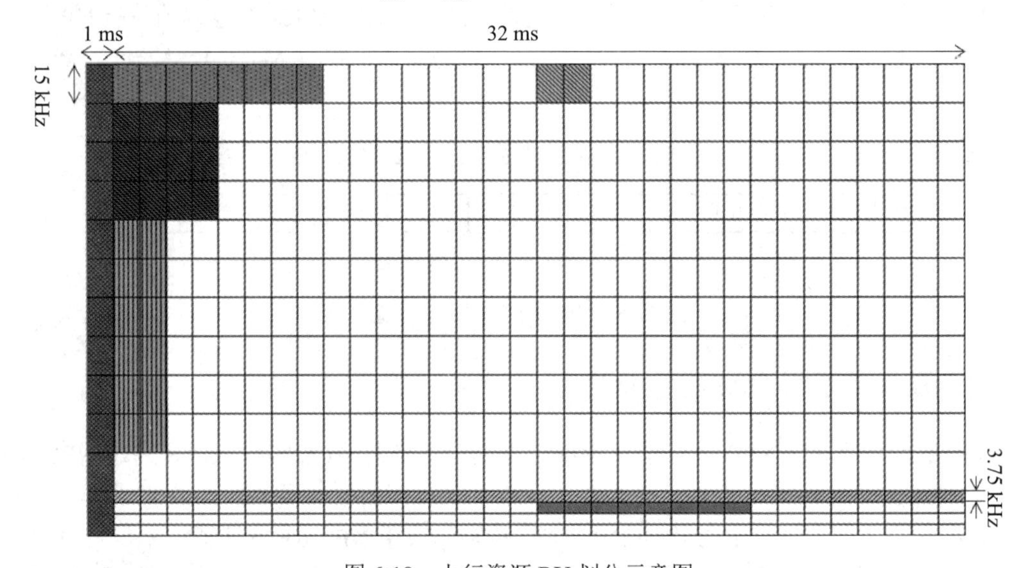

图 6-18　上行资源 RU 划分示意图

$N_{\text{slot}}^{\text{UL}}$ 表示一个 RU 占用的时隙数，取值由表 6-8 给出。

表 6-8　$N_{\text{slot}}^{\text{UL}}$ 的取值表

NPUSCH format	Δf / kHz	$N_{\text{sc}}^{\text{RU}}$	$N_{\text{slot}}^{\text{UL}}$	$N_{\text{symb}}^{\text{UL}}$
1	3.75 kHz	1	16	7
	15 kHz	1	16	
		3	8	
		6	4	
		12	2	
2	3.75 kHz	1	4	
	15 kHz	1	4	

由于对下行数据包传输状态的反馈(即 HARQ 反馈的 ACK/NACK)是采用 NPUSCH format2 来传输的，因此不管上行子载波间隔是 3.75 kHz 还是 15 kHz，$N_{\text{slot}}^{\text{UL}}=4$。

问题 2：1 次下行数据包传输状态的反馈占用几个 RU?

一次下行数据包的 HARQ 反馈传输只占用 1 个 RU，反馈内容是通过 NPUSCH format2 发送的 ACK/NACK 消息。

问题 3：参量 k_0 以及分配给 HARQ 反馈的频域资源是什么？

HARQ 反馈延时 k_0 以及采用的频率资源是按 ACK/NACK 的资源区域(ACK/NACK resource field)来划分的，ACK/NACK 的资源区域的编号及划分协议均已规定，由于 NB-IoT 上行子载波频率有 3.75 kHz 与 15 kHz，因此 ACK/NACK 的资源区域也有两种不同的对应关系，详见表 6-9。

表 6-9　ACK/NACK 的资源区域对应关系表

ACK/NACK 资源区域	3.75 kHz		15 kHz	
	ACK/NACK 子载波编号	k_0	ACK/NACK 子载波编号	k_0
0	38	13	0	13
1	39	13	1	13
2	40	13	2	13
3	41	13	3	13
4	42	13	0	15
5	43	13	1	15
6	44	13	2	15
7	45	13	3	15
8	38	21	0	17
9	39	21	1	17
10	40	21	2	17
11	41	21	3	17
12	42	21	0	18
13	43	21	1	18
14	44	21	2	18
15	45	21	3	18

由表 6-9 可以看出，NB-IoT UE 对某时刻传送的下行 NPDSCH 数据包，需要经过至少 12 ms，才会向基站反馈本次数据包传输是否有误。

6.6.7　NB-IoT 上行 HARQ 定时关系

基站收到 UE 反馈的 ACK/NACK 信息，就要根据 UE 反馈信息进行重传或者新数据传输。

(1) 如果基站收到 UE 反馈 NACK，则进行重传。

(2) 如果基站收到 UE 反馈 ACK，则进行新数据传输。

如图 6-19 所示，根据上下行数据传输最小间隔 3 ms 的要求，在第 n 子帧基站收到 UE 通过 NPUSCH format2 发送反馈的 ACK/NACK，则会在 $n+4$ 子帧通过 NPDCCH 发送下行数据调度信息，此时 UE 要监听 NPDCCH，通过检查 NPDCCH 中的 DCI format N0 携带的 NDI 字段是否反转来决定是重传还是新传。如果是新传数据，则 UE 会清空上行 HARQ 缓存中的数据。如果是重传数据，则 UE 会根据重传数据与缓存数据进行数据还原。

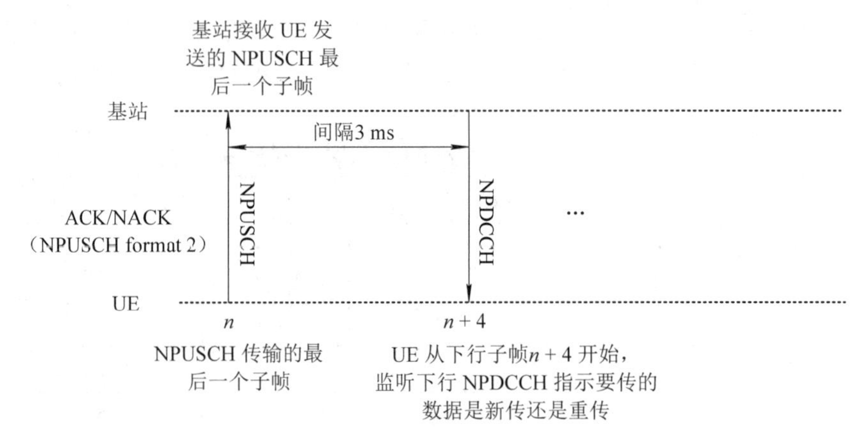

图 6-19　上行数据 HARQ 的示意图

(注：UE 结束本次上行数据传输后，不能立即释放 HARQ 缓存中的数据，要等基站下发的 DCI format N0 数据中 NDI 的指示，来决定是否清空 HARQ 缓存中的数据。)

6.7　NB-IoT 覆盖增强技术

众所周知，NB-IoT 比 GSM 有 20 dB 的覆盖增益，那么 NB-IoT 是如何提升覆盖性能呢？NB-IoT 的覆盖增强主要通过功率谱密度提升、重复发送两种方式实现。功率谱密度提升主要源于自身窄带优势，而重传技术在网络容量允许的前提下，通过多次收发实现覆盖增益。NB-IoT 覆盖增强在上下行两方面略有差异，上行主要通过功率谱密度提升和重复发送数据来增强上行覆盖；下行主要通过重复发送，依靠编码复用增益的方式来增强下行覆盖。接下来将从功率谱密度增益概述、下行功率谱密度增益、上行功率谱密度增益、重传技术、下行重传以及上行重传几个方面进行详细介绍。

6.7.1　功率谱密度增益概述

功率谱密度增益是什么？

在物理学中，信号通常用波的形式表示，例如电磁波、随机振动或者声波。当波的功率谱密度乘以一个适当的系数后，将得到每单位频率波携带的功率，这被称为信号的功率谱密度(Power Spectral Density，PSD)，单位是 W/Hz。其计算方法如下：

$$\mathrm{PSD}=\frac{\text{发射功率}}{\text{所占的频率带宽}} \tag{6-20}$$

功率谱密度主要应用于功率有限信号，区别于能量谱密度，能量谱密度用于能量有限信号，所表现的是单位频带内信号功率随频率的变换情况。

NB-IoT 的载波带宽为 200 kHz，除去保护带后有效带宽 180 kHz，相当于 LTE 系统的 1 个 RB。下行子载波间隔只有 15 kHz，与现有 LTE 系统兼容，上行支持两种子载波间隔：15 kHz 和 3.75 kHz。LTE 以 RB 为单位进行调度，每个 RB 包含 12 个子载波，子载波间隔为 15 kHz，每个 RB 带宽为 12 × 15 = 180 kHz。NB 以 15 kHz 或 3.75 kHz 为单位进行调度。

NB-IoT 上行引入 Single-Tone 与 Multi-Tone 的概念。

对于 3.75 kHz 的子载波间隔，子载波不支持捆绑，只支持 Single-Tone。对于 15 kHz 的子载波间隔，NB-IoT 与 LTE 相同，上行 15 kHz 支持子载波捆绑，称为 Multi-Tone；也可以按单个子载波进行工作，称为 Single-Tone，如图 6-20 所示。

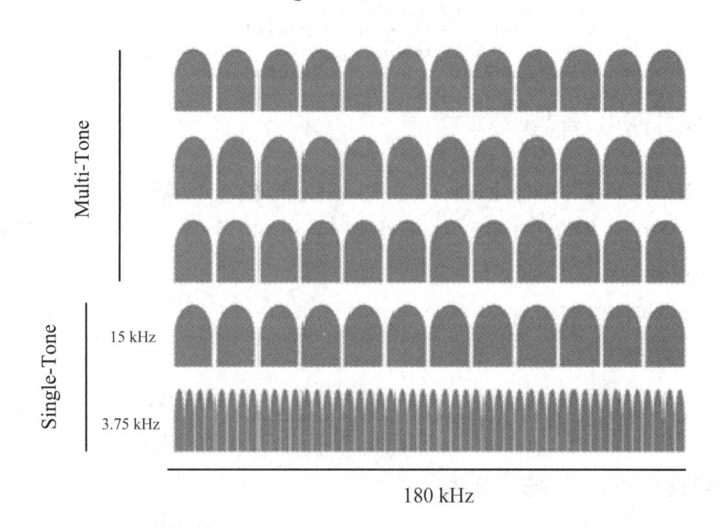

图 6-20　NB-IoT 中 Single-Tone 与 Multi-Tone 示意图

6.7.2　下行功率谱密度增益

NB-IoT 与 LTE 的下行功率谱密度对比：

假设 LTE 的下行载波带宽是 10 MHz，NB-IoT 在 Stand alone 模式下，两者基站均以 43 dBm(20 W)功率发射，则在下行方向 NB-IoT 和 LTE 的功率谱密度值分别为(单位：W/kHz)

$$\mathrm{PSD}_{\mathrm{NB\text{-}IoT}}=\frac{\text{发射功率}}{\text{所占的频率带宽}}=\frac{20\ \mathrm{W}}{200\ \mathrm{kHz}}=0.1 \tag{6-21}$$

$$\mathrm{PSD}_{\mathrm{LTE}}=\frac{\text{发射功率}}{\text{所占的频率带宽}}=\frac{20\ \mathrm{W}}{10\ \mathrm{MHz}}=0.002 \tag{6-22}$$

下行 NB-IoT 和 LTE 的功率谱密度差值为

$$10\ \lg\left(\frac{0.1}{0.002}\right)=16.99\ \text{dB} \tag{6-23}$$

注：W 与 dBm 的换算关系为

$$10\ \lg\left(\frac{20\ \text{W}}{1\ \text{mW}}\right)=43\ \text{dBm} \tag{6-24}$$

In band 模式下，NB-IoT 的发射功率为 35 dBm(约 3162 mW)，则在下行方向 NB-IoT 和 LTE 的功率谱密度值分别为(单位：W/kHz)

$$\text{PSD}_{\text{NB-IoT}}=\frac{3.162\ \text{W}}{180\ \text{kHz}}=0.01757 \tag{6-25}$$

$$\text{PSD}_{\text{LTE}}=\frac{20\ \text{W}}{10\ \text{MHz}}=0.002 \tag{6-26}$$

下行 NB-IoT 和 LTE 的功率谱密度差值为

$$10\ \lg\left(\frac{0.01757}{0.002}\right)=9.44\ \text{dB} \tag{6-27}$$

6.7.3　上行功率谱密度增益

上行方向，NB-IoT 支持 15 kHz 和 3.75 kHz 的载波带宽，LTE 的上行单 RB 带宽为 180 kHz，由于上行的发射功率取决于终端(手机)的发射功率，因此目前手机的发射功率是 23 dBm(200 mW)。

NB-IoT 的上行功率谱密度如下：

(1) 用 15 kHz 时的功率谱密度为

$$\text{PSD}_{\text{NB-IoT(15kHz)}}=\frac{\text{发射功率}}{\text{所占的频率带宽}}=\frac{0.2\ \text{W}}{15\ \text{kHz}}=0.0133 \tag{6-28}$$

(2) 用 3.75 kHz 时的功率谱密度为

$$\text{PSD}_{\text{NB-IoT(3.75kHz)}}=\frac{\text{发射功率}}{\text{所占的频率带宽}}=\frac{0.2\ \text{W}}{3.75\ \text{kHz}}=0.0533 \tag{6-29}$$

同理，LTE 的上行功率谱密度为

$$\text{PSD}_{\text{LTE}}=\frac{\text{发射功率}}{\text{所占的频率带宽}}=\frac{23\ \text{dBm}}{15\ \text{kHz}}=0.0015 \tag{6-30}$$

NB-IoT 和 LTE 的功率谱密度差值如下：

(1) NB-IoT 采用上行 15 kHz 载波带宽为

$$10\times\lg\left(\frac{0.0133}{0.0015}\right)=9.48 \tag{6-31}$$

(2) NB-IoT 采用上行 3.75 kHz 载波带宽为

$$10\times\lg\left(\frac{0.0533}{0.0015}\right)=15.51 \tag{6-32}$$

NB-IoT 功率谱密度提升原理如图 6-21 所示。

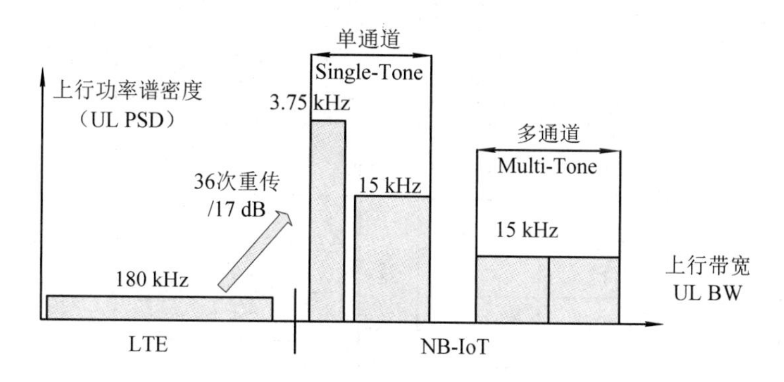

图 6-21　NB-IoT 功率谱密度提升原理

6.7.4　重传技术

重传技术即为把同样的信息在时间上重复传输多次，并采用低阶调制方式，提高解调性能。可理解为说话的人把一句话重复几次，这样听的人就容易听清楚。映射到信息传输上，有利于提高解码成功率，极大提升了信息传送的准确性及可靠性。

为什么使用重传技术呢？在无线环境中，由于存在慢衰落和快衰落的影响，因此导致信道的变化很复杂，这时如果不采用重传技术，则由于无线环境的影响，接收端收到的信号会无法还原出发送端的信息，如图 6-22 所示。

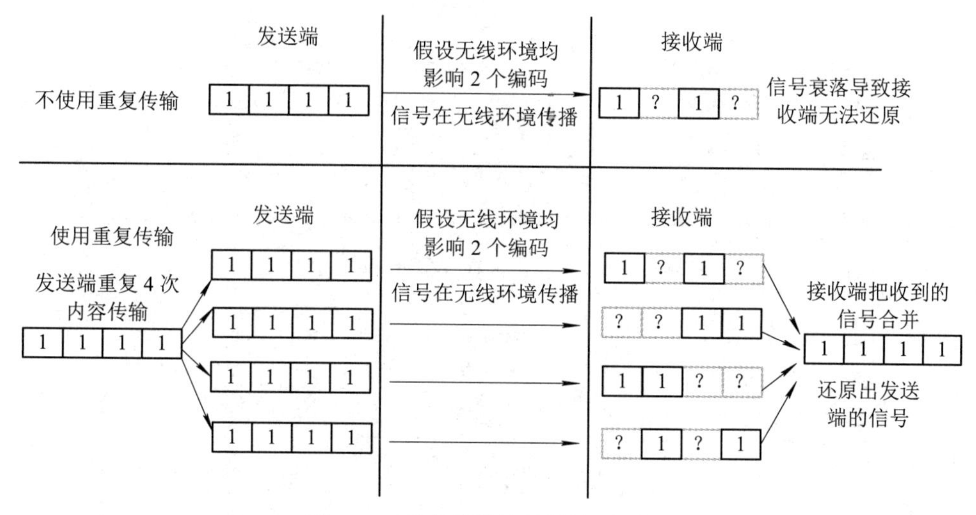

图 6-22　重复传输编码增益示意图

使用重传技术后，提高了信息的准确度，但却降低了无线信道的承载容量，比如重传两次，则无线信道可承载的容量降低一半，重传四次，相应的容量是不使用重传的 1/4。对于 NB-IoT 来说，由于业务数据量小，重传使信道容量有一定程度的减少，对业务影响较小，但带来的覆盖性能却得到巨大的提升，因此 NB-IoT 多采用重传技术。根据协议规定，NB-IoT 的下行控制信道 NPDCCH 的最大重传次数为 2048，上行随机接入的最大重传次数为 128。协议原表分别见表 6-10 和表 6-11。

表 6-10　NB-IoT 下行重传次数取值范围

I_{Rep}	N_{Rep}	I_{Rep}	N_{Rep}
0	1	8	192
1	2	9	256
2	4	10	384
3	8	11	512
4	16	12	768
5	32	13	1024
6	64	14	1536
7	128	15	2048

表 6-11　NB-IoT 上行重传次数取值范围

I_{Rep}	N_{Rep}
0	1
1	2
2	4
3	8
4	16
5	32
6	64
7	128

最大重传次数对应信令配置如图 6-23 和图 6-24 所示。

```
NPDCCH-ConfigDedicated-NB-r13 ::=   SEQUENCE {
    npdcch-NumRepetitions-r13           ENUMERATED {r1, r2, r4, r8, r16, r32, r64, r128,
                                                    r256, r512, r1024, r2048,
                                                    spare4, spare3, spare2, spare1},
```

图 6-23　NB-IoT 中下行控制信道 NPDCCH 重复次数

NPRACH-ConfigSIB-NB information elements

```
-- ASN1START

NPRACH-ConfigSIB-NB-r13 ::=          SEQUENCE {
    nprach-CP-Length-r13                 ENUMERATED {us66dot7, us266dot7},
    rsrp-ThresholdsPrachInfoList-r13     RSRP-ThresholdsNPRACH-InfoList-NB-r13   OPTIONAL,    -- need
OR
    nprach-ParametersList-r13        NPRACH-ParametersList-NB-r13
}

NPRACH-ConfigSIB-NB-v1330 ::=        SEQUENCE {
    nprach-ParametersList-v1330          NPRACH-ParametersList-NB-v1330
}

NPRACH-ParametersList-NB-r13 ::=     SEQUENCE (SIZE (1.. maxNPRACH-Resources-NB-r13)) OF NPRACH-
Parameters-NB-r13

NPRACH-ParametersList-NB-v1330 ::=  SEQUENCE (SIZE (1.. maxNPRACH-Resources-NB-r13)) OF NPRACH-
Parameters-NB-v1330

NPRACH-Parameters-NB-r13::=      SEQUENCE {
    nprach-Periodicity-r13                  ENUMERATED {ms40, ms80, ms160, ms240,
                                                        ms320, ms640, ms1280, ms2560},
    nprach-StartTime-r13                    ENUMERATED {ms8, ms16, ms32, ms64,
                                                        ms128, ms256, ms512, ms1024},
    nprach-SubcarrierOffset-r13             ENUMERATED {n0, n12, n24, n36, n2, n18, n34, spare1},
    nprach-NumSubcarriers-r13               ENUMERATED {n12, n24, n36, n48},
    nprach-SubcarrierMSG3-RangeStart-r13    ENUMERATED {zero, oneThird, twoThird, one},

    maxNumPreambleAttemptCE-r13             ENUMERATED {n3, n4, n5, n6, n7, n8, n10, spare1},
    numRepetitionsPerPreambleAttempt-r13    ENUMERATED {n1, n2, n4, n8, n16, n32, n64, n128},
    npdcch-NumRepetitions-RA-r13            ENUMERATED {r1, r2, r4, r8, r16, r32, r64, r128,
                                                        r256, r512, r1024, r2048,
                                                        spare4, spare3, spare2, spare1},
```

图 6-24　NB-IoT 中上行接入重复次数

因为重传可带来合并增益，所以间接扩大了系统的覆盖范围。重传增益计算公式如下：

$$重传增益 = 10\lg(重复次数) \tag{6-33}$$

如图 6-25 所示，下行重传 8 次、上行重传 16 次可带来(9～12)dB 的增益。

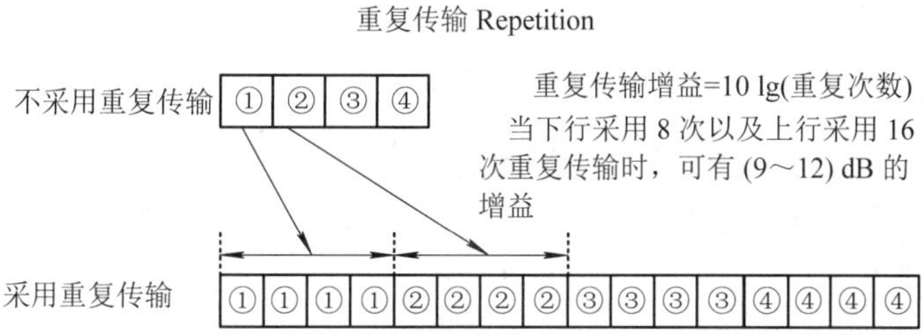

重复传输 Repetition

不采用重复传输 ①②③④

重复传输增益=10 lg(重复次数)
当下行采用 8 次以及上行采用 16 次重复传输时，可有 (9～12) dB 的增益

采用重复传输 ①①①①②②②②③③③③④④④④

图 6-25　重传增益量化示意图

6.7.5　下行重传

NB-IoT 下行信道包括 NPBCH、NPDCCH、NPDSCH 信道，为使不同信道达到最大路损(MCL)解调门限及误码率(BLER)解调门限，需配置不同的重传次数，以满足信道的解调门限。

1. NPBCH 解调门限

NPBCH 采用两发 1 收(2T1R)配置模式下通过仿真得到的解调门限如表 6-12 所示。

表 6-12　NPBCH 解调门限表

重复次数	10% BLER 解调门限(dB)	MCL(dB)	
		Stand-alone (发射功率 43 dBm)	In-band/Guar-band (发射功率 35 dBm)
64 次(8 个 Block，640 ms)	−11.8	171.2	160.2
32 次(4 个 Block，320 ms)	−8.3	167.7	156.7
16 次(2 个 Block，160 ms)	−4.6	164	153
8 次(1 个 Block，80 ms)	−1	160.4	149.4
4 次(1/2 个 Block，40 ms)	2	157.4	146.4
2 次(1/4 个 Block，20 ms)	5	154.4	143.4
1 次(1/8 个 Block，10 ms)	8	151.4	140.4

上表是基站两天线发送的仿真结果，存在约 3 dB 的发送分集增益，如果基站采用 1 天线发送(1T1R)，则要达到与两天线同等的覆盖能力，需要更多重复次数。

(1) 根据仿真结果，在 Stand-alone 模式下 MCL 值达到 144 dB、154 dB、164 dB 需要的重复次数分别为 1、2、16。

(2) 在 In-band/Guard-band 模式下 MCL 值达到 144 dB、154 dB 需要的重复次数分别为 1、8，不能满足 164 dB 的要求。

在 Stand-alone 模式下，MCL 达到门限值的重传次数相比 In-band/Guard-band 模式要少很多。此外控制信道一般也考虑 10%的 BLER 解调门限要求。

2. NPDCCH 解调门限

NPDCCH 信息最大为 39 bit，我们在 48 bit 信息量前提下进行仿真，解调门限如表 6-13 所示。从表 6-13 仿真结果可以看到，重复 32 次可满足在 Stand-alone 模式下 MCL

值为 164 dB 的覆盖要求，由于在 Guard-band/In-band 模式下的发射功率比 Stand-alone 模式低 8 dB，因此重传需达到 192、230 次，才能满足 MCL 值为 164 dB。

表 6-13　NPDCCH 解调门限表

配　　置		10% BLER 解调门限/dB	MCL/dB
NB-IoT 部署方式	重复次数		
Stand-alone(1T1R，43 dBm)	32	−4.6	164
Guard-band(2T1R，35 dBm)	192	−12.6	164
In-band(2T1R，35 dBm)	230	−12.6	164

3. NPDSCH 解调门限

对 NPDSCH 信道来说，重复次数还与传输块(TBS)大小有关，如表 6-14 仿真结果所示，当 TBS = 680 bit 时，为达到 MCL 值为 164 dB 的条件，在 Stand-alone 模式下需重传 32 次。

表 6-14　NPDSCH 解调门限表

配　置	重复次数	10%BLER 解调门限/dB	下行瞬时速率/(kb/s)	MCL/dB
Stand-alone (1T1R，43 dBm)	32	−4.6	2.41	164
In-band (2T1R，35 dBm)	128	−12.9	0.45	164.3
Guard-band (2T1R，35 dBm)	128	−12.9	0.598	164.3

在 In-band/Guard-band 模式下，由于发射功率比 Stand-alone 模式低 8 dB，因此重传次数需达到 128 次，才满足 MCL 值为 164 dB 的覆盖要求。在同等覆盖距离条件下，Stand-alone 模式的下行速率比其他两种模式要高(注：表 6-14 中下行速率为单子帧瞬时速率，未考虑调度时 HARQ 反馈等开销)。

6.7.6　上行重传

NB-IoT 的三种部署方式(Stand-alone、Guard-band、In-band)的上行可用资源相同，因此上行信道的性能接近，分为 NPRACH 重复与 NPUSCH 重复两种。

1. NPRACH 重复

NPRACH 重复次数为{1，2，4，8，16，32，64，128}，仿真结果表明，重复次数达到 32 次时，可满足 MCL 值为 164 dB 的覆盖要求，如表 6-15 所示。

表 6-15　NPRACH 重复次数性能列表

NPRACH 虚警概率及漏检率					
格式	MCL/dB	重复次数	持续时长/ms	虚警概率	漏检率
Preamble format2	144	2	12.8	0.05%	0.50%
	154	6	38.4	0.10%	0.60%
	164	32	192	0.10%	0.80%

2. NPUSCH 重复

NPUSCH采用QPSK调制，重复的仿真结果如表6-16所示，发送接收天线模式为1T2R。RU(资源单元)的取值范围为{1，2，3，4，5，6，8，10}，重复次数取值范围为{1，2，4，8，16，32，64，128}，表中部分取值与标准定义不完全匹配。上行速率为单子帧瞬时速率，未考虑调度时延、HARQ 反馈等开销。

表 6-16　NPUSCH 重复次数列表

覆盖等级	配置						10% BLER 解调门限 /dB	上行瞬时速率 /(kb/s)	MCL/dB
	TBS	多载波方式	子载波数	RU 个数	重复次数	发送时长 /ms			
覆盖等级 0	776	MT	3	6	1	24	3.2	29.3	144.3
		15K ST	1	5	1	40	7.9	17.6	144.3
		3.75K ST	1	5	1	160	8.1	4.4	150.2
覆盖等级 1	776	15K ST	1	12	2	192	−1.8	3.67	154
		3.75K ST	1	8	1	256	3.7	2.76	154.6
覆盖等级 2	776	15K ST	1	25	7	1400	−12.8	0.5	165
		3.75K ST	1	22	2	1408	−6.2	0.5	164.5

6.8　NB-IoT 省电机制

NB-IoT 终端采用 PSM 和 eDRX 两种技术实现低功耗。

(1) 节能模式(Power Saving Mode，PSM)的终端功耗仅 15 μW。在 PSM 模式下，终端仍旧注册在网，但下行信令不可达，从而使终端更长时间驻留在深睡眠状态以达到省电的目的。在 PSM 状态时，终端不接收寻呼信息。

(2) 扩展 DRX(Extended Discontinuous Reception，eDRX)减少终端监听网络的频率。eDRX 省电技术进一步延长终端在空闲态和连接态下的睡眠周期，减少接收单元不必要的启动。并且相对于 PSM，它大幅度提升了下行数据的可达性。

接下来将详细介绍 PSM 与 eDRX 功能。

6.8.1　节能模式 PSM

1. PSM 定义及作用

PSM 是 3GPP 在 Rel-12 版本引入的功率节省模式，终端进入 PSM 状态会关闭收发信号机，不监测无线侧寻呼，与网络无任何信息交互，但保持网络在线状态，区别于去附着(Detach)，此时 UE 处于最省电状态，最大程度降低功耗。

PSM 用于非频繁主动发起类业务(例如智能电表、环境监控)，也可接受较大延迟的网络下发类业务(例如，定期将数据推送到物联网设备)，适用于 Cat.0、Cat.M1 和 Cat.NB1 的 UE。

2. PSM 原理

如图 6-26 所示，UE 处于 PSM 状态时，是不能接收和发送数据的，网络侧也无法唤醒 UE，这与 LTE 不同，LTE 中处于空闲态(IDLE)的 UE，网络侧可以通过寻呼唤醒。所以只能等 UE 自己主动醒来的时候(如周期性的醒来，或有上行数据要发送)，网络侧才能发送下行数据。

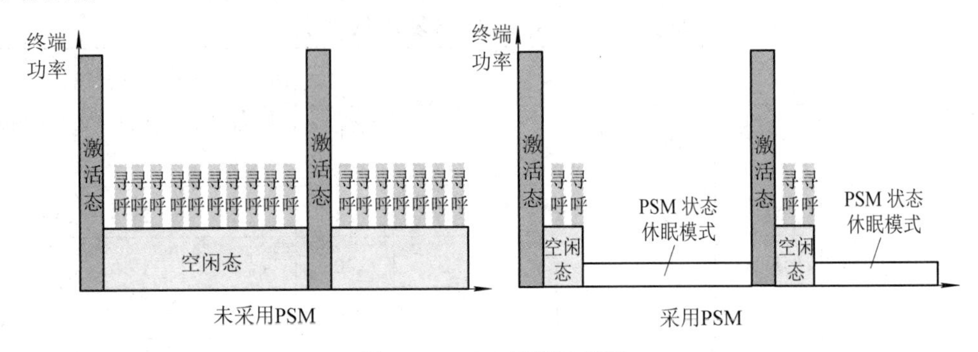

图 6-26　PSM 原理示意图

PSM 模式类似关机，但 UE 依然注册在网络中，并保持非接入层(NAS)的状态，此时的接入层(AS)会被关闭，意味着基带和射频(RF)单元可以停止供电，并且 UE 不会监听寻呼消息或执行无线资源管理相关的测量。UE 退出 PSM 状态时，无需花费额外的时间来重新附着或重新建立 PDN 连接，从而实现更有效的 PSM 模式进入/退出机制。

3. PSM 实现

PSM 是 NAS 层的功能，由 UE 发起，当 UE 使用 PSM 时，会在附着(Attach)或位置更新(Tracking Area Updating，TAU)流程中，向网络请求一个 T3324 的激活时间值，如果网络支持 PSM 并接受 UE 使用 PSM。定时器 T3324 指示 UE 在进入 PSM 状态之前，在多长的时间内是下行可达的，此时的 UE 处于空闲态(IDLE)并会监听寻呼，如果 T3324 超时，则 UE 将关闭 AS 层并激活 PSM。

对于周期性的 TAU，网络给 UE 分配一个时间定时器 T3412，与 T3324 一起指示 UE 在多长时间内处于 PSM 状态，如图 6-27 所示。

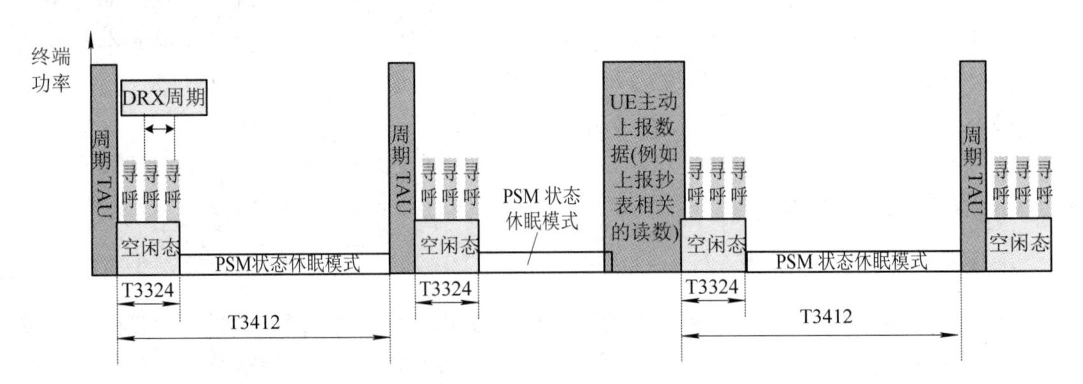

图 6-27　PSM 实现及相关定时器

在周期性 TAU 完成或数据传输结束后，UE 会先进入空闲态并监听寻呼消息，此时使能非连续接收(DRX)，DRX 周期定义监听寻呼的时间间隔，参数 T3324 定义空闲态的时间长度，当 T3324 超时后，UE 才会进入 PSM 模式。在 UE 处于 PSM 模式时，有数据要发送(例如，要上报抄表相关读数)或者要进行周期性 TAU 时，UE 才会退出 PSM 模式，如图 6-27 所示。T3324 与 T3412 的取值范围如表 6-17 所示。

表 6-17 PSM 定时器名称及取值

定时器名称	定时器取值范围	典型取值	建议取值
T3324	2 s～186 min	2 s、60 s、180 s	越小越省电
T3412	1～310 h	2 h、3 h、4 h、12 h、24 h、48 h、72 h	略高于数据上传周期

使用 PSM 的优势是对于主动上报类业务，可以优化终端的功耗，但对于由网络侧发起类业务，例如门禁类或网络请求读数类业务，使用 PSM 会因 UE 信令不可达导致时延过大，影响用户感知。虽然可以通过调整 TAU 周期(T3412)来满足 UE 的延迟要求，但缩小周期性 TAU 的更新周期会引起 UE 频繁周期位置更新，增加附加信令开销的同时，也增加设备功耗。为解决 PSM 的缺点，3GPP 在 Rel-13 版本中引入扩展非连续接收(eDRX)功能。

6.8.2 扩展非连续接收 eDRX

1. eDRX 定义和作用

eDRX：扩展非连续接收，用于解决 PSM 无法解决的网络侧下发类业务的时延问题，确保设备可以被网络寻呼。eDRX 适用于 Cat.M1 和 Cat.NB1 的 UE，既能降低终端实现的复杂度，又能节省额外的功耗。

2. eDRX 原理

如图 6-28 所示，未采用 eDRX 时，UE 会每隔 DRX 个周期进行网络寻呼监听，监听时长间隔有{160 ms，320 ms，256 ms，512 ms，1024 ms，2560 ms}，采用 eDRX 后，UE 会在寻呼监听窗 PTW 内监听属于自己的寻呼，然后在间隔 eDRX 周期(以超帧周期 10.24 s 为单位)后，在下一个寻呼窗内接收寻呼消息。

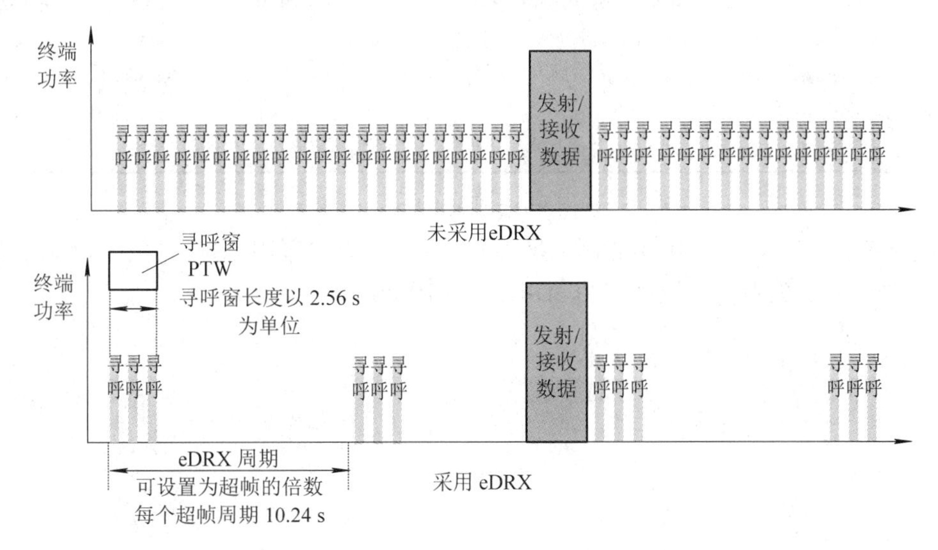

图 6-28 eDRX 原理示意图

eDRX 要求网络和 UE 同步休眠时段，从而使得 UE 不必频繁地检查网络消息。eDRX 周期的选择取决于 UE 所需的时延，并可通过配置更长的 eDRX 周期来实现更低的功耗。相比注重时延的 LTE 网络(LTE 的空闲态 DRX 周期被限制最多 2.56 s)，eDRX 可以减少信令负荷。对于传统 LTE 网络来说，系统帧 SFN 最大只能表示 1024 个系统帧，即只能表示 10240 ms(10.24 s)，不足以表示空闲态 eDRX 下最大约 3 h 的休眠时间，为此，NB-IoT 引入超帧(Hyper frame)的概念，超帧以一个 1024 系统帧为单位：

$$T_{\text{Hyper Frame}} = 1024 \times T_{\text{SFN}} \tag{6-34}$$

$T_{\text{Hyper Frame}}$ 是超帧 HF 的时间，起始值为 20480 ms，T_{SFN} 是系统帧的 10 ms 时长，如表 6-18 所示。

表 6-18　eDRX 定时器及取值范围

定时器名称	定时器取值范围	典型取值	建议取值
eDRX 周期	20.48 s～2.92 h	20.48 s、40.96 s、655.36 s	和下发数据周期相关
寻呼窗口定时器	(2.56～40.96) s	10.24 s	和寻呼次数相关

PSM 和 eDRX 都是通过提升终端休眠时间来达到省电效果的，但这样影响了数据的实时性。与 PSM 相比，eDRX 的实时性更好，省电效果略低，适用于门禁类或网络请求读数类业务。

现网中某运营商针对 PSM 和 eDRX 功能的参数配置，如图 6-29 所示。

APN名称	APN描述	PSM	eDRX	激活定时器	eDRX周期	寻呼窗口
ue.prefer.ctnb	用户设置为准，使用用户上报的参数为准配置	终端上报	终端上报	终端上报	终端上报	终端上报
ctnb	监测上报类，立即PSM (2 s)，不启用eDRX	开启	关闭	2 s	-	-
psmA.eDRX0.ctnb	监测上报类，立即PSM (2 s)，不启用eDRX	开启	关闭	2 s	-	-
psmC.eDRX0.ctnb	监测上报类，稍后PSM (60 s)，不启用eDRX	开启	关闭	60 s	-	-
psmF.eDRXC.ctnb	监测上报类，稍后PSM (180 s)，启用eDRX，寻呼周期 20 s	开启	开启	180 s	20.48s	10.48s
psm0.eDRXH.ctnb	下发控制类，关闭PSM，启用eDRX，下发时延 (15 min)	关闭	开启	-	655.36s	10.24 s
psm0.eDRXD.ctnb	下发控制类，关闭PSM，启用eDRX，下发时延 (1 min)	关闭	开启	-	40.96 s	10.24 s
psm0.eDRXC.ctnb	下发控制类，关闭PSM，启用eDRX，下发时延 (30 s)	关闭	开启	-	20.48 s	10.24 s
psm0.eDRX0.ctnb	下发控制类，关闭PSM，启用DRX，下发时延 (10 s)	关闭	关闭(DRX)	-	2.56s	-

图 6-29　现网 PSM 和 eDRX 参数配置情况

从参数配置可以看出，用于监测上报类的业务应用，多采用 PSM 且关闭 eDRX 模式，而用于下发控制类的业务，则多采用 eDRX 且关闭 PSM。

第 7 章　无线网络规划

知识点

本章将基于“IUV-NB-IoT 全网规划部署与应用软件”，通过一个完整的无线网络站点规划实例来介绍无线网络规划相关原理，包括无线覆盖规划和无线容量规划。无线覆盖规划包括覆盖基础特性分析、NB-IoT 链路预算内容。无线容量规划包括用户密度估算、业务模型选择以及信道容量规划和站点规模估算内容。让读者能通过仿真软件的操作实践，深入了解无线网络规划的细节。本章主要介绍以下内容：

(1) 无线覆盖规划；

(2) 无线容量规划。

7.1　无线覆盖规划

NB-IoT 凭借其海量连接、低功耗等特点，逐渐战胜其他多种物联网技术，例如：SigFox、LoRa 等。作为万物互联的基础，NB-IoT 从 2016 年开始在各运营商崭露头角，2017 年 4 月，工业部和信息化部召开 NB-IoT 工作推进会，共同培育 NB-IoT 产业链，并要求年底建设基于标准 NB-IoT 的规模外场。时至今日，国内各大运营商携手华为、中兴等设备商已在全国范围内开展了多个局点规模性试点及商用组网建设。

作为衡量网络质量的标准之一，覆盖特性是保证用户体验的基础，是高质量、高性能的移动通信网络的根基与命脉。与 LTE 及 GSM 网络相比，NB-IoT 不仅自身基础覆盖性能得到了明显提升，同时一系列特色创新技术更是为建设无死角、高标准网络提供了得天独厚的性能优势。

我们知道 NB-IoT 设备的无线环境多为各类覆盖死角，例如智能水表可能安装在地下室或者下水道这些环境中。这些环境不仅无法部署移动天线，而且对无线电信号的传播具有极大的衰减作用。因此在终端分布既定的前提下，需足够的覆盖性能才能满足 NB-IoT 的各类场景下终端的覆盖需求。接下来，我们将详细介绍覆盖基础特性分析、链路预算、上行链路预算以及下行链路预算几个方面的内容。

7.1.1　覆盖基础特性分析

1. MCL——衡量覆盖能力的指标

在移动通信系统中，由于电波传输损耗随其距离的延伸而增大，并随地形、地物的变化而不同，用户与基站天线之间的距离是有限的，故能正常通信的范围称为覆盖区域。当前移动通信网络采用最大耦合路损(Maximum Coupling Loss)即 MCL 来表示覆盖性能，最大耦合路损即为发射机到接收机的最大能量损耗。

通信系统分为上行和下行两条信号传输路径，上行信号传输过程为终端发射信号到基站接收的信号交互过程，下行信号传输过程为基站发射信号到终端接收的信号交互过程，其中式(7-1)计算上行 MCL，式(7-2)计算下行 MCL。

$$\text{上行 MCL} = \text{UL MaxTxpower} - \text{eNodeB Sensitivity} \tag{7-1}$$

其中，ULMaxTxpower 为终端最大发射功率；eNodeBSensitivity 为基站灵敏度。

$$\text{下行 MCL} = \text{DL MaxTxpower} - \text{UE Sensitivity} \tag{7-2}$$

其中，DLMaxTxpower 为基站最大发射功率；UE Sensitivity 为接收机灵敏度。

基站接收灵敏度可理解为基站所能接收到的最小手机发射功率(即上行功率)；接收机灵敏度指的是终端所能接收到的最小基站发射功率(即下行功率)。在 NB-IoT 及多数其他网络系统中，用路损来表示信号在空间传播所产生的损耗。基站发射功率确定后，用 RS 发射功率来控制实际覆盖距离，UE 接收功率用 RSRP 表示，那么可得到路损如下：

$$\text{路损} = \text{RS 发射功率(eNodeB)} - \text{RSRP(UE)} \tag{7-3}$$

例如，假定 RS 发射功率为 20 dBm，终端接收电平为 −80 dBm，则路损为

$$20\ \text{dBm} - (-80\ \text{dBm}) = 100\ \text{dB}$$

NB-IoT 与 GSM 覆盖性能对比，详见表 7-1。

表 7-1　NB-IoT 与 GSM 覆盖性能对比

43 dBm 发射功率 NB-IoT 与 GSM 覆盖性能对比			
发射机		NB	GSM
1	MCL(最大耦合路损)(dB)	164	144
2	NB-IoT 与 GSM 的 MCL 差值(dB)	20	

表中最大耦合路损为接收机灵敏度、损耗、增益等均取极限值情况下计算所得，后续链路预算章节有详细说明。NB-IoT 最大耦合路损较 GSM 提升了 20 dB，由于每提升 3 dB，覆盖能力为原来的 2 倍，20 dB 约等于 7 个 3 dB，故覆盖能力提升了 100 倍以上(即为 2^7)。在此条件下，NB-IoT 可解决地下车库、地下室、地下管道等恶劣无线环境的覆盖问题。那么 NB-IoT 在 MCL 为表征前提下，如何实现增强的覆盖特性呢？

2. 覆盖等级

3GPP R13 协议中 NB-IoT 定义了 3 个覆盖等级，用于表征路损大小及覆盖深度或广度，也称为 CElevel 0、CElevel 1、CElevel 2。在 43 dBm 发射功率下，分别对应 MCL = 144 dB、MCL = 154 dB、MCL = 164 dB，针对不同覆盖等级，系统可以配置不同的随机接入参数，覆盖等级见表 7-2。

表 7-2　覆盖等级对应的 MCL 列表

覆盖等级	MCL/dB
CEL0	144
CEL1	154
CEL2	164

具体的实现过程：终端根据下行信道的接收信号强度，评估应使用的覆盖等级，并在相应的随机接入信道发送 Preamble，从而使基站获知 UE 所处的覆盖等级，基站针对 UE 所处的覆盖等级，进行针对性调度。

用于判断覆盖等级的 RSRP 门限通过 SIB2-NB 中的字段 RSRP - ThresholdsNPRACH - InfoList-NB-r13 指示。

最多可以定义两个 RSRP 门限，第一个门限被当做 RSRPthreshold1，第二个门限被当做 RSRPthreshold2。若只定义一个值，则 RSRP 大于该阈值对应 CEL0，小于该阈值对应 CEL1。若定义两个 RSRP 阈值 M，N($M > N$)，则 RSRP 小于 N 对应 CEL2，$N < RSRP < M$ 对应 CEL1，$RSRP > M$ 对应 CEL0。相关信令内容如图 7-1 所示。

```
}

RSRP-ThresholdsPrachInfoList-r13 ::= SEQUENCE (SIZE(1..3)) OF RSRP-Range

-- ASN1STOP
```

图 7-1　覆盖等级取值范围

如果系统没有下发门限值，那么系统默认只有一个等级，也就只有一个 NB-NPRACH 资源配置。

在 NB-IoT 中，不同的覆盖等级对应不同的接入参数以及门限，针对不同的 CEL 等级，小区会广播一个所接收的参考信号的功率阈值表，相关参数在网管侧可根据实际情况选择。此外，不同的 CEL 对应不同的重传次数，CEL 为 0 时，信道质量条件最好，要达到 MCL 的要求所需要的重传次数最少；相反 CEL 为 2 时，信道质量条件最差，所需要的重传次数也就最多。终端根据接收到的下行参考信号强度，对比覆盖等级门限，由终端判断当前是处在哪个覆盖等级内，然后再以该覆盖等级的接入参数来发起随机接入流程。相关流程如图 7-2 所示。

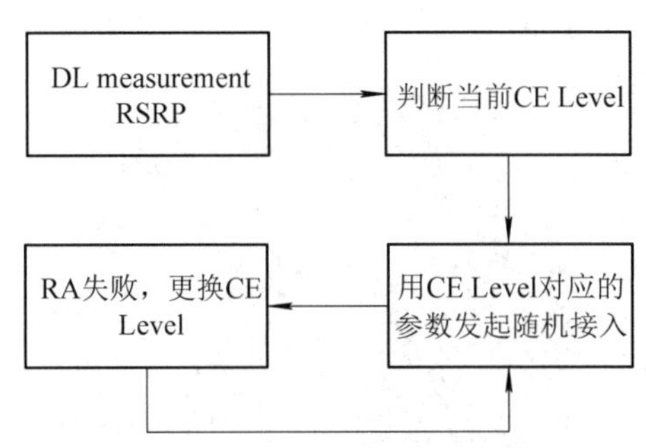

图 7-2　覆盖等级判决流程

由于不同 NB 终端对速率均有最低要求，且试点区域内多种终端随机分布，因此在当前各运营商商用试点局中，80%以上区域采用 CEL0 配置，以便获得良好的信道条件。在标准 43 dBm 发射功率下，RS 功率为 32.2 dBm 时，对应的两个 RSRP 门限分别为 −112dBm、−122 dBm。可得 CEL0 对应 RSRP 门限为大于 −112 dBm，CEL1 对应 RSRP 门限为−112 dBm～ −122 dBm，CEL2 对应 RSRP 门限为小于 −122 dBm。

3. NB-IoT 业务需求

根据实验室仿真及运营商外场测试结果，各业务要适配速率及覆盖需求，如表 7-3 所示。

表 7-3　NB-IoT 业务性能需求列表

业 务 需 求		上行速率要求/(b/s)	下行速率要求/(b/s)	MCL 要求/dB
智能抄表	表计数数据上传	128	0	164
	开户充值、预付费调价、信号强度查询等	512	512	154
POS 机	消费、预授权、订购等业务	965	1163	154
	积分签到、预约消费	290	0	164
水务终端	水务终端数据上报	285	160	164
智能家居	传感器定时上报	264	0	164
	传感器主动上报	1056	512	154
智能手表	位置信息周期上报、心率统计等	160	160	164
	位置查询、报警数据上传	320	320	164
物流、电子锁	位置信息周期上报	160	160	164
	APP 主动施封/解封、APP 读取锁数据	320	320	164

表中 MCL 值为链路预算各项值取极限条件下所得。外场数据表明，业务速率高的终端需求 MCL 值小，对应 CEL 低，信道条件好。另对于部分使用周期长的终端，需求 MCL 值大，对应 CEL 高，信道条件一般。

4. 覆盖规划

为满足不同物联网业务的覆盖要求，NB-IoT 网络边缘覆盖目标建议按照 CEL=1 覆盖等级规划，如果只考虑较低的业务速率和覆盖要求，则 NB-IoT 网络边缘覆盖目标可以按照 CEL=2 覆盖等级规划，如图 7-3 所示。

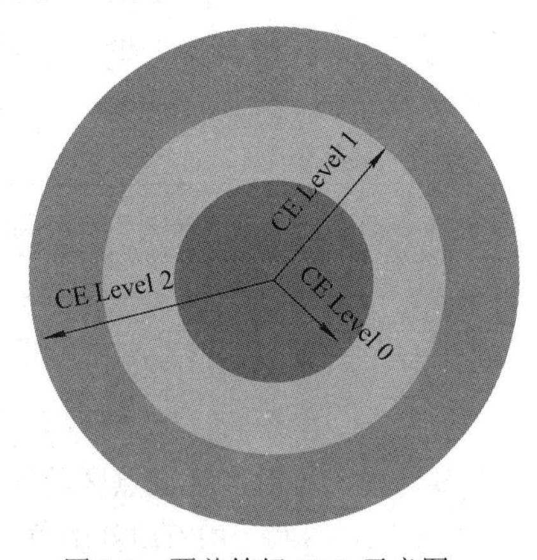

图 7-3　覆盖等级 CEL 示意图

在 NB-IoT 中，如果采用 CEL2 对现网规划，则单小区容量就少，信号覆盖远，如果采用 CEL0 规划，则单小区容量大，但信号覆盖要求比较高，对应建站密度要高，也可以折中采用 CEL1 规划。不同的建站密度，需采用不同的覆盖等级来进行规划。多种不同终端共区域分布时，需保证信道条件需求最苛刻的数据配置要求，采用区域内终端对应的最低覆盖等级规划。

7.1.2　链路预算

链路预算是对系统的覆盖能力进行评估，简单地说就是计算能覆盖多远，计算的思路是在保证最低接收灵敏度的前提下，无线传播的路径上所能容忍的最大传播损耗，这个传播损耗也叫做最大允许路损。得到最大允许路损值后，结合传播模型公式，就可以计算得到单小区的覆盖半径 R。

链路预算又分为下行链路预算和上行链路预算，实际中，由于手机功率是定值，因此上行受限情况较多，我们优先考虑上行链路预算，然后再计算下行的链路预算，下文中都以业务信道链路预算为例。链路预算模型如图 7-4 所示。

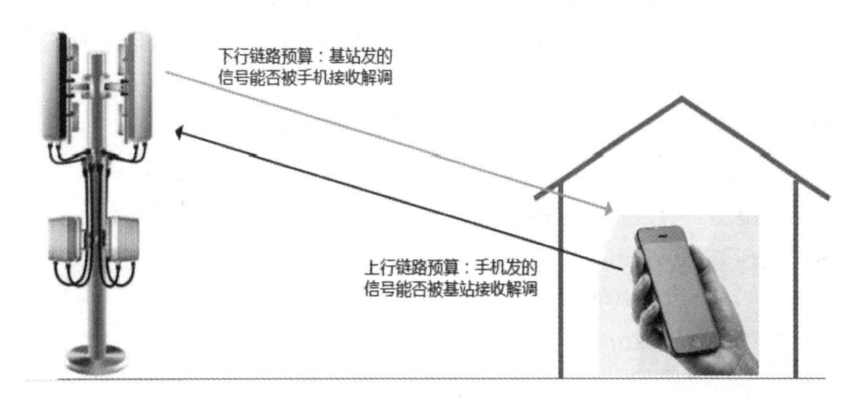

图 7-4　链路预算模型

1. 传播模型概述

传播模型是移动通信网小区规划的基础，传播模型的准确与否关系到小区规划是否合理，运营商是否以比较经济合理的投资满足了用户的需求。

在规划和建设一个移动通信网时，从频段的确定、频率分配、无线电波的覆盖范围、计算通信概率及系统间的电磁干扰，到最终确定无线设备的参数，都必须依靠对电波传播特性的研究、了解并据此进行的场强预测。而无线传播模型是一种通过理论研究与实际测试的方法归纳出的无线传播损耗与频率、距离、环境、天线高度等变量的数学公式。在无线网络规划中，通过无线传播模型可以帮助设计者了解在实际传播环境下的大致传播效果，估算空中传播的损耗。因此传播模型的准确与否关系到小区规划是否合理。

地球表面无线传播环境千差万别，不同的传播环境的传播模型也会存在较大差异。所以传播环境对无线传播模型的建立起关键作用。确定某一特定地区的传播环境的主要因素有：自然地形(高山、丘陵、平原、水域等)；人工建筑的数量、高度、分布和材料特性；该地区的植被特征和天气状况；自然和人为的电磁噪声状况；系统工作频率和移动台运动状况。

常见的经典传播模型：自由空间传播模型、Okumura-Hata 模型、Cost231-Hata 模型。

2. 自由空间传播模型

无线电波在自由空间传播时没有损耗，此时采用的传播模型公式如下：

$$\text{FreeLoss} = 32.44 + 20\lg d + 20\lg f \tag{7-4}$$

式中，d 是传播距离，f 是频率 MHz。

3. Okumura-Hata 模型

Okumura-Hata 模型适用情景：

(1) 适用频率范围：150 MHz～1500 MHz。

(2) 基站天线挂高 h_b：(30～200)m。

(3) 终端高度 h_m：(1～10)m。

(4) 通信距离：(1～35)km。

Okumura-Hata 模型计算公式如下：

$$PL = 69.55 + 26.16\lg f - 13.82\lg h_b - a(h_m) + (44.9 - 6.55\lg h_b)(\lg d)^v + K_{clutter} \tag{7-5}$$

式中：PL(PathLoss)是传播损耗中值；d 是传播距离；f 是频率 MHz；h_b 是基站天线有效高度；h_m 是移动台天线有效高度；$K_{clutter}$ 为对应各种地物的衰减校正因子；$a(h_m)$是移动台天线高度修正因子。

4. Cost231-Hata 模型

Cost231-Hata 模型适用情景：

(1) 适用频率范围：(1.5～2.6)GHz；

(2) 基站天线挂高 Hb：(30～200)m；

(3) 终端高度 Hm：(1～10)m；

(4) 通信距离：(1～35)km。

Cost231-Hata 模型的计算公式如下：

$$PL = 46.3 + 33.9\lg f - 13.82\lg h_b - a(h_m) + (44.9 - 6.55\lg h_b)(\lg d)^v + K_{clutter} \tag{7-6}$$

式中：PL(PathLoss)是传播损耗中值；d 是传播距离；f 是频率 MHz；h_b 是基站天线有效高度；h_m 是移动台天线有效高度；$K_{clutter}$ 为对应各种地物的衰减校正因子；$a(h_m)$是移动台天线高度修正因子。

7.1.3　上行链路预算

上行链路预算图如图 7-5 所示。

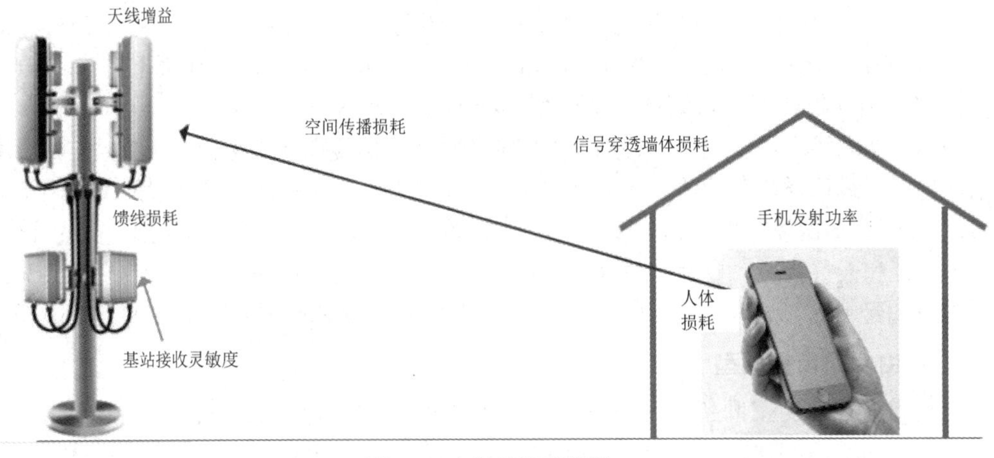

图 7-5　上行链路预算图

1. 上行室内最大允许路损计算

以 Hata 模型为例计算上行随机接入信道 NPRACH 和上行业务信道 NPUSCH 的覆盖距离，计算表格如表 7-4 所示。

表 7-4　上行室内最大路损计算

上行模型参数	NB-IoT 独立部署	
	NPUSCH(15 kHz)	NPRACH
(1) 数据速率/(kb/s)	0.5	N/A
(2) 天线数	1T2R	1T2R
(3) 发射功率/dBm	23	23
(4) 子载波带宽/kHz	15	3.8
(5) 子载波数	1	1
(6) 占用带宽/kHz	15	3.75
(7) 馈线损耗/dB	0.5	0.5
(8) 天线增益/dBi	15	15
(9) 噪声功率谱密度(kT)/(dBm/Hz)	−174	−174
(10) 噪声系数/dB	3	3
(11) 噪声功率/dBm	−129.2	−135.3
(12) SNR or C/I / dB	−12.8	−5.8
(13) 接收灵敏度/dBm(= (11) + (12))	−142	−141.1
(14) 最大耦合损耗/dB(= (3) − (13))	165	164.1
(15) 快衰落余量/dB	0	0
(16) 阴影衰落余量/dB	11.6	11.6
(17) 干扰余量/dB	2	2
(18) 穿透损耗/dB	11	11
(19) OTA/dB	6	6
(20) 人体损耗/dB	0	0
(21) 总体损耗余量/dB	30.6	30.6
室内最大允许路损(dB) = (3) − (7) + (8) − (13) − (20)	148.9	148

在以 15 kHz 子载波为单位进行调度的前提下，NPUSCH 的室内最大允许路损计算如下：

(1) 确定噪声功率：

$$噪声功率 = (噪声功率谱密度 \times 子载波带宽) + 噪声系数 \tag{7-7}$$

噪声功率谱密度(kT)为−174(dBm/Hz)，NB-IoT 的 NPUSCH 上行子载波带宽是 15 kHz，噪声系数是 3 dB，则可用式(7-8)算出噪声功率：

$$\text{噪声功率} = 10\lg\left(10^{\left(-\frac{174}{10}\right)} \times 15 \times 1000\right) + 3 = -129.2\ \text{dBm} \tag{7-8}$$

(2) 确定基站接收灵敏度：

$$\text{基站接收灵敏度} = \text{噪声功率} + \text{信噪比 SNR} \tag{7-9}$$

表 7-4 中信噪比 SNR 是 −12.8 dB，该值为网络实际测试值，仅供参考。

$$\begin{aligned}\text{基站接收灵敏度} &= \text{噪声功率} + \text{信噪比 SNR}\\ &= (-129.2\text{dBm}) + (-12.8\text{dB}) = -142\ \text{dBm}\end{aligned} \tag{7-10}$$

(3) 确定空间传播损耗：

$$\text{空间传播损耗} = \text{快衰落损耗} + \text{阴影衰落损耗} + \text{OTA 损耗(空口传播损耗)} \tag{7-11}$$

快衰落损耗上行不考虑，阴影衰落余量是 11.6 dB，OTA 损耗(空口数据传播损耗)是 6 dB。

$$\text{空间传播损耗} = 0 + 11.6\ \text{dB} + 6\ \text{dB} = 17.6\ \text{dB}$$

(4) 确定穿透损耗：

$$\text{穿透损耗} = \text{人体损耗} + \text{实际穿透墙体损耗} + \text{干扰余量} \tag{7-12}$$

如表 7-4 所示，NB-IoT 中不考虑人体损耗，穿墙损耗 11 dB，干扰余量 2 dB。

$$\text{穿透损耗} = 0 + 11\ \text{dB} + 2 = 13\ \text{dB}$$

(5) 确定空口损耗余量：

$$\text{空口损耗余量} = \text{空间传播损耗} + \text{穿透损耗} \tag{7-13}$$

可以得出：

$$\text{空口损耗余量} = 17.6\ \text{dB} + 13\ \text{dB} = 30.6\ \text{dB}$$

(6) 确定上行最大耦合路损 MCL：

$$\text{上行最大耦合路损} = \text{手机发射功率} - \text{基站接收灵敏度} \tag{7-14}$$

如表 7-4 所示，手机发射功率 23 dBm，基站接收灵敏度是 −142 dB，代入公式 7-14 得

$$\text{最大耦合路损} = 23\text{dBm} - (-142\text{dB}) = 165\ \text{dB}$$

(7) 确定上行室内允许的最大路损：

$$\begin{aligned}\text{上行室内最大允许路损} = {} & \text{最大耦合路损} + \text{基站天线增益} - \text{基站馈线损耗} - \\ & \text{空口损耗余量}\end{aligned} \tag{7-15}$$

代入(1)～(6)步计算的各个值，可得

$$\text{上行室内最大允许路损} = 165\ \text{dB} + 15\ \text{dB} - 0.5\ \text{dB} - 30.6\ \text{dB} = 148.9\ \text{dB}$$

接下来的问题是：148.9 dB 到底能覆盖多少距离呢？

2. 小区覆盖距离

从路损到计算小区覆盖距离，这里就用到前面我们介绍的传播模型公式，由于国内

NB-IoT 是工作在 900 MHz 的频率范围内，所以适用的传播模型是 Okumura-Hata，采用的计算公式如下：

$$\text{PathLoss} = 46.3 + 33.9\ \lg f - 13.82 \lg h_\text{b} - a(h_\text{m}) + (44.9 - 6.55 \lg h_b)(\lg d)^{v} + K_\text{clutter} \quad (7\text{-}16)$$

传播模型中涉及影响因素有：d 是传播距离；f 是频率 MHz；h_b 是基站天线有效高度；h_m 是移动台天线有效高度；K_clutter 为对应各种地物的衰减校正因子；$a(h_\text{m})$是移动台天线高度修正因子。

如何能快速计算以上影响条件和修正因子呢？为方便计算，协议中通过仿真计算，得出频率和路损的关系值(引自 45.820 的 D1 表，见表 7-5)。

表 7-5　协议中模型便携计算取值

序号	Parameter	Assumption
1	Cellular Layout(小区模型)	Hexagonal grid, 3 sectors per site (六边形，单站三小区)
2	Frequency band(频段)	900 MHz
3	Inter site distance(站间距)	1732 m
4	MS speed(终端移动速度)	0 km/h as the baseline(0 km/h 基准)
5	User distribution(用户分布)	Users dropped uniformly in entire cell (用户在小区内均匀分布)
6	BS transmit power per 200 kHz (at the antenna connector) (200 kHz 带宽下基站发射功率)	43 dBm
7	MS Tx power(at the antenna connector) (终端发射功率)	Candidate solution specific (据实际情况取值)
8	Pathloss model(路损模型)	L = I + 37.6 log10(.R), R in kilometers (R 单位为 km) I = 120.9 for the 900 MHz band (900 MHz 频段下取值)

注：为便于后续计算，此处将上述协议表中 No.8 中站间距字母 R 用 D 表示。

协议通过列表说明：当工作在 900 MHz 时，路损与站间距 D 的距离可以简化计算为

$$\text{路损 } L = 120.9 + 37.6 \lg D \quad (7\text{-}17)$$

式中：L 是路损，以 dB 为单位；D 是站间距，以 km 为单位。

当上行室内最大路损为 148.9 dB 时，覆盖距离为

$$148.9\ \text{dB} = 120.9 + 37.6 \lg D$$

计算得：上行覆盖的站间距 D=5.554 km。

7.1.4　下行链路预算

下行链路预算示意图如图 7-6 所示。

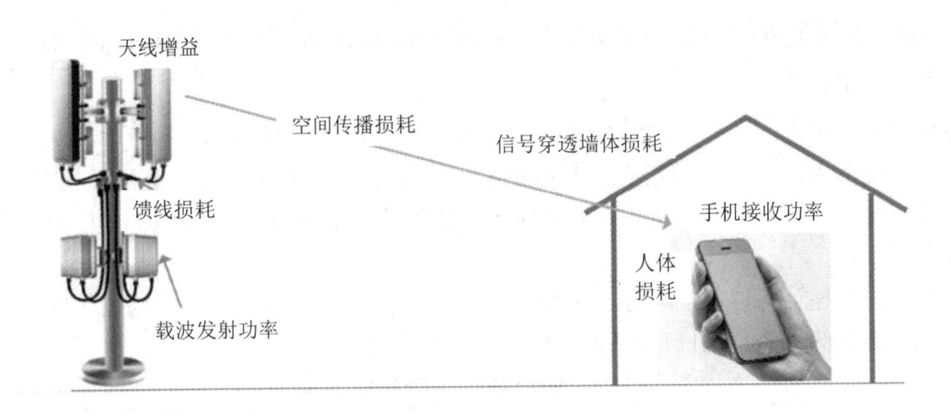

图 7-6　下行链路预算示意图

1. 下行室内最大路损计算

同样以 Hata 模型来计算 NB-IoT 的下行信道的路损，NB-IoT 下行信道 NPBCH、NPDCCH、NPDSCH 的链路预算总表如表 7-6 所示。

表 7-6　下行信道链路预算总表

下行模型参数	NB-IoT 独立部署		
	NPBCH	NPDCCH	NPDSCH
(1) 数据速率/(kb/s)	N/A	N/A	3
(2) 天线数	1T1R	1T1R	1T1R
(3) 发射功率/dBm	43	43	43
(4) 子载波带宽/kHz	15	15	15
(5) 子载波数	12	12	12
(6) 占用带宽/kHz	180	180	180
(7) 馈线损耗/dB	0.5	0.5	0.5
(8) 天线增益/dBi	15	15	15
(9) 噪声功率谱密度(kT) / (dBm/Hz)	−174	−174	−174
(10) 噪声系数/dB	5	5	5
(11) 噪声功率/dBm	−116.4	−116.4	−116.4
(12) SNR or C/I / dB	−8.8	−4.6	−4.8
(13) 接收灵敏度/dBm =(11) + (12)	−125.2	−121	−121.2
(14) 最大耦合损耗/dB = (3) − (13)	168.2	164	164.2
(15) 快衰落余量/dB	0	0	0
(16) 阴影衰落余量/dB	11.6	11.6	11.6
(17) 干扰余量/dB	5	5	5

续表

下行模型参数	NB-IoT 独立部署		
	NPBCH	NPDCCH	NPDSCH
(18) 穿透损耗/dB	11	11	11
(19) OTA/dB	6	6	6
(20) 人体损耗/dB	0	0	0
(21) 总体余量/dB	33.6	33.6	33.6
室内最大允许路损/dB = (3) − (7) + (8) − (13) − (20)	149.1	144.9	145.1

在以 180 kHz 带宽单位进行调度的前提下，业务信道 NPDSCH 的室内最大允许路损计算步骤如下：

(1) 确定噪声功率：

$$噪声功率 = (噪声功率谱密度 \times 子载波带宽) + 噪声系数 \tag{7-18}$$

噪声功率谱密度(kT)是−174(dBm/Hz)，NB-IoT 的 NPDSCH 下行子载波带宽是 180 kHz，噪声系数是 5 dB，则可用式(7-19)算出噪声功率：

$$噪声功率 = 10\lg\left(10^{\left(-\frac{174}{10}\right)} \times 180 \times 1000\right) + 5 = -116.4 \text{ dBm} \tag{7-19}$$

(2) 确定手机接收灵敏度：

$$手机接收灵敏度 = 噪声功率 + 信噪比 \text{ SNR} \tag{7-20}$$

如表 7-6 所示，信噪比 SNR 是 −4.8 dB。

$$手机接收灵敏度 = 噪声功率 + 信噪比 \text{ SNR} = (-116.4\text{dBm}) + (-4.8\text{dB}) = -121.2 \text{ dB}$$

(3) 确定空间传播损耗：

$$空间传播损耗 = 快衰落损耗 + 阴影衰落损耗 + \text{OTA} 损耗(空口数据传播损耗) \tag{7-21}$$

快衰落损耗上行不考虑，阴影衰落余量是 11.6 dB，OTA 损耗(空口数据传播损耗)是 6 dB。

$$空间传播损耗 = 0 + 11.6\text{dB} + 6\text{dB} = 17.6\text{dB}$$

(4) 确定穿透损耗：

$$穿透损耗 = 人体损耗 + 实际穿透墙体损耗 + 干扰余量 \tag{7-22}$$

如表 7-6 所示， NB-IoT 中不考虑人体损耗，穿墙损耗 11 dB，干扰余量 5 dB(由于实际中 NB-IoT 的下行干扰大于上行，因此下行的干扰余量要比上行多出 3 dB)。

$$穿透损耗 = 0 + 11 \text{ dB} + 5 = 16 \text{dB}$$

(5) 确定空口损耗余量：

$$空口损耗余量 = 空间传播损耗 + 穿透损耗 \tag{7-23}$$

$$空口损耗余量 = 17.6 \text{ dB} + 16 \text{ dB} = 33.6 \text{ dB}$$

(6) 确定下行最大耦合路损 MCL：

$$下行最大耦合路损 = 基站发射功率 - 手机接收灵敏度 \tag{7-24}$$

如表 7-6 所示，基站发射功率为 43 dBm，手机接收灵敏度是 −121.2 dB，代入公式得

最大耦合路损=43 dBm−(−121.2dB)=164.2 dB。

(7) 确定下行室内允许的最大路损：

$$下行室内最大允许路损 = 最大耦合路损 + 基站天线增益 - 基站馈线损耗 - 空口损耗余量 \tag{7-25}$$

代入(1)～(6)步计算的各个值，可得

下行室内最大允许路损=164.2 dB+15 dB−0.5 dB−33.6 dB=145.1 dB

与上行链路预算中遇到的问题一样：145.1 dB 到底能覆盖多少距离呢？

将(1)～(6)步计算的结果代入简化版的传播模型公式(7-26)，可得

$$路损\ L = 120.9 + 37.6\lg D \tag{7-26}$$

则当室内最大路损为 145.1dB 时，覆盖站间距为

$$145.1 = 120.9 + 37.6\lg D$$

计算得：下行覆盖站间距 D=4.4 km。

确定站间距后，如何确定覆盖半径呢？

2. 基站间距及基站覆盖面积计算

NB-IoT 系统的覆盖模型与其他蜂窝无线系统类似，可理解为正六边形的蜂窝形状。其中常用的蜂窝组网有以下两种类型，如图 7-7 所示。

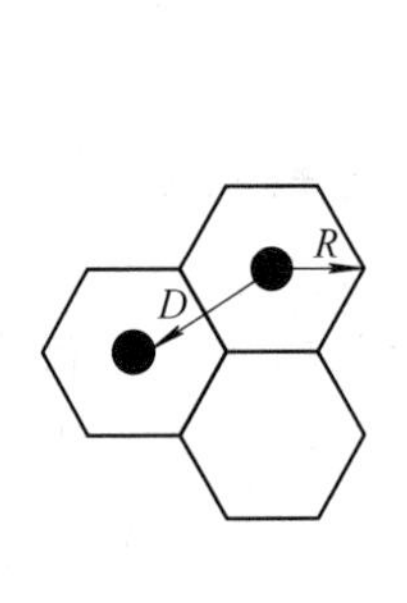

全向站型

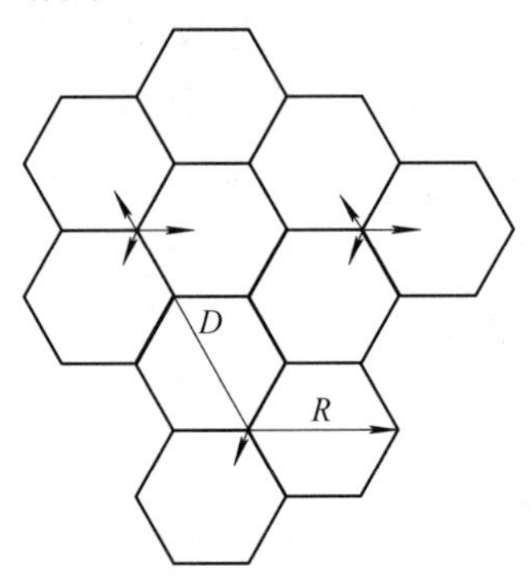

定向站型(65° 三扇区)

图 7-7　基站覆盖模型示意图

两种模型下的站间距 D 和覆盖半径 R 的关系如表 7-7 所示。根据覆盖半径 R，可推算出单小区的覆盖面积。

表 7-7　基站覆盖模型与站间距关系表

	全向站	定向站(65° 三扇区)
站间距 D	$D=\sqrt{3}R$	$D=1.5R$
面积 S	$S=2.6R^2$	$S=1.95R^2$

计算结果表明，在 NB-IoT 常用的定向站(65° 三扇区)的业务模型中：

(1) 下行方面站间距为 4.4 km，$R=D/1.5=5.62/1.5=2.93$ km；

(2) 单站覆盖面积：$S=1.95\times2.932=16.77$ km^2；

(3) 上行方面站间距为 5.55 km，$R=D/1.5=5.55/1.5=3.7$ km；

(4) 单站覆盖面积：$S=1.95\times3.72=26.70$ km^2。

可以看到 NB-IoT 系统的上下行链路基本平衡，在实际规划过程中可选择较小的一方作为实际规划距离，同时表中的损耗值仅供参考，实际需考虑充足的损耗。选取合适的传播模型也是影响链路预算的一个关键因素。

7.2　无线容量规划

本节主要从用户密度估算、业务模型选择、信道容量规划和站点规模估算几个方面进行介绍。

7.2.1　用户密度估算

参考 3GPP 协议 TR45.820 附录 Annex E：Traffic Models(容量模型)，如下：

E.1Cellular IoT device density per cell site sector

The cellular IoT device density per cell site sector is calculated by assuming 40 devices per household. The household density is based on the assumptions of TR 36.888 [3] for London in Table E.1-1.

此处用户密度基于两个假设：假设模型城市为伦敦，假设每个家庭拥有 40 个 NB-IoT 设备。小区覆盖范围如图 7-8 所示。

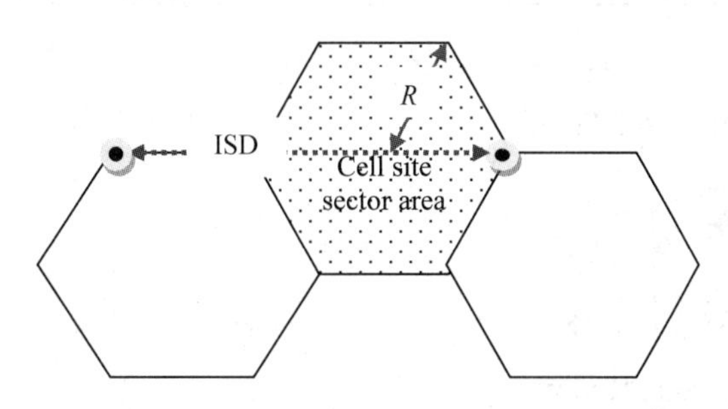

图 7-8　小区覆盖范围

协议中计算思路是：假设模型城市为伦敦，假设每个家庭拥有 40 个 NB-IoT 设备。则计算方法如下：

站间距(ISD) = 1732 m(站间距)

小区半径，R = ISD/3 = 577.3 m(覆盖半径)

小区覆盖范围(假定为规则的蜂窝六边形) = 0.86 km^2(覆盖面积)

每小区终端数目 = 小区覆盖面积 × 家庭密度 × 每个家庭的用户数

　　　　　　　= 52547

表 7-8 列举了每个小区中不同设备密度。

表 7-8　每小区中设备密度

场景	家庭密度/km^2	站间距/m	每个家庭的用户数	每小区终端数目
Urban	1517	1732	40	52547

注：上述计算案例为已知覆盖半径情况下基站计算结果，且协议中案例推荐的模型与实际蜂窝小区定向站点模型略有差异，实际蜂窝小区及基站覆盖模型如图 7-9 所示。

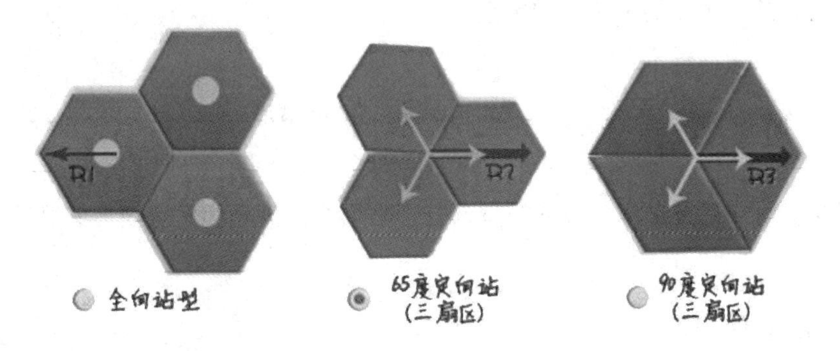

图 7-9　蜂窝小区及基站覆盖模型图

小区覆盖距离见表 7-9。

表 7-9　站间距及覆盖面积

	全向站	定向站 (广播信道 65°，三扇区)	定向站 (广播信道 90°，三扇区)
站间距	$D=\sqrt{3}R$	$D=1.5R$	$D=\sqrt{3}R$
面积	$S=2.6R^2$	$S=1.95R^2$	$S=2.6R^2$

本书采用的模型为 65° 定向站(三扇区)，与协议推荐案例的模型略有差异。由上述案例可知，3GPP 对于 NB-IoT 的容量目标是一个小区 50 000 的用户容量。

7.2.2　业务模型选择

3GPP 协议规定，NB-IoT 的业务模型为以下四种：

(1) Mobile Autonomous Reporting (MAR) exception reports(异常事件自动上报)；

(2) Mobile Autonomous Reporting (MAR) periodic reports(周期性上报)；

(3) Network Command(网络命令)；

(4) Software update/reconfiguration model(软件升级/重配置模型)。

业务需求量最大为 Mobile Autonomous Reporting (MAR) periodic reports 和 Network Command 这两种类型业务。TR45.820 E2.3 指出，网络命令模型数据大小均不超过 20 bytes。

TR45.820 E2.2 指出 MAR 周期上报模型常规数据包为 20 字节，最大为 200 字节，超过 200 字节按 200 字节计算。

综合外场实际业务包大小，选用 100 bytes 为规划标准，如表 7-10 所示。

表 7-10　单天平均业务量推算表

比例	业务周期	单天业务次数	业务次数权重
40%	24 小时	1	0.4
40%	2 小时	12	4.8
15%	1 小时	24	3.6
5%	30 分钟	48	2.4
单天平均业务量	11.2		

根据模型中业务请求周期及比例分布，可计算得每用户每小时平均接入次数为

$$\frac{1\times 40\%+12\times 40\%+24\times 15\%+48\times 5\%}{24}=0.467$$

在覆盖基础章节定义了覆盖等级，其中 CEL0 代表近端用户，CEL1 代表中间位置用户，CEL2 代表远端用户。当前主要的用户分布模型有两种，分别为 10∶0∶0 分布和 5∶3∶2 分布。当覆盖等级 0、1、2 比例为 10∶0∶0 时表示所有用户均分布在近基站位置，比例为 5∶3∶2 时表示近中远用户均匀分布。

7.2.3　信道容量规划

本节将从 NPRACH 信道容量、全近点 10∶0∶0 模型(NPRACH)、均匀分布 5∶3∶2 模型(NPRACH)，NPUSCH 信道容量、全近点 10∶0∶0 模型(NPUSCH)、均匀分布 5∶3∶2 模型(NPUSCH)，NPDSCH 信道容量、全近点 10∶0∶0 模型(NPDSCH)以及均匀分布 5∶3∶2 模型(NPDSCH)共九个方面进行详细介绍。

1. NPRACH 信道容量

NB-IoT 采用基于竞争的随机接入方式，UE 在 NPRACH 上发送 Preamble 时给每个符号组选择不同的子载波，即让 1 个 Preamble 内 4 个符号组之间跳频，但只能在起始位置(NPRACH-SubcarrierOffset-r13 in SIB2-NB)以上的 12 个子载波内跳频。4 个符号 12 个子载波共 48 种跳频方式，即同时支持 48 个用户发起随机接入请求，超过此数量会发生随机接入冲突。对于此类随机接入引发的随机冲突，可用泊松分布公式(7-27)来计算其发生概率。

$$P(X=n)=\frac{\lambda^{n}\mathrm{e}^{-\lambda}}{n!} \tag{7-27}$$

其中：X 为某事件发生的次数对应函数；n 为事件发生次数；λ 为单位时间(或单位面积)内随机事件的平均发生次数。

在随机接入过程中，设每秒接入总次数为 N，每秒随机接入总数为 G，则

$$\lambda=\frac{G}{N} \tag{7-28}$$

另设竞争前导码数量为 b，NB PRACH 周期为 T(单位：ms)，N 可表示为

$$N = b \times \frac{1(\mathrm{s})}{T(\mathrm{ms})/1000} = \frac{1000b}{T} \tag{7-29}$$

当 X=0 即不发生碰撞的概率为

$$P(X=0) = \frac{\lambda^0 \mathrm{e}^{-\lambda}}{0!} \tag{7-30}$$

发生碰撞的概率 P 表示为

$$1 - P = \mathrm{e}^{-\lambda} \tag{7-31}$$

计算得每秒随机接入的总数 G 为

$$G = \ln\left(\frac{1}{1-P}\right)\frac{1000b}{\text{PRACH周期}} \tag{7-32}$$

PRACH 周期配置范围为[40，80，160，240，320，640，1280，2560]ms，不同 CEL 分开配置，竞争前导码即基于竞争的 NPRACH 子载波个数配置范围为[8，10，11，12，20，22，23，24，32，34，35，36，40，44，46，48]。PRACH 周期一般近点分布 10∶0∶0 配置为 40 ms，均匀分布 5∶3∶2 配置为 640 ms。基于竞争的 NPRACH 子载波个数运营商规定配置为 12。

覆盖特性章节提到，根据外场测试结果，不同覆盖等级要达到 MCL 条件需要有不同的重传次数，对应 PRACH 资源时长为单个 Preamble 时长 × 重传次数，具体数据如表 7-11 所示。

表 7-11　上行接入与覆盖等级关系表

CE 0	11.2 ms(短 CP)、12.8 ms 扩展 CP(长 CP)	重复 2 次
CE 1	22.4 ms(短 CP)、25.6 ms 扩展 CP(长 CP)	重复 4 次
CE 2	179.2 ms(短 CP)、204.8 ms 扩展 CP(长 CP)	重复 32 次

2. 全近点 10∶0∶0 模型(NPRACH)

所有用户分布在近点，碰撞概率为 1/10＝10%，每秒接入次数为

$$G = \ln\left(\frac{1}{1-10\%}\right) \times 12 \times \frac{1000}{40} = 31.61 \tag{7-33}$$

每小时接入次数为

$$3600 \times G = 113\ 796 \tag{7-34}$$

3. 均匀分布 5∶3∶2 模型(NPRACH)

近、中、远用户均匀分布，碰撞概率为 1/10 = 10%，外场实际 PRACH 周期近中远点加权均值为 640 ms，则每秒接入次数为

$$G = \ln\left(\frac{1}{0.9}\right) \times 12 \times \left(\frac{1000}{640}\right) = 1.98 \tag{7-35}$$

以近点为参考，设近点比例为 1，中点比例为$\frac{3}{5}$，远点比例为$\frac{2}{5}$。近点每小时接入次数为 $G\times3600=7128$，中点每小时接入次数为 $G\times3600\times\frac{3}{5}=4277$，远点每小时接入次数为 $G\times3600\times\frac{2}{5}=2851$，总接入用户数为

$$7128+4277+2851=14\,256$$

综上所述，NPRACH 信道在所有用户分布在近点时接入能力为 113 796，用户均匀分布时接入能力为 14 256。

4. NPUSCH 信道容量

NB-IoT 的上行开销主要为 NPRACH 开销、NPUSCH ACK/NAK 开销、NPUSCH RRC 连接请求/RRC 连接建立完成信令开销和 NPUSCH 业务数据开销，其中 NPRACH 开销占比最大。

NPUSCH 信道容量为

$$\text{NPUSCH 信道容量}=\frac{\text{单位时间内可用时域资源}}{\text{单次发包占用的 NPUSCH 时长}}\times\text{调度效率} \tag{7-36}$$

NPUSCH 信道采用灵活的时域资源组合 RU 进行调度。信道章节提及 NPUSCH 有两种传输格式，格式 1 用来承载上行共享传输信道 UL-SCH，传输用户数据和信令，UL-SCH 传输块可通过一个或几个物理资源单位 RU 来调度发送；格式 2 用来承载上行控制信息(物理层)，如 ACK/NACK 应答。3GPP 协议 36.211 d20 10.1.2 章节对两种格式下 RU 做了明确的定义，格式 1 下包含 Single-Tone 和 Multi-Tone 两种模式，支持 3.75 kHz 和 15 kHz 子载波间隔；格式 2 只包含 Single-Tone，支持 3.75 kHz 和 15 kHz 子载波间隔。当上行采用 Single-Tone 3.75 kHz 模式时，物理层帧结构最小单位为基本时长 2 ms 时隙，Single-Tone 和 Multi-Tone 15 kHz 模式下，最小单位为时长 0.5 ms 时隙。Single-Tone 以 12 个连续的子载波进行传输，Multi-Tone 可按照 3、6、12 个连续子载波分组进行数据传输。相关协议内容如表 7-12 所示。

表 7-12　NPUSCH 格式的资源划分

<table>
<tr><th>NPUSCH format</th><th>Δf</th><th>N_{sc}^{RU}</th><th>N_{slot}^{UL}</th><th>时长</th><th>N_{symb}^{UL}</th></tr>
<tr><td rowspan="5">1</td><td>3.75 kHz</td><td>1</td><td>16</td><td>32 ms</td><td rowspan="7">7</td></tr>
<tr><td rowspan="4">15 kHz</td><td>1</td><td>16</td><td>8 ms</td></tr>
<tr><td>3</td><td>8</td><td>4 ms</td></tr>
<tr><td>6</td><td>4</td><td>2 ms</td></tr>
<tr><td>12</td><td>2</td><td>1 ms</td></tr>
<tr><td rowspan="2">2</td><td>3.75 kHz</td><td>1</td><td>4</td><td>8 ms</td></tr>
<tr><td>15 kHz</td><td>1</td><td>4</td><td>2 ms</td></tr>
</table>

用户接入网络时，需完成 MSG3/MSG4 信令交互，通过信令统计，MSG RRC 连接建立请求占用 88 bit，MSG4 RRC 连接建立完成占用 1304 bit。外场实际测试结果表明，各位置用户相应重复次数和 MCS 对应如表 7-13 所示。

表 7-13　用户位置与 MSC 等级及重复次数关系表

位置	重复次数	MCS 等级
近点	1	9
中点	2	0
远点	32	0

根据协议，MCS 对应的 TBS 及 NB-IoT NPUSCH 信道对应 TBS 表格分别见表 7-14、表 7-15、表 7-16。

表 7-14　I_{RU} 与 N_{RU} 关系表

I_{RU}	N_{RU}
0	1
1	2
2	3
3	4
4	5
5	6
6	8
7	10

表 7-15　MCS 索引、调制阶数与 TBS 索引关系表

MCS Index I_{MCS}	Modulation Order Q_m	TBS Index I_{TBS}
0	1	0
1	1	2
2	2	1
3	2	3
4	2	4
5	2	5
6	2	6
7	2	7
8	2	8
9	2	9
10	2	10

表 7-16　TBS 索引与 RU 资源大小的关系表

资源大小/bit I_{RU} / I_{TBS}	0	1	2	3	4	5	6	7
0	16	32	56	88	120	152	208	256
1	24	56	88	144	176	208	256	344
2	32	72	144	176	208	256	328	424
3	40	104	176	208	256	328	440	568
4	56	120	208	256	328	408	552	680
5	72	144	224	328	424	504	680	872
6	88	176	256	392	504	600	808	1000
7	104	224	328	472	584	712	1000	
8	120	256	392	536	680	808		

续表

资源大小/bit I_{RU} \ I_{TBS}	0	1	2	3	4	5	6	7
9	136	296	456	616	776	936		
10	144	328	504	680	872	1000		
11	176	376	584	776	1000			
12	208	440	680	1000				

RU 为整数调度，I_{RU} 对应总 TBS 数目大于需传输资源总数，各位置每次数据包传送占用的 NPUSCH 时间计算方式如下：

(1) 近点：

MCS 等级为 9，对应 I_{TBS}=9。传输数据包大小为 88 + 1304 = 1392 bit。I_{TBS}=9 时，最优组合为 1 × TBS 数目(I_{RU} = 5 时) + 1 × TBS 数目(I_{RU} = 3 时)=1552 bit，N_{RU}=4 + 6 = 10，Single-Tone 15 kHz 下总时长为 10 × 8=80 ms。

(2) 中点：

MCS 等级为 0，对应 I_{TBS}=0。最优组合为 5 × TBS 数目(I_{RU}= 7 时) + 1 × TBS 数目(I_{RU} = 4 时)=1400 bit，重传 2 次，N_{RU} =(10 × 5 + 5) × 2=110，Single-Tone 15 kHz 下总时长为 110 × 8=880 ms。

(3) 远点：

MCS 等级为 0，对应 I_{TBS}=0。最优组合为 5 × TBS 数目(I_{RU}=7 时) + 1 × TBS 数目(I_{RU}= 4 时)=1400 bit，重传 32 次，N_{RU}=(10 × 5 + 5) × 32=1760，Single-Tone 15 kHz 下总时长为 1760 × 8=14 080 ms。

各位置用户 NPUSCH 信道开销如表 7-17 所示。

表 7-17　各位置用户的业务信道开销情况

位置	重复次数	MCS 等级	NPUSCH 信道开销/ms
近点	1	9	80
中点	2	0	880
远点	32	0	14080

5. 全近点 10∶0∶0 模型(NPUSCH)

前面提到，CEL0 时 PRACH 资源长 CP 下重复两次对应的时长为 12.8 ms，在所有用户均分布在近点、PRACH 周期设置为 40 ms、NPRACH 载波设置为 12 且 NPURACH 与 NPUSCH 信道预留 15 kHz 保护带时，PRACH 占用上行信道比例为

$$\frac{12.8}{40}\times\frac{12\times 3.75+15}{180}\times 100\% = 8.3\%$$

NPUSCH 信道采用 15 kHz 子载波间隔 Single-Tone 模式，上行调度需考虑频率资源，12 个子载波每毫秒可用时域资源总数为

$$12\times(1-8.3\%) = 11.004$$

调度效率为 70%时，每小时 NPUSCH 容量为

$$\frac{11.004}{1\times 80}\times 3600\times 1000\times 70\%=346\ 626$$

6. 均匀分布 5∶3∶2 模型(NPUSCH)

前面提到，CEL0 时 PRACH 资源长 CP 下重复两次对应的时长为 12.8 ms，CEL1 时 PRACH 资源长 CP 下重复 4 次对应的时长为 25.6 ms，CEL2 时 PRACH 资源长 CP 下重复 32 次对应的时长为 204.8 ms。PRACH 周期设置为 640 ms、NPRACH 载波设置为 12 且 NPURACH 与 NPUSCH 信道预留 15 kHz 保护带时，PRACH 占用上行信道比例为

$$\frac{12.8+25.6+204.8}{640}\times\frac{12\times 3.75+15}{180}\times 100\%=12.7\%$$

NPUSCH 信道采用 15 kHz 子载波间隔 Single-Tone 模式，采用 RU 为基本单位需考虑频域，则 12 个子载波每毫秒可用时域资源总数为

$$12\times(1-12.7\%)=10.476$$

调度效率为 70% 时，每小时 NPUSCH 信道容量为

$$\frac{10.476}{0.5\times 80+0.3\times 880+0.2\times 14080}\times 3600\times 1000\times 70\%=8461$$

综上所述，NPUSCH 信道在所有用户分布在近点时接入能力为 346 626，用户均匀分布时接入能力为 8461。

7. NPDSCH 信道容量

NB-IoT 的下行开销包括由 NPSS/NSSS、MIB、SIB1 和 SI 系统消息组成的公共开销、寻呼开销、NPDCCH 信道开销、NPDSCH MSG2/MSG4/RRC 连接释放开销和 NPDSCH 数据业务开销。

公共开销占比最大，此处仅考虑公共开销，其计算方式为

$$\text{公共开销}=\frac{\text{信号/消息所占用的时长资源}}{\text{信号/消息对应的周期}} \tag{7-37}$$

按协议规定计算如下：

(1) NPSS(窄带主同步信号)占用每个无线帧的子帧 5 发送，NPSS 开销为

$$\frac{1}{10}\times 100\%=10\%$$

(2) NSSS(窄带辅同步信号)占用每个偶数无线帧的子帧 9 发送，NSSS 开销为

$$\frac{1}{20}\times 100\%=5\%$$

(3) MIB 消息周期为 640 ms，分 8 个块传输，每个块长 8 个无线帧，MIB 信息在每个块中每个无线帧的子帧 0 上传输，MIB 开销即为

$$\frac{8\times 8}{640}\times 100\%=10\%$$

(4) SIB1 消息周期为 2560 ms，分 16 个块，每个块 16 个无线帧，SIB 消息在每个块中奇数或偶数无线帧的子帧 4 传输，重复次数为 4、8、16，此处设定中间值为 8，则 SIB 开

销为

$$\frac{8\times(16/2)}{2560}\times100\%=2.5\%$$

SI 消息的开销与 SI 窗口大小、SI 周期和重复次数有关，可通过相关参数控制。此处设定 SI 窗口长度为 320 ms、周期为 2560 ms，每 8 个无线帧重复，可得 SI1 的开销为

$$\left(\frac{8\times4}{320}\times\frac{320}{2560}\right)\times100\%=1.25\%$$

设定 SI2、SI3 窗口长度为 320 ms、周期为 5120 ms，每 16 个无线帧重复，可得 SI2 开销为

$$\left(\frac{8\times2}{320}\times\frac{320}{5210}\right)\times100\%=0.31\%$$

取 SI4 窗口长度为 320 ms、周期为 2560 ms，每 16 个无线帧重复，可得 SI4 开销为

$$\left(\frac{8\times2}{320}\times\frac{320}{2560}\right)\times100\%=0.63\%$$

公共总开销为

$$10\%+5\%+10\%+2.5\%+1.25\%+0.31\%\times2+0.63\%=30\%$$

实验室结果统计，下行发送消息中，随机接入响应占 160 bit；RRC 连接建立占用 152 bit；RRC 连接释放占用 64 bit。NB-IoT 下行资源调度与 LTE 相同，但仅使用 QPSK 调度，Stand alone 模式下 MCS 范围为 0～12，参考协议中 MCS 索引与 TBS 索引对应关系表如表 7-18 所示。

表 7-18　MSC 索引与 TBS 索引列表

MCS Index I_{MCS}	Modulation Order Q_m	Modulation Order Q'_m	TBS Index I_{TBS}
0	2	2	0
1	2	2	1
2	2	2	2
3	2	2	3
4	2	2	4
5	2	4	5
6	2	4	6
7	2	4	7
8	2	4	8
9	2	4	9
10	4	6	9
11	4	6	10
12	4	6	11

根据协议中 NB-IoT，I_{TBS} 与 I_{SF} 的 TB size 表格如表 7-19 所示。

表 7-19　I_{TBS} 与 I_{SF} 的 TB size 表格

I_{TBS}	I_{SF}							
	0	1	2	3	4	5	6	7
0	16	32	56	88	120	152	208	256
1	24	56	88	144	176	208	256	344
2	32	72	144	176	208	256	328	424
3	40	104	176	208	256	328	440	568
4	56	120	208	256	328	408	552	680
5	72	144	224	328	424	504	680	
6	88	176	256	392	504	600		
7	104	224	328	472	584	680		
8	120	256	392	536	680			
9	136	296	456	616				
10	144	328	504	680				
11	176	376	584					
12	208	440	680					

结合 I_{SF} 与 N_{SF} 的对应关系(见表 7-20)，可初步计算出下行消息单次数据包所用时长。

表 7-20　I_{SF} 与 N_{SF} 的对应关系表

I_{SF}	N_{SF}
0	1
1	2
2	3
3	4
4	5
5	6
6	8
7	10

覆盖特性章节提及，不同用户位置所需重传次数不同，根据外场实际测试结果，用户位置、重传次数、MCS 等级关系如表 7-21 所示。

表 7-21　用户位置、重复次数与 MCS 等级要求

用户位置	重复次数	MCS 等级
近点	1	10
中点	1	1
远点	16	0

由表7-19、表7-20、表7-21可以得出以下计算结果：

单用户单次业务数据包占用NPDSCH信道的时间为

(1) 近点MCS=10，I_{TBS}=9，重传1次。

① MSG2 RAR随机接入响应：160 bit最少需I_{SF}=1的296 bit，对应N_{SF}=2，两个子帧时域上为2 ms。

② MSG4 RRC连接建立：152 bit最少需I_{SF}=1的296 bit，对应N_{SF}=2，两个子帧时域上为2 ms。

③ RRC连接释放：64 bit最少需I_{SF}=0的136 bit，对应N_{SF}=1，1个子帧时域上为1 ms。合计时长为2+2+1=5 ms。

(2) 中点MCS=1，I_{TBS}=1，重传1次。

① MSG2 RAR随机接入响应：160 bit最少需I_{SF}=4的176 bit，对应N_{SF}=5，5个子帧时域上为5 ms。

② MSG4 RRC连接建立：152 bit最少需I_{SF}=4的176 bit，对应N_{SF}=5，5个子帧时域上为5 ms。

③ RRC连接释放：64 bit最少需I_{SF}=2的88 bit，对应N_{SF}=3，1个子帧时域上为1 ms。合计时长为5 + 5 + 3 = 13 ms。

(3) 远点MCS=0，I_{TBS}=0，重传16次。

① MSG2 RAR随机接入响应：160 bit最少需I_{SF}=6的208 bit，对应N_{SF}=8，8个子帧时域上为8 ms。

② MSG4 RRC连接建立：152 bit最少需I_{SF}=5的152 bit，对应N_{SF}=6，6个子帧时域上为6ms。

③ RRC连接释放：64 bit最少需I_{SF}=3的88 bit，对应N_{SF}=4，4个子帧时域上为4 ms。重传16次，合计时长为(8 + 6 + 4) × 16=288 ms。

单用户每次发包占用NPDCCH信道时间如下：

根据实验结果，当用户对应不同CEL时，一次数据传输全流程需要不同次数的NPDCCH过程。近点时NB-IoT的一次上行数据的报告流程包括5个NPDCCH调度周期，占用5 ms；中点时包括18个NPDCCH调度周期，占用18 ms；远点时重复16次包括432个NPDCCH调度周期，占用432 ms。不同次数对应不同的事件开销，根据实验仿真结果，可得到在近、中、远点的单用户每次发包占用的NPDCCH信道时间(NPDCCH信道开销)如表7-22所示(计算步骤及原理较复杂，了解相关结果即可)。

表7-22　下行控制信道NPDCCH与业务信道NPDSCH开销范围与用户位置关系表

用户位置	重复次数	MCS等级	NPDSCH开销/ms	NPDCCH开销/ms
近点	1	10	5	5
中点	1	1	13	18
远点	16	0	288	432

8. 全近点10：0：0模型(NPDSCH)

设调度效率为70%，则每小时NPDSCH信道容量为

$$\text{NPDSCH 信道容量} = \frac{\text{单小区总可用资源}}{\text{单用户需要的资源}} \times \text{调度效率} \tag{7-38}$$

每毫秒单小区总可用资源为

$$1 \times (1 - 30\%) = 0.7\ \text{ms}$$

单用户需要的资源为

$$1 \times (5 + 5) = 10\ \text{ms}$$

可得每小时 NPDSCH 信道容量为

$$\text{NPDSCH 信道容量} = \frac{0.7}{10} \times 3600 \times 1000 \times 70\% = 176\ 400$$

9. 均匀分布 5∶3∶2 模型(NPDSCH)

设调度效率为 70%，则每毫秒单小区总可用资源为

$$(1 - 30\%) = 0.7\ \text{ms}$$

单用户需要的资源为

$$0.5 \times (5 + 5) + 0.3 \times (13 + 18) + 0.2 \times (288 + 432) = 158.3\ \text{ms}$$

可得

$$\text{NPDSCH 信道容量} = \frac{0.7}{158.3} \times 3600 \times 1000 \times 70\% = 11\ 143$$

7.2.4 站点规模估算

综合 NPRACH 信道、NPUSCH 信道、NPDSCH 信道的容量规划结果，见表 7-23。

表 7-23　估算站点规模依据表

信道类型	全近点 10∶0∶0 模型	均匀分布 5∶3∶2 模型
NPRACH	113 796	14 256
NPUSCH	346 626	8461
NPDSCH	176 400	11 143
每小时可接入用户	113 796	8461

代入每用户每小时平均接入次数 0.467，可得网络满负荷情况下支持的实际最大用户数为

(1) 全近点 10∶0∶0 模型：$\frac{113\ 796}{0.467} = 243\ 675$；

(2) 均匀分布 5∶3∶2 模型：$\frac{8461}{0.467} = 18\ 118$。

实际网络中，基站负荷达到 100% 时已完全无法进行正常业务，且基站还需完成数据调度等其他关键业务，接入预留资源有限。一般基站负荷要求低于 10%，以保障各项 KPI 值达到目标值。

第 8 章　无线室内分布工程设计及概预算

知识点

本章将基于“IUV MicroLab 统一教学资源平台(NB-IoT 方向)”进行实验演示，例如：室分系统部署实验、室分系统天馈设计实验、室分系统设计原理图制作实验、室分系统设计投资估算实验以及室分系统设计综合实验等，让读者能通过仿真软件的操作实践，深入了解无线室内分布工程设计及概预算。接下来主要介绍以下内容：

(1) 无线室内分布概述；
(2) 无线室内分布工程设计流程；
(3) NB-IoT 无线室内分布工程设计。

8.1　无线室内分布概述

本节从无线室内分布定义与 NB-IoT 无线室内分布工程两个方面进行介绍。

8.1.1　无线室内分布定义

室内分布系统用于解决室内等场景的覆盖问题，室外信号在穿透砖墙、玻璃和水泥等障碍物后只能提供浅层的室内覆盖，无法满足室内深度覆盖需要的良好体验。室内分布系统原理是利用室内天线分布系统将移动通信基站的信号均匀分布在室内每个角落，从而保证室内区域拥有理想的信号覆盖。

无线室内分布系统主要由信号源和信号分布系统两部分组成，如图 8-1 所示。

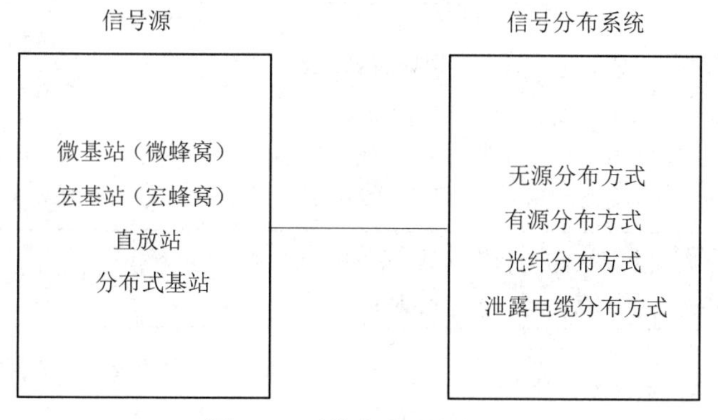

图 8-1　无线室内分布组成

1. 信号源

信号源是指室内分布系统中信号来源的方式和形式。

(1) 微基站(微蜂窝)。微蜂窝可看做是微型化的基站，该类型基站的主要设备放置在一个比较小的机箱内，同时微蜂窝可以提供容量。微基站的主要优点是体积小、安装方便、不需要机房，是一种灵活的组网产品。微蜂窝可以与天线同地点安装，如塔顶和房顶，直接用跳线将发射信号从微蜂窝设备连到天线。由于微蜂窝本身功率较小，因此只适用于较小面积的室内覆盖，若要实现较大区域的覆盖，就必须增加微蜂窝功放。同时由于微蜂窝安装在室外，条件恶劣，可靠性不如基站，维护不太方便。

(2) 宏基站(宏蜂窝)。宏基站需要在专用机房内采用机架形式安装，宏基站提供容量。其主要优点有：宏基站是移动通信网络的重要设备，容量大、可靠性高、维护比较方便、覆盖能力比较强、使用的场合比较多。缺点是设备价格昂贵，只能在机房内安装且安装施工较麻烦，不易搬迁，灵活性稍差。

(3) 直放站。直放站是一种信号中继器，对基站发出的射频信号根据需要放大，本身不提供容量，用于对基站无法覆盖且话务量需求比较小的区域进行补充覆盖。常见的直放站类型包括无线直放站和光纤直放站两大类，无线直放站可细分为宽带直放站、选频直放站和移频直放站。直放站的主要优点有：直放站配套要求低，可以不需要机房、电源、传输、铁塔等配套设备，建设周期短。直放站体积小，不需要机房，室外安装方便。

(4) 分布式基站。分布式基站一般由基带单元和远端射频单元组成。分布式基站是相对于传统的集中式基站而言的，它把传统基站的基带部分和射频部分从物理上独立分开，中间通过标准的基带射频接口(CPRI/OBSAI)进行连接。

传统基站的基带部分和射频部分分别被独立成全新的功能模块基带单元(BBU，Base Band Unit)和远端射频单元(RRU，Remote Radio Unit)，RRU 与 BBU 分别承担基站的射频处理部分和基带处理部分，各自独立安装，分开放置，通过电接口或光接口相连接，形成分布式基站形态。其主要优点有：分布式基站能够共享主基站基带资源，可以根据容量需求随意更改站点配置和覆盖区域，满足运营商各种场景的建网需求。

室分信源优点及缺点比较表，详见表 8-1。

表 8-1　室内分布系统信源优缺点对比

信号源	优　点	缺　点
微蜂窝	安装方便、适应性广、规划简单、灵活	覆盖能力小，可靠性不如宏基站，维护不太方便，扩容能力不足
直放站	无需传输、技术成熟、施工简单、建设成本较低	干扰严重、同步问题严重、扩容能力不足、受宿主基站影响、运维成本高
分布式基站	安装方便、适应性广、规划简单、灵活、基带共享、易扩容、运维成本低	与直放站相比，造价较高
宏基站	容量大、稳定性高	设备价格昂贵、需要机房、安装施工较麻烦、不易搬迁、灵活性稍差

2. 信号分布方式

信号分布方式是室内分布系统中功率分配方式的表现形式。室分系统按中继方式可分为无源分布方式和有源分布方式；按射频信号传输介质方式，可分为同轴电缆分布方式、光纤分布方式、泄露电缆分布方式等。

(1) 无源分布方式。无源分布式系统由无源器件功分器、耦合器、天线、馈线等组成，信号源通过耦合器、功分器等无源器件进行分路，经由馈线将信号分配到每一副分散安装在建筑物各个区域的天线上，解决室内信号覆盖问题，如图 8-2 所示。(图中连接天线的是馈线)

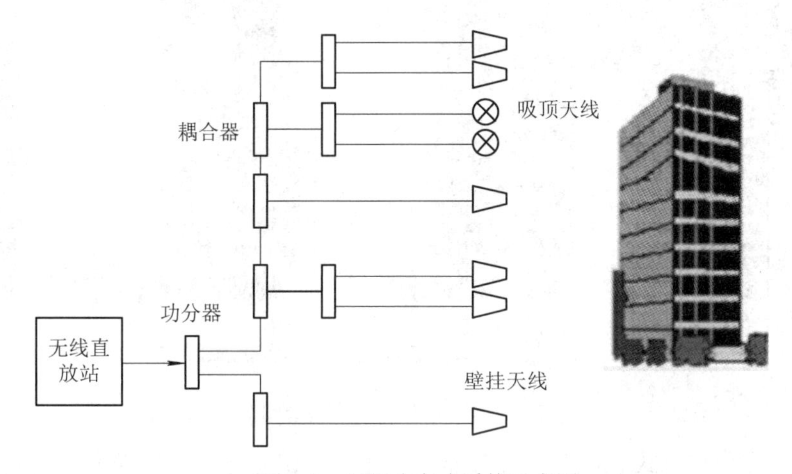

图 8-2　无源分布式系统示意图

无源分布式系统设计较为复杂，需要合理设计分配到每一支路的功率，使得各个天线功率较为平均。无源分布式有成本低、故障率低、无需供电、安装方便、维护量小、无噪声积累、适用多系统等优点，因此无源分布方式是实际使用最为广泛的一种室内信号分布方式。

无源分布方式中，信号在传输过程中产生的损耗无法得到补偿，因此无源系统覆盖范围受到限制。一般用于小型写字楼、超市、地下停车场等较小范围区域覆盖。

对于面积较大场所，室内分布系统中需增加有源器件以补充线路的损耗，增大覆盖范围。

(2) 有源分布方式。有源分布系统通过有源器件(有源集线器、有源放大器、有源功分器)进行信号放大和分配，利用多个有源小功率干线放大器对线路损耗进行中继放大，使用同轴电缆作为信号传输介质，再经过天线对室内各区域进行覆盖，如图 8-3 所示。有源分布系统主要器件包括信号源、电桥、干线放大器、功分器、耦合器、射频同轴电缆、天线等。该系统不仅解决了无源天馈分布方式覆盖范围受馈线损耗限制的问题，并具备告警、远程监控等功能，适用于结构较复杂的大楼和场馆等建筑。

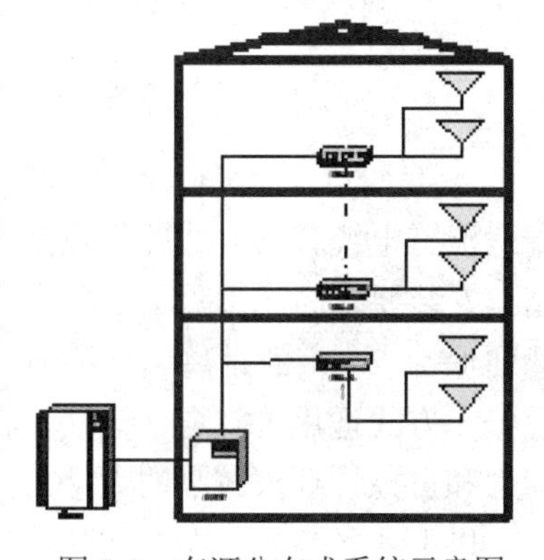

图 8-3　有源分布式系统示意图

(3) 光纤分布方式。光纤分布方式系统是把从基站或微蜂窝直接耦合的电信号转换为光信号(电光转换)，利用光纤将射频信号传输到分布在建筑物各个区域的远端单元，在远端单元再进行光电转换，经放大器放大后通过天线对室内各个区域进行覆盖，如图 8-4 所示。该系统主要包括信号源、光近端机、远端机、干线放大器、功分器、耦合器、射频电缆、天线等器件。该系统的优点是光纤传输损耗小，解决了无源天馈分布方式因布线过长造成的线路损耗过大问题。缺点是设备较复杂，工程造价高。光纤分布方式用于布线距离较大的分布式楼宇以及大型场馆等建筑的覆盖。

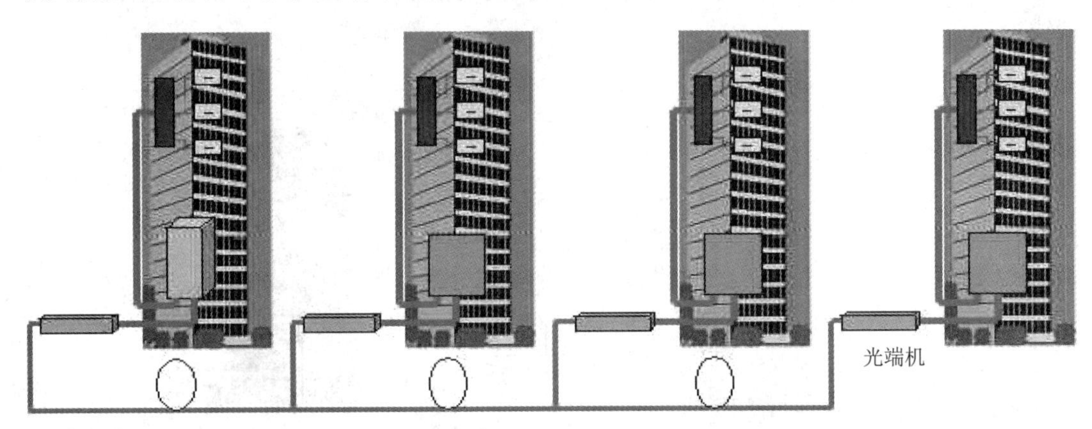

图 8-4　光纤分布式系统示意图

(4) 泄露电缆分布方式。泄露电缆分布方式是通过泄露电缆传输信号，并通过泄露电缆外导体的一系列开口在外导体上产生表面电流，在电缆开口处横截面上形成电磁场，这些开口就相当于一系列的天线，起到信号的发射作用。该系统主要包括信号源、干线放大器、泄露电缆，如图 8-5 所示。

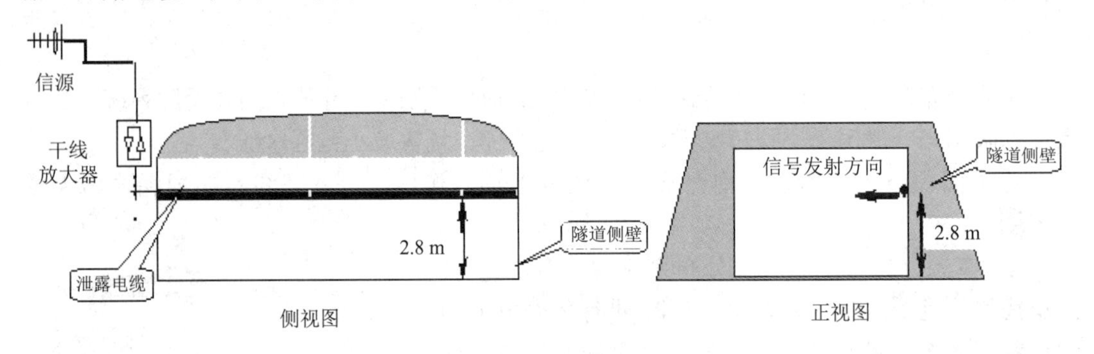

图 8-5　泄露电缆分布方式示意图

泄露电缆分布方式的优点是覆盖均匀、带宽值高。泄露电缆分布式系统的缺点是造价高、安装要求高，每隔 1 m 要求装一个挂钩，悬挂起来时电缆不能贴着墙面，而且要求与墙面保持 2 cm 的距离，这不但会影响环境的美观，而且价格是普通电缆的两倍。泄露电缆分布方式适用于隧道、地铁、长廊、电梯井等特殊区域，也可用于对覆盖信号强度的均匀性和可控性要求较高的大楼。

以上各种信号分布方式的优缺点，详见表 8-2。

表 8-2　各种信号分布方式的优缺点

信号分布方式	优　点	缺　点
无源分布式	使用无源器件、成本低、故障率低、无需供电、安装方便、无噪声积累、宽频带	系统设计较为复杂，信号损耗较大时需加干放
有源分布式	设计简单、布线灵活、场强均匀	需要供电、频段窄、多系统兼容困难、故障率高、有噪声积累、造价高
光纤分布方式	传输损耗低、传输距离远、易于设计和安装、信号传输质量好、可兼容多种移动通信系统	远端模块需要供电、造价高
泄露电缆分布方式	场强分布均匀、可控性高、频带宽，多系统兼容性好	造价高、传输距离近、安装要求严格

8.1.2　NB-IoT 无线室内分布工程

本小节从 NB-IoT 无线室内分布意义、NB-IoT 室内分布系统的共用方式及常用室内分布设备与器件三个方面进行介绍。

1. NB-IoT 无线室内分布意义

目前国内蜂窝物联网阵营中主要使用两种技术：运营商采用的 NB-IoT 技术和阿里云采用的 LoRa。蜂窝物联网可以很好地解决 Zigbee 等非蜂窝物联网中的一些痛点，在网络可靠性、功耗、移动性等方面都为未来 IoT 设备以及 IoT 服务提供了更多的可能性。经几年的发展，LoRa 和 NB-IoT 在广覆盖上都取得了长足的进展。例如 NB-IoT 目前在全国已经完成超过 300 多个城市的覆盖，而 LoRa 也在全国多点开花。面对市场增量有限的局面，双方都需要新的市场拓展，例如广阔的室内覆盖市场，当前炙手可热的智慧家庭、工业互联网无疑是未来市场规模增长的高地。据权威机构预测，到 2020 年，中国的智慧家庭潜在市场规模约为 5.8 万亿元，发展空间巨大。对于工业互联网市场，机构预计到 2020 年，工业互联网市场全球规模将达到 2250 亿美元，且工业互联网将在电力、再生能源、航空、油气、化工、矿业等领域具有大展拳脚的空间。尤其是现在智能家庭、工业互联网市场方兴未艾，无论是市场未来发展的广度还是深度都值得投入重兵发展。更重要的是，谁能在产业发展之初就占据市场领先地位，谁就能够获得更多的产业链支持，形成更为完善的生态系统，从而在未来获得更大的赢面。

在阿里云宣布 LoRa 进军室内场景之前，NB-IoT 已经开始了室内覆盖的尝试，如室内定位、智能抄表、智慧电梯、地下停车场的智慧停车、家庭安防等。NB-IoT 背靠运营商对于室内场景覆盖有着天然的优势：使用确定的授权频谱资源，并可利用运营商原有的室分系统完成覆盖，如原有室内场景有传统 DAS(分布式天线系统)，可通过设备升级或者加装 NB-IoT 信源与 GSM 共用端口输出的方式完成；小基站覆盖场景也可通过更换设备完成。虽然目前 NB-IoT 多用于宏站广覆盖，但针对有特殊需求的场景，运营商也会增开 NB-IoT 室分站点。

2. NB-IoT 室内分布系统的共用方式

当建筑物内存在多系统共用场景时，运营商铺设的室内分布系统需同时考虑不同频段、不同制式信号源的接入要求，采用室内分布系统的共用方式进行建设，可以一次建设后满足后续多频段、多制式的需求。按统一设计、分步实施的原则，在不同建设阶段，室内分布系统可能的共用方式有以下几种：

(1) 单一 NB-IoT 制式系统，如图 8-6 所示。

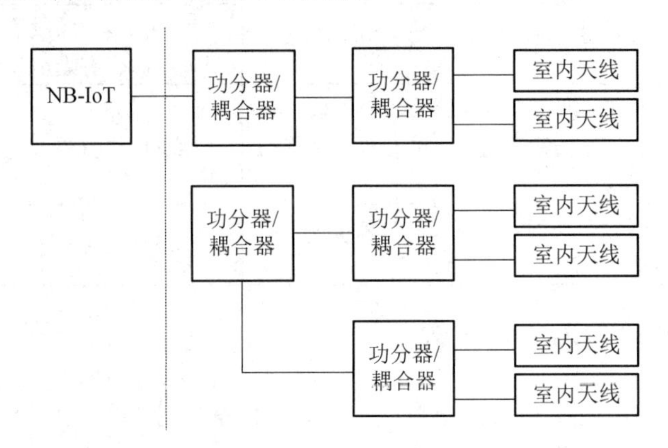

图 8-6　单一 NB-IoT 信号源室分系统示意图

(2) 单运营商多制式系统，主要采用合路器对信源信号合路，如图 8-7 所示。

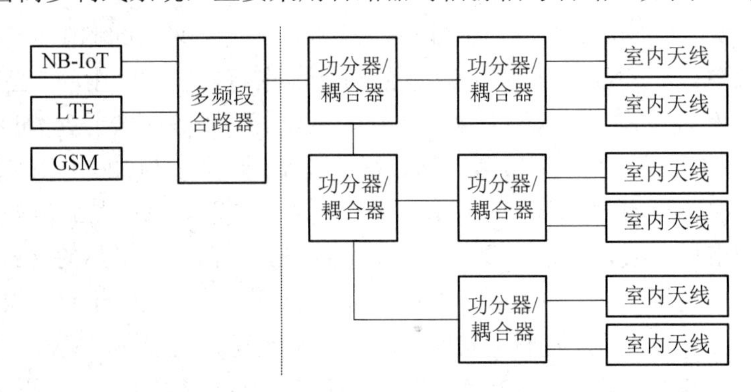

图 8-7　单运营商多信号源的合路示意图

(3) 多运营商信号源合路系统，采用多级合路方式对信源进行合路，如图 8-8 所示。

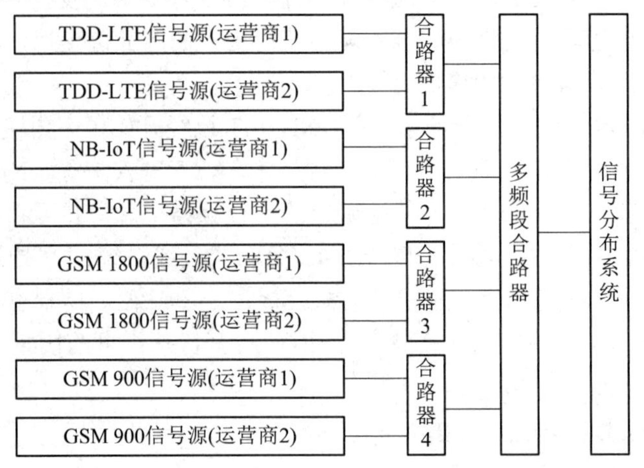

图 8-8　多运营商多信号源的合路示意图

3. 常用室内分布设备与器件

室内分布系统中使用的主要器件有合路器、天线、射频同轴电缆、电缆接头、泄露电缆、功分器、耦合器。

1) 合路器

合路器是将不同制式或不同频段的无线信号合成一路信号输出，同时实现输入端口之间相互隔离的无源器件，如图 8-9 所示。根据输入信号种类和数量的差异，可以选用不同的合路器。

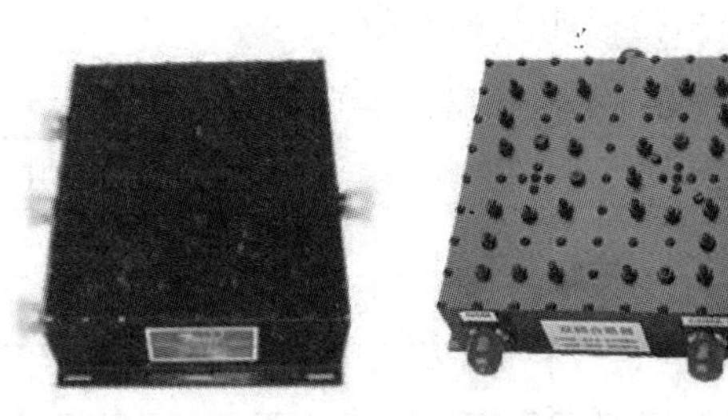

图 8-9　合路器

合路器的技术指标如表 8-3 所示。

表 8-3　合路器技术指标

端口标示	GSM/DCS	LTE-F&A&E
频率范围/MHz	885～960 / 1710～1830	1880～2025 / 2300～2400
插入损耗/dB	≤0.6	≤0.6
内带波动/dB	≤0.4	≤0.4
隔离度/dB	≥80 @1880～2025&2300～2400 MHz	≥80 @885～960 / 1710～1830
驻波比	≤1.25	
功率容量/W	200	
阻抗/Ω	50	
三阶互调/dBc	≤−125 @43 dBm × 2	
接口类型	N-K	
工作温度/℃	−25～+55	

2) 室内天线

室内天线又分为四种：吸顶天线、壁挂天线、八木天线和抛物面天线。

(1) 吸顶天线是水平方向的全向天线；

(2) 壁挂天线适用于覆盖定向范围的区域，例如在室内大厅等场景，为避免室分信号泄露到室外，多采用定向壁挂天线实现室内定向覆盖。

(3) 八木天线方向性较好，有部分八木天线在制造时采用加装板状外壳，与壁挂天线外形类似，适用做施主天线或电梯覆盖。

(4) 抛物面天线方向性好，增益高，对于信号源的选择性很强，适用做施主天线。

室内天线类型示意图如图 8-10 所示。

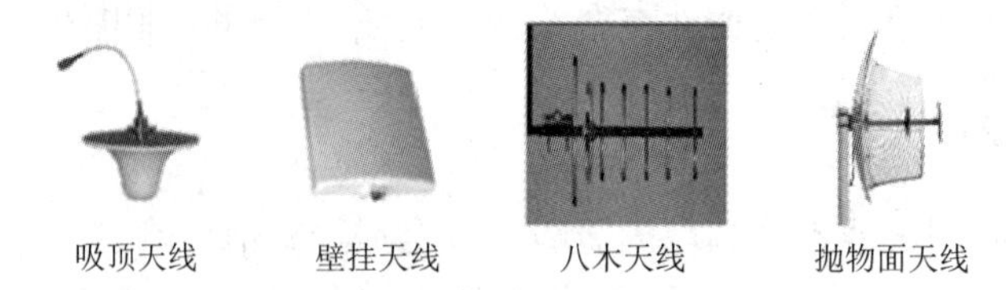

图 8-10　室内天线

宽频室内全向天线的技术指标如表 8-4 所示。

表 8-4　宽频室内全向天线技术指标

频率范围/MHz	800～960、1710～2500
增益/dBi	3
半功率波束/3dBi	360°
驻波比	≤1.5
极化方式	垂直
最大功率/W	50
阻抗/Ω	50
接口类型	N-K 母头
天线规格/mm	80 × 90(直径 × 高度)
天线重量	小于 350g
工作温度/℃	−25～+55

宽频室内定向天线技术指标如表 8-5 所示。

表 8-5　宽频室内定向天线技术指标

频率范围/MHz	800～960	1710～2500
增益/dBi	7	8
半功率波束/3 dBi	E：90° ±10°　H：85°	E：75° ± 15°　H：60°
驻波比	≤1.5	
极化方式	垂直	
最大功率/W	50	
阻抗/Ω	50	
接口类型	N-K 母头	
天线规格/mm	165 × 155 × 45(长 × 宽 × 厚)	
工作温度/℃	−25～+55	

室内分布系统天线的选用，需根据不同的室内环境、具体应用场合和安装位置，结合不同楼体本身结构，在尽可能不影响楼内装潢美观的前提下，选择适当的天线类型。

3) 射频同轴电缆

射频同轴电缆用作室内分布系统中射频信号的传输，俗称馈线。一般来说，射频同轴电缆工作频率范围在(100～3000)MHz 之间。常用的射频同轴电缆如编织外导体射频同轴电缆，如图 8-11 所示，其特点是比较柔软，可以有较大的弯折度，适合室内的穿插走线，具体规格有 8D、10D 等。

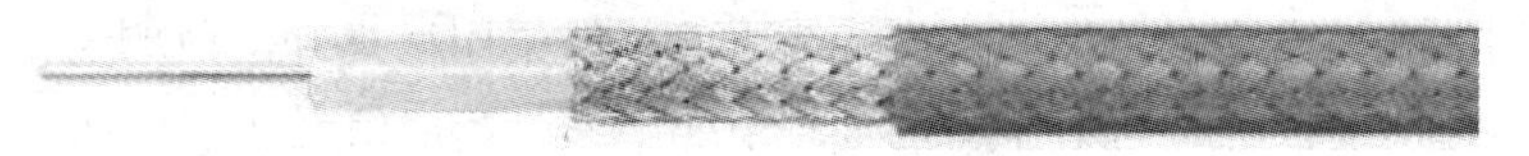

图 8-11　编织外导体射频同轴电缆

另外还有皱纹铜管外导体射频同轴电缆，常用型号是 1/2 in、7/8 in 等型号，如图 8-12 所示，其特点是硬度较大，对信号的衰减较小，屏蔽性比较好，多用于信号源的传输。

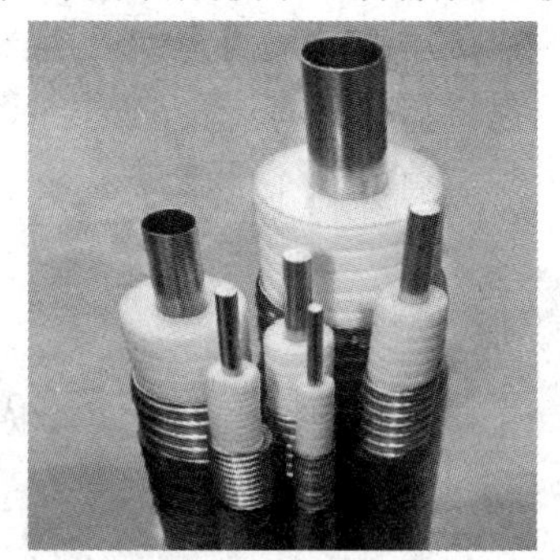

图 8-12　皱纹铜管外导体射频同轴电缆

射频同轴电缆技术指标如表 8-6 所示。

表 8-6　射频同轴电缆技术指标

产品类型	7/8 in 馈线	1/2 in 馈线	1/2 in 软馈线	10D 馈线	8D 馈线
馈 线 结 构					
内导体外径/mm	9.0 ± 0.1	4.8 ± 0.1	3.6 ± 0.1	3.5 ± 0.05	2.8 ± 0.05
外导体外径/mm	25.0 ± 0.2	13.7 ± 0.1	12.2 ± 0.1	11.0 ± 0.2	8.8 ± 0.2
绝缘套外径/mm	28.0 ± 0.2	16.0 ± 0.1	13.5 ± 0.1	13.0 ± 0.2	10.4 ± 0.2
护管外标识	制造厂商标志，型号或类型，制造日期，长度标志				
机 械 性 能					
一次最小弯曲半径/mm	120	70	30	—	—
二次最小弯曲半径/mm	360	210	40	—	—
最大拉伸力/N	1400	1100	700	600	600
电气性能(+20℃ 时)					
特性阻抗	50 ± 1 Ω				
最大损耗(dB/100m，900 MHz)	3.9	6.9	11.2	11.5	14
最大损耗(dB/100m，1900 MHz)	6	11	16	17.7	22.2
最大损耗(dB/100m，2450 MHz)	6.9	12.1	20	—	—
互调产物	< −140 dBc				
工作温度	−25℃～+55℃				

为减小馈线传输损耗，室内分布系统主干馈线可选用 7/8 in 同轴电缆，水平层馈线宜选用 1/2 in 同轴电缆。具体选用时要根据线路损耗具体条件而确定。

4) 电缆接头

同轴射频电缆与设备以及不同类型线缆之间一般采用可拆卸的射频连接器进行连接，这些连接器俗称电缆接头。它的作用是有时馈线不够长，需要延长馈线或者馈线要连接设备时，都需要接头进行转换。

转接头又叫转接器，在通信传输系统中用于连接器与连接器之间的连接，对连接器起转接作用。

公头和母头的区别：一般公连接器都是采用内螺纹连接，而母连接器是采用外螺纹连接，但有少数连接器相反，叫反连接器。还有一种简单区别的方法，公头中间有根针，外围是活动的；母头中间是环管，外围有螺纹不能活动，如图 8-13 所示。

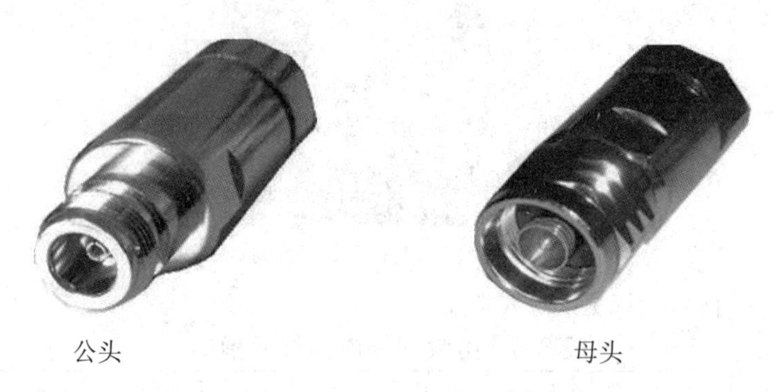

图 8-13　公头与母头的区别

连接器的命名方式，如图 8-14 所示。

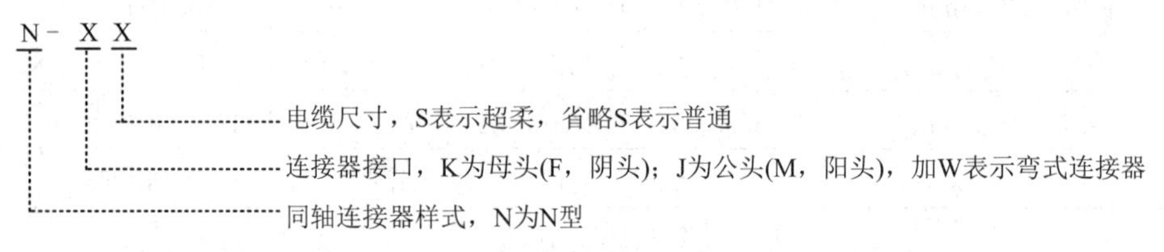

例如：N-J7/8 表示N型7/8公头连接器

图 8-14　连接器命名方式

N 型系列连接器是一种具有螺纹连接结构的中大功率连接器，具有抗振性强、可靠性高、机械和电气性能优良等特点，广泛用于振动和恶劣环境条件下的无线电设备以及移动通信室内覆盖系统和室外基站中，如图 8-15 和图 8-16 所示。

图 8-15　转接器举例 1

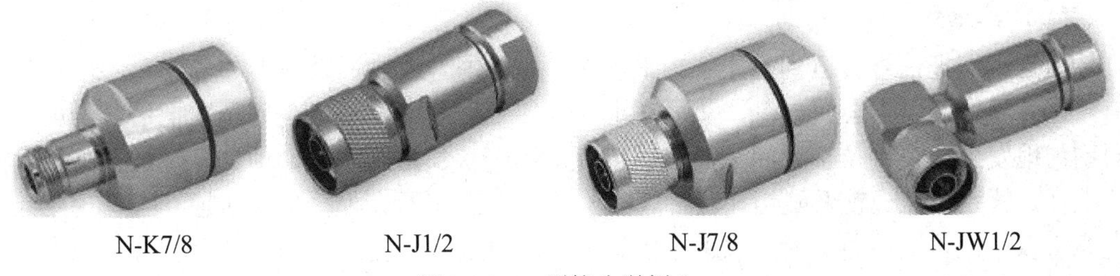

N-K7/8　　　　N-J1/2　　　　N-J7/8　　　　N-JW1/2

图 8-16　N 型接头举例 2

DIN 型连接器：适用的频率范围为(0～11)GHz，一般用于宏基站射频输出口。

N 型连接器：适用的频率范围为(0～11)GHz，用于中小功率的具有螺纹连接结构的同轴电缆连接器，这是室内分布中应用最为广泛的一种连接器，具备良好的力学性能，可以配合大部分的馈线使用。一般设备都是 N 型母头，DIN 头常见于基站类设备，连接基站或耦合基站时使用，而 N 头多用于室分器件连接。

一般来说，在连接两根馈线时，就要使用母头，此时母头不连接器件。器件自带的机头都是母头，馈线是公头，馈线接公头后直接就能接器件。直角弯头其实就是把公头的头部弯了 90° 便于施工，也比较美观。

DIN 连接器如图 8-17 所示。

7/16F-NM(母头)　　　　7/16M-NM(公头)

图 8-17　DIN 连接器

电缆接头技术指标如表 8-7 所示。

表 8-7　电缆接头技术指标

频率范围/MHz	800～2500	
阻抗/Ω	50	
驻波比	≤1.3	
接触电阻/mΩ	内导体：≤5；外导体：≤2.5	
接头类型	N 型	DIN 7/16 型
额定工作电压/V	＞1400	＞2700
屏蔽效率/dB	≥120	≥128
抗电电压/kV	1.8	4
互调产物/dBc	＜-140	
机械寿命(插拔次数)	＞500	
工作温度/℃	-25～+55	

5) 泄露电缆

泄露电缆把信号传送到建筑物内的各个区域，同时通过泄露电缆外导体上的一系列开口，在外导体上产生表面电流，从而在电缆开口处横截面上形成电磁场，把信号沿电缆纵向均匀地发射出去以及接收回来。泄露电缆适用于狭长形区域，如地铁、隧道及高楼大厦的电梯。特别是在地铁及隧道里，由于有弯道，加上车厢会阻挡电波传输，因此使用泄露电缆可以保证传输不会中断。泄露电缆也可用于对信号强度的均匀性和可控性要求高的大楼。泄露电缆如图 8-18 所示。

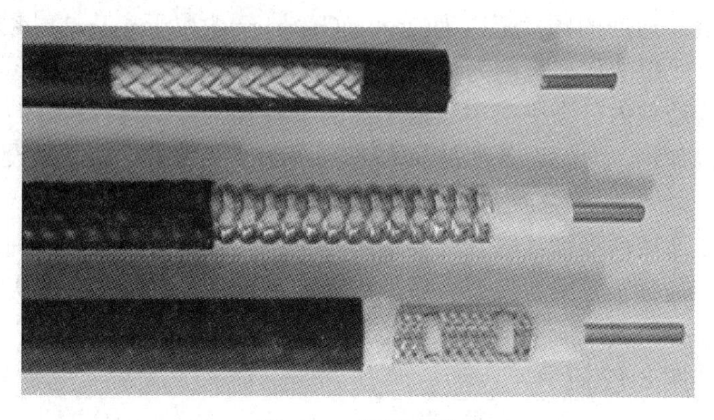

图 8-18　泄露电缆

泄露电缆技术指标如表 8-8 所示。

表 8-8　泄露电缆技术指标

频率范围/MHz	806～960，1710～2200，2400～2500	
阻抗/Ω	50	
功率容量/kW	0.48	
传输速率(%)	88	
类型	7/8" 泄露电缆	1/2" 泄露电缆
900 MHz	5	8.7
1900 MHz	8.2	11.7
2200 MHz	10.1	14.5
耦合损耗(距离电缆 2 m 处测量，50%覆盖率/95%覆盖率)		
900 MHz	73/82	70/81
1900 MHz	77/88	77/88
2200 MHz	75/87	73/85

6) 功率分配器

功率分配器简称功分器，作用是将信号平均分配到多条支路，常用的功分器有二功分器(如图 8-19 所示)、三功分器(如图 8-20 所示)和四功分器(如图 8-21 所示)。

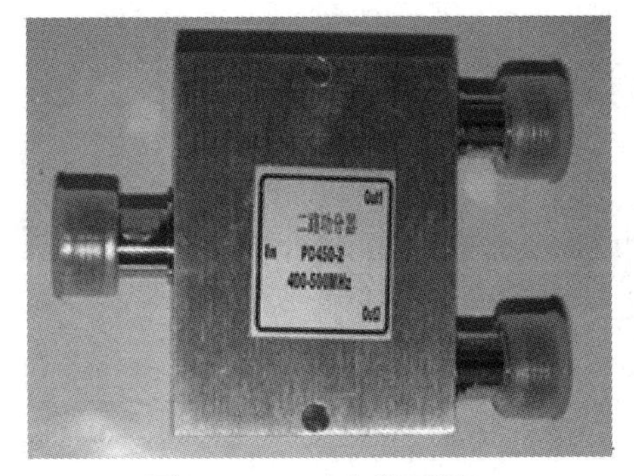

图 8-19　二功分器示例

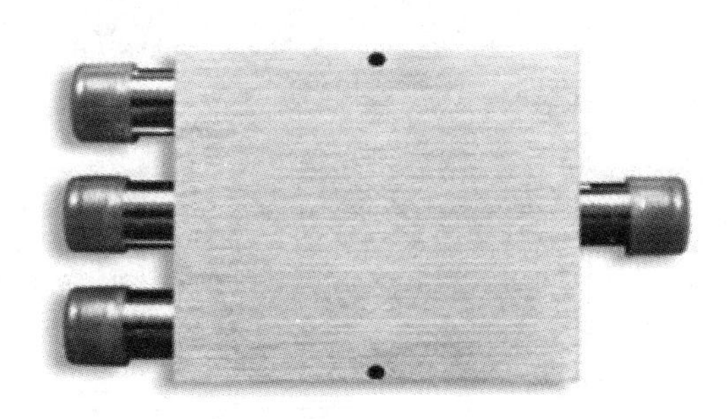

图 8-20　三功分器示例

图 8-21　四功分器示例

宽频功分器技术指标如表 8-9 所示。

表 8-9　宽频功分器技术指标

频率范围/MHz	800～960，1710～2200，2400～2500		
类别	二功分器	三功分器	四功分器
驻波比	≤1.22	≤1.3	≤1.3
分配损耗/dB	≤3.3	≤4.8	≤6.0
插入损耗/dB	≤0.3	≤0.5	≤0.5
隔离/dB	≥18		
功率容量/ W	50		
三阶互调	≤−120dBc @43dBm × 2		
接口类型	N-母头		
阻抗/Ω	50		
防护等级	IP64		
工作温度/℃	−25～+55		

功分器一般用于支路需要的输出功率大致相同的场景。使用功分器时，若某一输出口不输出信号，则必须接匹配负载，不应空载。

7) 耦合器

耦合器是一种低损耗器件，如图 8-22 所示。

图 8-22　耦合器

耦合器具有一输入两输出，相对于二功分器的一输入两均等输出，耦合器的输出信号具有一大一小的特点：直连端的输出的信号比较大，损耗小，可以看作直通，而耦合输出端的信号比较小，损耗大。工程上将主线信号与耦合输出端信号幅度比，称作“耦合度”，用 dB 表示。耦合端口功率 = 输入功率 − 耦合度，如图 8-23 所示。

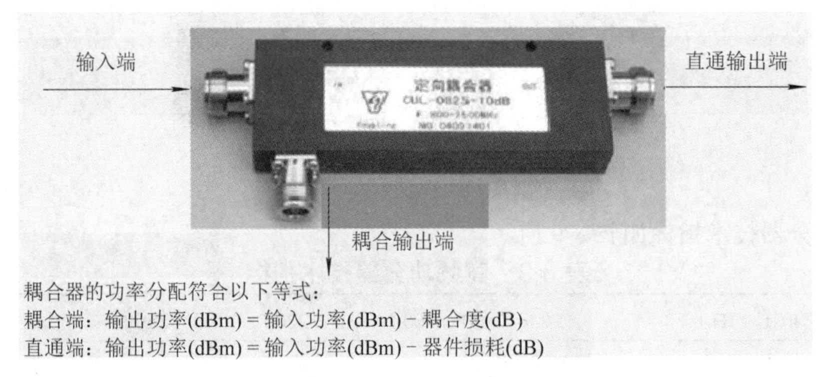

图 8-23　耦合器输出端功率示意图

耦合器的功率分配符合公式(8-1)和式(8-2)。

耦合端：　　输出功率(dBm) = 输入功率(dBm) − 耦合度(dB)　　(8-1)

直通端：　　输出功率(dBm) = 输入功率(dBm) − 器件损耗(dB)　　(8-2)

例如：1 个 10 dB 的定向耦合器，直通插损 0.8 dB，若输入端功率为 30 dBm，那么耦合器的直通输出端功率为 29.2 dBm，耦合输出端功率为 20 dBm。

常见耦合器的损耗及输入/输出功率表如表 8-10 所示。

表 8-10　耦合器损耗及输入/输出功率示意表

耦合器	5 dB	6 dB	10 dB	15 dB	20 dB
耦合端损耗/dB	5	6	10	15	20
直通插损/dB	1.8	1.5	0.8	0.4	0.2
输入端功率/dBm	30	30	30	30	30
直通端功率/dBm	28.2	28.5	29.2	29.6	29.8
耦合端功率/dBm	25	24	20	15	10

宽频耦合器技术指标如表 8-11 所示。

表 8-11　宽频耦合器技术指标

频率范围/MHz	800～960，1710～2200，2400～2500					
标称耦合度/dB	5	6	10	15	20	30
耦合度偏差	±0.8	±0.8	±1	±1	±1.5	±1.5
插入损耗/dB	≤2.0	≤1.8	≤0.8	≤0.4	≤0.2	≤0.2
隔离度/dB	≥20					
驻波比	≤1.4					
功率容量/W	≥100					
互调产物	＜-130 dBc @ 2*43 dBm					
特性阻抗/Ω	50					
接头类型	N-F					
工作温度/℃	-25～+55					

(8) 电桥。

如图 8-24 所示，电桥常用来将两个无线载频信号进行合路，合路后每一个输出端都具有这两路信号。电桥的端口有接收端 Rx 和发送端 Tx，若只使用其中 1 个输出端口，通常在 Load 端接负载，则使用另一输出端口进行信号合路输出，使用电桥进行信号合路有 3 dB 损耗。

图 8-24　电桥

电桥技术指标如表 8-12 所示。

表 8-12　电桥技术指标

频率范围/MHz	800～2500
插入损耗/dB	＜0.5
隔离度/dB	＞25
互调损耗/dBm	-110
回波损耗/dB	20
阻抗/Ω	50
驻波比	≤1.3
功率容量/W	100
工作温度/℃	-25～+55

8.2　无线室内分布工程设计流程

无线室内分布工程设计流程如下：

(1) 初步勘察：根据建筑物图、《室内分布工程设计任务书》、《室内分布方案指导书》，选择勘察工具，对现场进行初步勘察，获取建筑结构、覆盖区域的覆盖情况、附近基站分布、初步设想可用的室内分布信号源和组网方式。

(2) 方案沟通：用于室内分布系统的信号源选择，征询建设单位和业主的意见和建议，做好会议记录且会议决议双方签字确认。

(3) 详细勘察：通过现场勘察，完成必要的现场测试项目，填写勘察报告，为下一步开展方案设计提供充分的依据。

(4) 方案设计：设计详细的室内覆盖方案，内容包括信源选择、绘制系统原理图、天线布放图、走线图、模拟场测、工程概预算等室内分布方案，设计方案是指导工程安装的重要技术文件。

(5) 方案审批：与建设方进行会议评审，主要是审核设计方案是否合理，有无疏漏，方案审批通过后，输出项目计划书和开工报告。若方案审批未通过，则对有异议或疏漏的地方进行修改，再进行方案会审。

详细流程如图 8-25 所示。

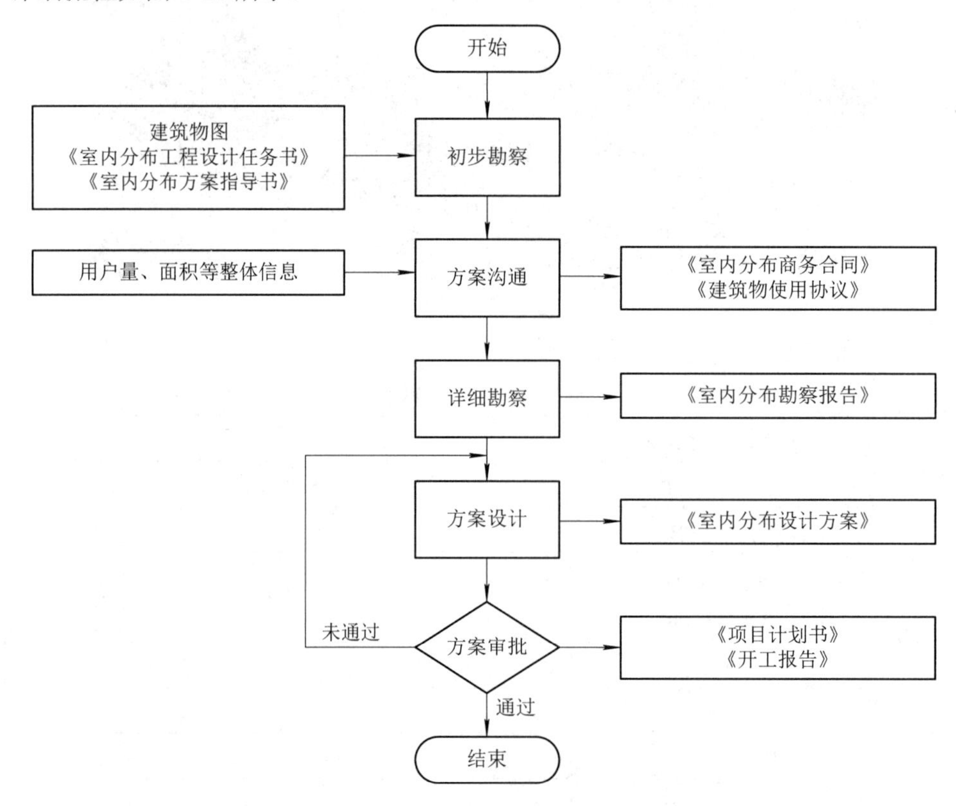

图 8-25　无线室内分布工程设计流程

8.3　NB-IoT 无线室内分布工程设计

本节将从 NB-IoT 无线室内分布工程设计启动、初步勘察、详细勘察、NB-IoT 无线室内分布工程方案设计以及概预算几个方面进行详细介绍。

8.3.1　NB-IoT 无线室内分布工程设计启动

无线室内分布工程设计的启动是对无线室内分布工程进行立项，立项的依据源于站点建设需求，例如运营商根据用户对弱信号区域的投诉收集或某些单位的站点建设需求等。运营商立项后，通过招投标环节来遴选合适的设计单位。当确定中标单位后，就可以委托中标方开展设计工作，中标方通过设计委托书开展设计工作。

工程设计委托书如表 8-13 所示。

表 8-13　工程设计委托书

<table>
<tr><td colspan="2">建设单位：M 市 N 运营商</td></tr>
<tr><td colspan="2">项目名称：M 市 N 运营商 Y 年 S 市 NB-IoT 网络室内分布工程</td></tr>
<tr><td colspan="2">设计单位：XX 设计有限公司</td></tr>
<tr><td colspan="2">工程概况</td></tr>
<tr><td colspan="2">某酒店对 NB-IoT 室内分布系统建设部署需求强烈，该酒店新采购的智能家居系统因室内无线信号覆盖不足而无法启用，现委托我司部署无线室内分布系统，实现室内信号覆盖。委托方酒店是一座商业宾馆，占地面积 1500 平方米，总建筑面积 10500 平方米，楼层共 7 层。酒店有会议室 5 个、餐厅 1 个、客房 55 间、电梯 1 部。

主要内容：
明确室内分布工程相关设备和器件选择，明确安装位置及安装方式。</td></tr>
<tr><td>投资控制范围：10 万元人民币</td><td>完成时间：2018 年 2 月</td></tr>
<tr><td colspan="2">委托单位(章)

项目负责人：</td></tr>
<tr><td colspan="2">主管领导：

2017 年 8 月 15 日</td></tr>
</table>

本章以下各部分，出现的“本工程”均指任务书规定的工程。中标设计单位收到委托书后，开展初步勘察工作。

8.3.2　初步勘察

初步勘察内容包括准备工作、勘察内容、勘察步骤、勘察工作内容和初步勘察结果。

1. 准备工作

初步勘察的准备工作分为工具准备和人员确认：

工具准备：笔记本电脑、AutoCAD、Microsoft Word 和 Visio、场强仪、数码相机、手持 GPS、测试手机、皮尺、建筑平面图及覆盖区周围基站地址表。

人员确认：室内覆盖设计工程师和运营商工程师(要求熟悉覆盖区域的环境)。

2. 勘察内容

初步勘察内容主要是收集覆盖目标的资料，如建筑图、实际环境等，具体有：

(1) 勘查覆盖区域的建筑结构；

(2) 分析覆盖区域的覆盖情况、附近基站分布及话务分布；

(3) 确定本次工程设计的具体覆盖区域；

(4) 建设方要求覆盖的区域；

(5) 业主强烈要求覆盖的区域；

(6) 若要保证进出电梯时正常切换，则要增加电梯信号强度；

(7) 初步拟定采用的室内分布系统信号源和组网方式。

3. 勘察步骤

依据新建室分或原有室分系统改造，步骤略有区别。本书以新建室内分布系统的勘察步骤为例进行说明。

(1) 机房勘察。

① 机房位置、信源方式确认：射频、光纤、宏蜂窝、微蜂窝；

② 信源电源方式：直流或交流；

③ 是否计划机房跟宏站共用机房。

(2) 楼宇、小区勘察。

① 确定需要覆盖的范围；

② 确定高层、标准层、裙楼结构、地下室结构及功能描述；

③ 确定楼宇通道、楼梯间、电梯间位置和数量及运行区间；

④ 确定电梯间共井情况、停靠区间、通达楼层高度及电梯间线缆进出口位置；

⑤ 确定楼宇电气竖井位置、数量、走线，确定空余空间及房间内部装修情况、天花板上部空间、能否布放电缆，确定馈线布放路由。

(3) 小区内跨楼光缆勘察。

了解小区内管线资源情况，目前管线占用情况。

(4) 室内分布系统天面勘察。

① 测经度、纬度；

② 绘制楼顶平面图及楼层立面图(标正北)；

③ 确定 GPS 天线安装位置；

④ 在平面图及立面图上确定 GPS 馈线走线路由。

(5) 确定室内分布系统天线位置(需满足覆盖要求)。

(6) 对于未确定功能的楼层，可在主干上接功分器、耦合器和负载以预留功率。

原有室内分布系统改造的勘察内容包括：

(1) 机房勘察。

① 机房位置、信源方式确认：射频、光纤、宏蜂窝、微蜂窝；

② 信源电源方式：直流或交流；

③ 机房是否跟大站共用机房；

④ 机房是否有空余空间摆放所有相关设备。

(2) 核实室内分布系统馈线的布线类型及路由。

(3) 核实线井是否有空余空间摆放 RRU 设备。

(4) 核实室内分布系统天线位置、无源器件频率支持范围，核实在改造中器件是否可以利旧。

(5) 确定室内分布系统天线位置。

(6) 小区内跨楼光缆勘察：了解小区内管线资源情况和目前管线占用情况。

(7) 室内分系统天面勘察(同新建室内分布系统)。

4. 勘察工作内容

勘察需要采集的信息有：

(1) 记录：实际基站名称、实际基站建筑物情况(楼宇尺寸、层高及层数)、详细地址和实际经纬度。

(2) 绘制：根据机房类型、塔桅类型，画出现场基站草图。草图包括机房尺寸大小、楼宇尺寸、机房和塔桅类型相对位置、天面到机房走线路由及尺寸。

(3) 拍照：包括 8 张相隔 45 度的环境照，3 张 3 个方位角照片，4 张天面照片，2 张走线路由照片，4 张机房情况，1 张楼宇整体照片。

(4) 在现场绘制草图，并根据草图数据绘制以下图纸：

① 机房总平面图(测量机房各项主要尺寸：房间的主要尺寸(长、宽、高)、门窗位置及尺寸、梁柱位置及尺寸、各种设备位置及尺寸和现有走线架(槽)、地沟和孔洞位置及尺寸)；

② 立面图；

③ 机房楼层平面图；

④ 设备平面布置图；

⑤ 明确各种电缆线、电力线、信号线走线方式，测量所需电缆布放的距离和需新增的走线架(槽)的规格和长度以及新增孔洞。

初步勘察的室分站点勘察表如表 8-14 所示。

表 8-14　室分站点勘察表

<table>
<tr><td colspan="4">S 市 NB-IoT 网络室内分布工程站点勘察表</td></tr>
<tr><td>查勘人：</td><td></td><td>查勘日期：</td><td>联系电话：</td></tr>
<tr><td colspan="2">站名：</td><td colspan="2">站址：</td></tr>
<tr><td colspan="4">楼宇详细情况说明：</td></tr>
<tr><td>拍照信息</td><td colspan="3">站点外观□　360°外观照(45°一张)□　楼内照片□　吊顶□　设备安装位置□</td></tr>
<tr><td rowspan="8">勘察信息</td><td>建筑物类型</td><td colspan="2">□交通枢纽　□公共场所　□宾馆酒店　□购物商场　□政府、机关、医院
□休闲场所　□学校　□写字楼　□住宅小区
□其他(　　　)</td></tr>
<tr><td>内部格局</td><td colspan="2">□已有装修格局　□无装修格局　□其他(　　　)</td></tr>
<tr><td>其他运营商覆盖情况</td><td colspan="2">□电信已覆盖　□移动已经覆盖　□都未覆盖</td></tr>
<tr><td>覆盖区域</td><td colspan="2"></td></tr>
<tr><td>天线安装(询问现场物业或者厂家)</td><td colspan="2">□可进房间　□不可进房间</td></tr>
<tr><td>走线要求(特殊场景，询问现场物业或者厂家)</td><td colspan="2">□已有线槽是否可借用　□楼层走线是否套管
□新增线槽</td></tr>
<tr><td>设备安装位置(针对无弱电井厂家，如学校、电影院、KTV 等)</td><td colspan="2"></td></tr>
<tr><td>测试</td><td>3G、4G 现场测试</td><td colspan="2">□外围　□地下室　□楼层</td></tr>
</table>

5. 初步勘察结果

初步勘察得到酒店的平面图分别如图 8-26～图 8-29 所示。

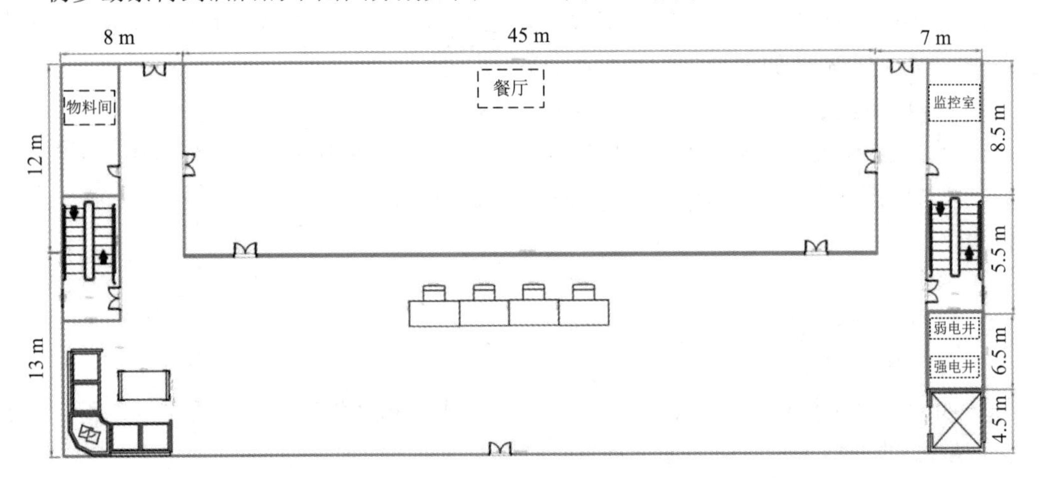

图 8-26　酒店 1F 平面图

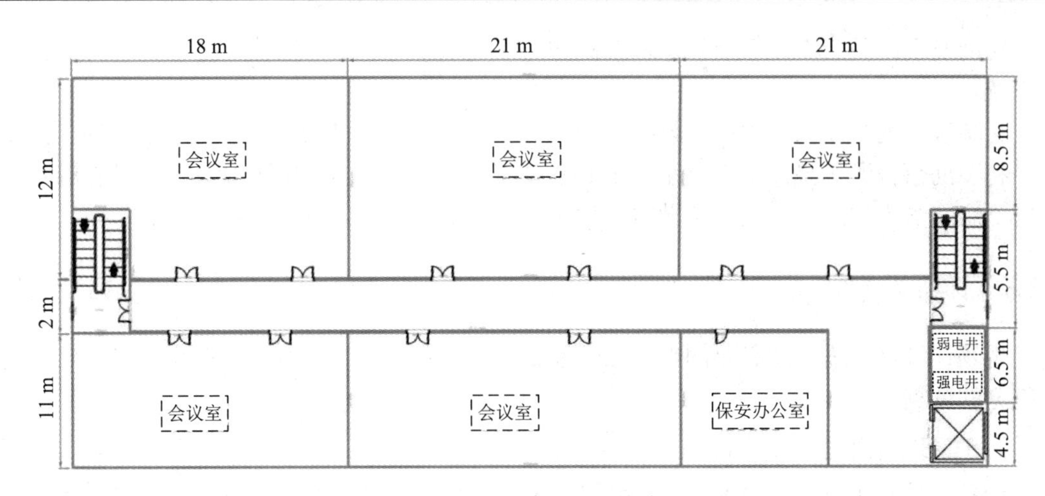

图 8-27　酒店 2F 平面图

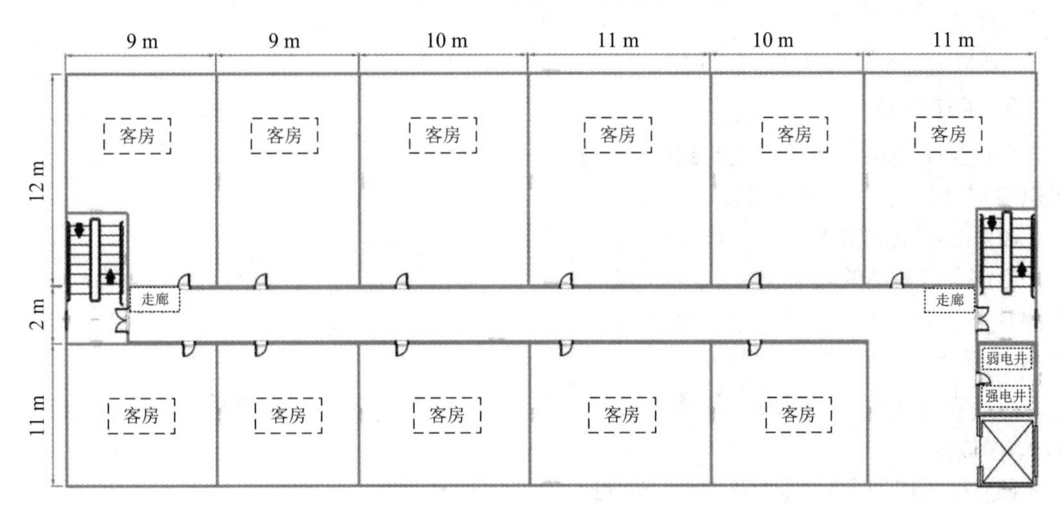

图 8-28　酒店 3F～7F 客房平面图

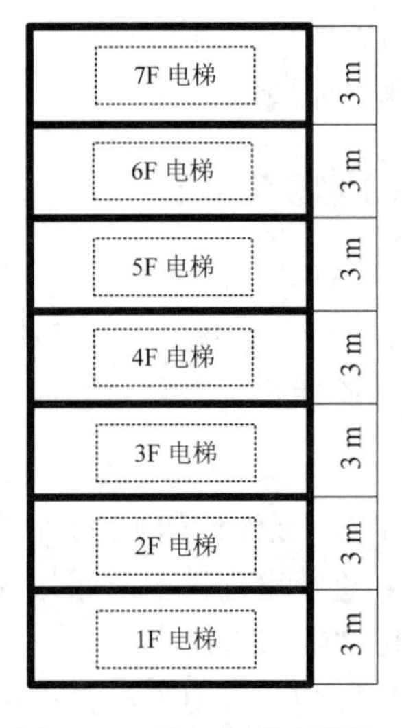

图 8-29　酒店电梯示意图

初勘发现距酒店500米处有本运营商的LTE基站，可以从附近基站接光传输至酒店室分系统。

初步容量勘察结果：酒店智能终端预估量1000个，1个NB-IoT小区可满足容量需求。

初步勘察信源选择：采用1个NB-IoT单模RRU和BBU，可实现酒店平层的覆盖。经与酒店负责人沟通，同意初步勘察的信源选择方案，接下来开展详细勘察工作。

8.3.3 详细勘察

现场详细勘察需完成必要的现场测试项目，填写勘察报告，为下一步开展方案设计提供充分的依据。

1. 详细勘察准备

设备：数码相机、场强仪、测试手机、皮尺、周围基站地址表、建筑平面图、初次勘察资料和交通工具。

人员：室内覆盖设计工程师和运营商工程师(要求熟悉覆盖区域的环境)。

2. 工作内容

(1) 根据建筑平面图和建筑结构，核实图纸与实际尺寸是否一致，如果不一致，则应对重要尺寸进行手工测量以校正图纸。

(2) 根据室内覆盖容量需求，计算基站数量。

(3) 确定基站的安装位置(必须满足三线条件，考虑工程施工条件以及施工难度)，拍数码照片并记录。天线类型有全向吸顶天线、平板定向天线、八木天线。(结合运营商需求选择适当频段的天线。)

(4) 结合容量需求和用户分布，确定覆盖各区域天线类型和安装位置，拍数码照片并记录。

(5) 对室内覆盖范围及周边进行路测，记录场强分布。

(6) 开展CQT测试，并作记录。重点是敏感切换区。

(7) 记录覆盖目标区所属呼叫区最近一周的基站话务数据。

(8) 填写各项数据表格，完成现场勘察报告。

8.3.4 NB-IoT无线室内分布工程方案设计

无线室内分布工程方案设计是指导工程安装的重要技术文件，包含详细的室内覆盖方案(设备选型)，绘制系统原理图、天线布放图、走线图等。方案制作由详细现场勘察结果分析、设备选型、天线位置选择和原理图、概预算等内容组成。

1. 设备选型

从现场酒店智能设备数量及增量冗余，预估1000个终端。1个小区可以满足容量需求。

本方案采用新建NB-IoT方式进行室内覆盖，采用BBU + RRU(NB-IoT单模)，考虑后续多系统合路，信号预留3.5 dB的合路耦合损耗。

主设备安装在电梯井旁的弱电井中，采用市电直接供电方式，无需新增配置专门的电源设备，所需电源引入由酒店提供。为了保证基站设备供电的安全性和可靠性，可考虑采用电池和 UPS 方式解决后备用电问题。为方便引电，BBU 和 RRU 均放置在弱电井中，挂墙安装，对安装条件要求简单，无配套要求。

本基站的传输可从酒店附近 500 米的 LTE 基站引 1 条光路传输。

2. 覆盖场强分析

天线布放设计是确定天线之间的最小间距，在室内环境中采用式(8-3)链路预算计算最小间距。

$$L = 32.44 + 20\lg d + 20\lg f \tag{8-3}$$

(1) 室内天线最大功率发射时的边缘信号强度。假设天线输出功率最大是 15 dBm，天线增益是 2 dBi，天线覆盖距离是 30 m，穿透损耗 900 MHz 为 15 dB，2400 MHz 为 20 dB，则两频率的边缘信号强度如表 8-15 所示。

表 8-15　天线满功率时的边缘信号强度

名　　称	数值	单位
天线出口功率	15	dBm
天线增益	2	dBi
天线覆盖距离	30	m
1 层墙体穿透损耗 900 MHz	15	dB
1 层墙体穿透损耗 2400 MHz	20	dB
900 MHz 频率边缘信号强度	−59.07	dBm
2400 MHz 频率边缘信号强度	−72.59	dBm

(2) 室内天线最小功率发射的边缘信号强度。假设天线输出功率最小是 0 dBm，天线增益是 2 dBi，天线覆盖距离是 30 m，穿透损耗 900 MHz 为 15dB，2400 MHz 为 20dB，则两频率的边缘信号强度如表 8-16 所示。

表 8-16　天线最小功率时的边缘信号强度

名　　称	数值	单位
天线出口功率	0	dBm
天线增益	2	dBi
天线覆盖距离	30	m
1 层墙体穿透损耗 900 MHz	15	dB
1 层墙体穿透损耗 2400 MHz	20	dB
900 MHz 频率边缘信号强度	−74.07	dBm
2400 MHz 频率边缘信号强度	−87.59	dBm

结合外场对 NB-IoT 信号覆盖强度的要求是大于 −80 dBm。在已知本工程的在天线最小出口功率值的情况下，采用 900 MHz 频率进行覆盖，室内天线间距 60 m 内，均可满足 −80 dBm 的覆盖指标要求。

3. 天馈设计图

根据现场勘察及场强分析，结合天线分布，选取合适的无源器件，合理进行天线输出功率分配。各无源器件的耦合损耗参考如表 8-17 所示。

表 8-17　无源器件损耗参考表

类　型	器　　件	损　耗　值
功分器	二功分器	3.5 dB
	三功分器	5.4 dB
	四功分器	6.7 dB
耦合器	6 dB 耦合器	1.5 dB
	10 dB 耦合器	1.0 dB
	15 dB 耦合器	1.0 dB
	20 dB 耦合器	1.0 dB
馈线(900M)	8D　馈线	14.0 dB / 100 m
	10D　馈线	11.1 dB / 100 m
	1/2" 馈线	7 dB / 100 m
	7/8" 馈线	3.8 dB / 100 m

天馈设计主要是无源器件的选型。例如酒店 1F 采用 4 个天线，如何把这 4 个天线从弱电井的平层输出端 A 通过无源器件连起来，如图 8-30 所示。

图 8-30　酒店 1F 天馈设计示意图

可以有如下思路：

选用 1 个二功分器可以连接 2 个天线，如图 8-31 所示。

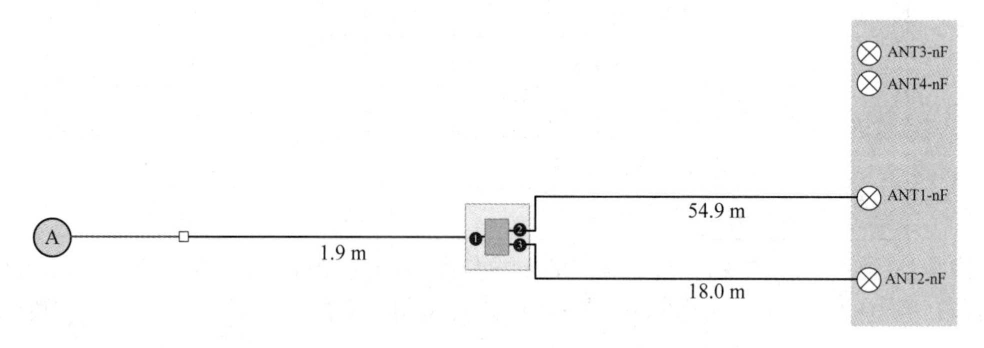

图 8-31　酒店 1F 天馈布放示意图 1

选用 3 个二功分器，可实现该平层 4 个天线的馈线连接，如图 8-32 所示。

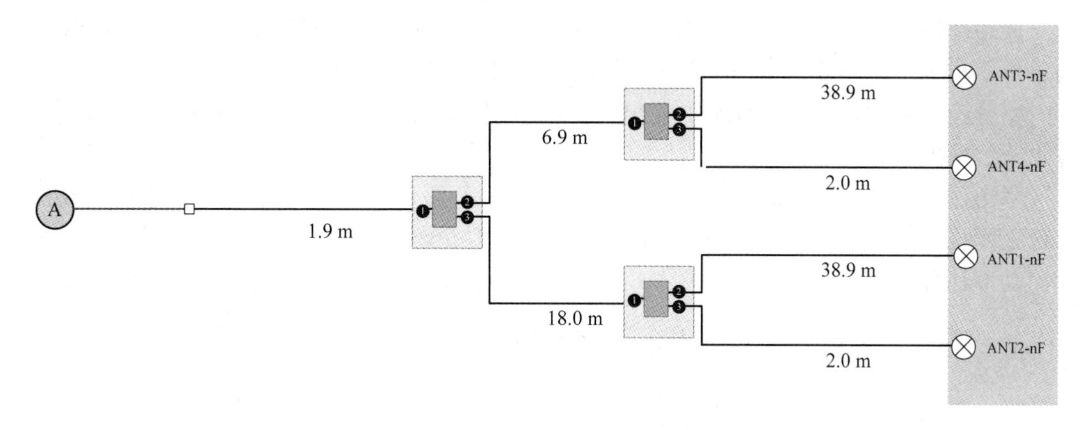

图 8-32　酒店 1F 天馈布放示意图 2

选用 1 个四公分器，直接把 4 个天线连起来，如图 8-33 所示。

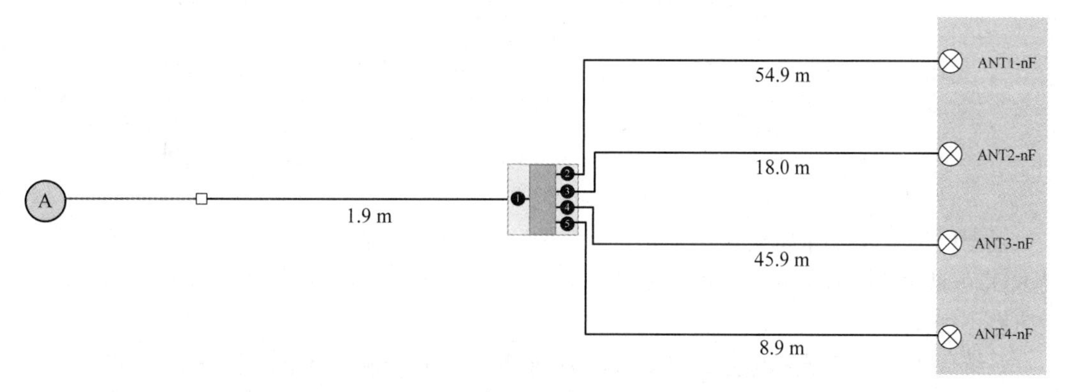

图 8-33　酒店 1F 天馈布放示意图 3

可通过《NB-IoT 无线室内分布系统设计——天馈布放小实验》，模拟天馈设计布放环节的器件选型过程，如图 8-34 所示。

NB-IoT无线室内分布系统设计——天馈布放小实验

实验背景

某市某酒店新采购的智能家居系统因室内无线信号覆盖不足而无法启用，现委托当地运营商部署无线室内分布系统，实现室内信号覆盖，以启用智能家居系统。假设你是运营商的无线室内分布系统设计专业人员，请根据建设需求，完成无线室内分布系统天馈布放设计小实验。

实验目的

本实验考察无线室内分布系统接入设计中天馈布放设计知识点。

实验要求

1. 根据建设要求，在平面图纸中完成无线室内分布系统接入的天馈布放设计。

2. 请实验者把资源池中的无源器件放入平面图的热点框中，完成平面图的天馈设计连接。预置天线的连接不能空缺。

图 8-34　天馈布放实验

4. 原理图制作

原理图制作分为主干和平层原理图。对于多楼层的室分系统来说，一般图纸以同楼层为单位，称为平层；而从 RRU 输出口至平层之间的器件支路称为主干。

室分设计的原理图是以 RRU 输出口为功率起点，依次经过馈线和无源器件，直到计算出天线端的输出功率。

举个例子，如图 8-35 原理图功率计算示例 1 所示，假设信源 A 的输出功率为 12.2 dBm，器件之间均采用 1/2 in 馈线(7 dB / 100 m)连接，二功分器的损耗是 3 dB，则室分天线 1 的输出功率计算公式为

$$P_{\text{ANT1}} = P_{\text{信源}} - L_{\text{功分器1}} - L_{\text{功分器2}} - L_{\text{馈线}} = 12.2\ \text{dBm} - 3\ \text{dB} - 3\ \text{dB} - 7\ \text{dB} \times \left(\frac{10 \times 3}{100}\right) = 4.1\ \text{dBm}$$

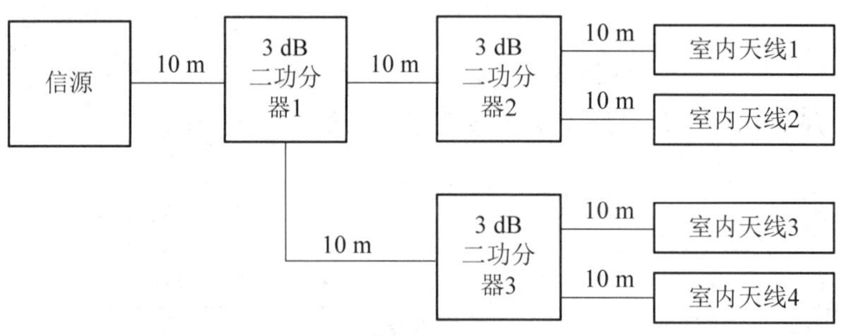

图 8-35　原理图功率计算示例 1

根据国家有关安全辐射标准要求，所有的天线功率口输出功率不能大于 15 dBm/载波(电梯井可适当到 20 dBm/载波)，天线口输出功率以能完全覆盖要求区域为准。天线的输出功率不加入天线的增益。

系统原理图中应该标出系统各个器件所处楼层、输入/输出电平值及系统的连接分布方式。一般须有以下内容：

(1) 电缆、天线、设备等的标签内容；

(2) 各个节点的场强预算；

(3) 馈线的长度、规格；

(4) 图例；

(5) 设计说明，如设计单位、设计人、审批人等。

系统原理图上所有标识必须规范，室内分布系统原理图中器件的标识按以下规范进行标注，在设计方案中标识必须与元器件一一对应。如果用户或建设单位没有特殊要求，工程的所有标识均应使用以下统一规范。

(1) 器件编号标识：n 表示设备编号，每楼层编一次序号；m 为该设备安装楼层。

(2) 合路器：CB n-m。

(3) 功分器：PS n-m。

(4) 耦合器：T n-m。

(5) 负载：　LD n-m。

(6) 天线：ANT n-m。

(7) 馈线：起始端是 to__设备编号；终止端是 from__设备编号。

可通过“NB-IoT 无线室内分布系统设计——原理图制作”实验，模拟原理图主干的设计过程，如图 8-36 所示。

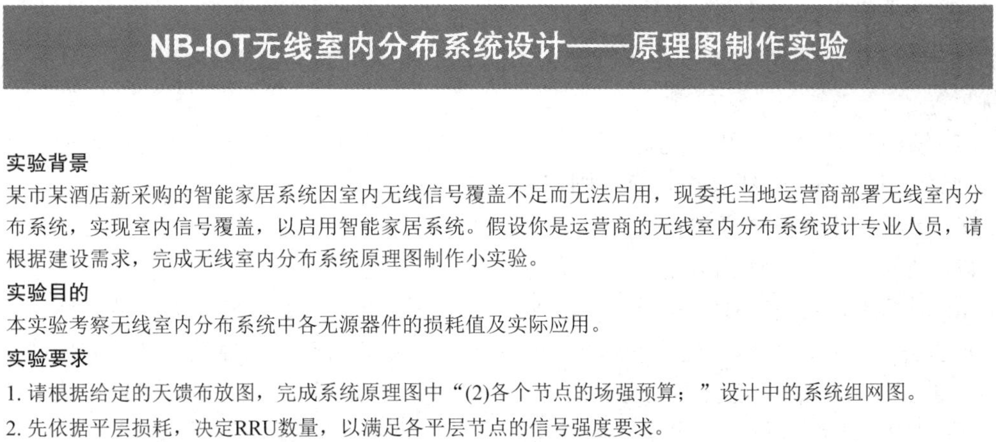

NB-IoT无线室内分布系统设计——原理图制作实验

实验背景

某市某酒店新采购的智能家居系统因室内无线信号覆盖不足而无法启用，现委托当地运营商部署无线室内分布系统，实现室内信号覆盖，以启用智能家居系统。假设你是运营商的无线室内分布系统设计专业人员，请根据建设需求，完成无线室内分布系统原理图制作小实验。

实验目的

本实验考察无线室内分布系统中各无源器件的损耗值及实际应用。

实验要求

1. 请根据给定的天馈布放图，完成系统原理图中“(2)各个节点的场强预算；”设计中的系统组网图。
2. 先依据平层损耗，决定RRU数量，以满足各平层节点的信号强度要求。

图 8-36　原理图制作实验

5. 场强图预测

场强模拟测试是室内场强和边缘场强的预测与分析，根据原理图的输出功率用仿真设计软件模拟计算方案实施后的场强覆盖，直观显示方案实施后的效果。

6. 设备安装要求

1) 主设备安装要求

(1) 设备尽量安装在馈线走线的线井内，安装位置应便于调测、维护和散热。

(2) 安装位置确保无强电、强磁和强腐蚀性设备的干扰。

(3) 安装时应用相应的安装件进行可靠固定。

(4) 要求主机内所有的设备单元安装正确、牢固，无损伤、无掉漆的现象。

(5) 设备电源插板至少有两芯及三芯插座各一个，工作状态时放置于不易触摸到的安全位置。

2) 天线安装要求

(1) 若为挂墙式天线，则必须牢固地安装在墙上，保证天线垂直美观，不破坏室内整体环境。

(2) 若为吸顶式天线，则可以固定安装在天花板或天花板吊顶下，保证天线水平美观，并且不破坏室内整体环境。如果天花板吊顶为石膏板，那么还可以将天线安装在天花板吊顶内，但必须将天线牢固固定，不能任意摆放在天花板吊顶内。

(3) 安装天线时应戴干净手套操作，保证天线的清洁干净。

(4) 天线尽量安装在天花板吊顶的中央。

3) 馈线安装要求

(1) 要求走线牢固、美观，不得有交叉、扭曲、裂损情况。

(2) 馈线宜直线布放，尽量减少弯曲，不宜过大弯曲，当跳线或馈线需要弯曲布放时，要求弯曲角保持圆滑。7/8″馈线一次性弯曲时的弯曲半径应大于 250 mm，多次性弯曲时的弯曲半径应大于 420 mm。1/2″馈线一次性弯曲时的弯曲半径应大于 130 mm，多次性弯曲时的弯曲半径应大于 200 mm。1/2″馈线(超软)多次弯曲时的弯曲半径应大于 40 mm。

(3) 馈线所经过的线井应是电气管井，不能使用风管或水管管井。

(4) 馈线尽量避免与强电高压管道和消防管道一起布放走线，确保无强电、强磁的干扰。

(5) 馈线尽量在线井和天花板吊顶中布放，并有扎带进行牢固固定。与设备相连的跳线或馈线应用线码或馈线夹进行牢固固定。

(6) 馈线的连接头都必须牢固安装，接触良好，室外部分应做防水密封处理。

(7) 馈线进出口的墙孔应用防水、阻燃的材料进行密封。

(8) 对于不在机房、线井和天花板吊顶内布放的馈线，应套用 PVC 管。要求所有走线管布放整齐、美观，其转弯处要使用转弯接头连接。走线管应尽量靠墙布放，并用线码或馈线夹进行牢固固定，走线不能有交叉和空中飞线。若走线管无法靠墙布放(如地下停车场)，则馈线走线管可与其他线管一起走线，并用扎带将它与其他线管固定。

4) *无源器件安装要求*

无源器件应用扎带、固定件牢固固定，不允许悬空无固定放置。

8.3.5　概预算

设计文档均需要提供本室分系统工程的预算情况，包括预算概况、编制依据、器材清单和预算表格四个内容。

1. 预算概况

预算概况是简单介绍本次工程所需的费用，包括预算总额、设备安装费、工程建设费、建筑安装工程费和预备费，样例如下：

某小区的室内分布系统预算包括室内分布系统的设计及安装，预算总额为 98180.65 元。其中，需要安装的设备费 40064.53 元，工程建设其他费 6077.6 元，建筑安装工程费 49178.89 元，预备费 2859.63 元。

2. 编制依据

(1) 工信部规[2008]75 号“关于发布《通信建设工程概算、预算编制办法》及相关定额的通知”。

(2) 工信部 2017 年 5 月发布的《通信建设工程概算、预算编制办法》、《通信建设工程费用定额》。

(3) 工信部 2017 年 5 月发布的《通信建设工程施工机械、仪表台班费用定额》。

(4) 国家发展计划委员会、建设部计价格[2002]10 号《关于发布<工程勘察设计收费管理规定>的通知》。

(5) 国家发展改革委、建设部《建设工程监理与相关服务收费管理规定》。

(6) 建设单位提供的设备、材料价格。

3. 器材清单

某小区室内分布系统工程中所使用的器材表如表 8-18 所示。

表 8-18　器材表

名　称	规 格 程 式	单位	数量	单价/元
15dB 耦合器	HXCP2-0800-2500-10-200N	只	6	25
10dB 耦合器	HXCP2-0800-2500-10-200N	只	12	25
6dB 耦合器	HXCP2-0800-2500-10-200N	只	10	25
室内全向吸顶天线	低频 2 dBi/高频 5 dBi	副	40	25
定向壁挂天线	低频 90° 7 dBi 高频 75° 8 dBi	副	12	45
二功分器	工作频段(800～2500)MHz，N 母头	只	10	22
三功分器	工作频段(800～2500)MHz，N 母头	只	4	24
四功分器	工作频段(800～2500)MHz，N 母头	只	1	25
尾纤	3m	根	3	15
地线		m	1	11
电源线	3 × 1.5	m	15	11
1/2 馈线		m	1442.7	12
7/8 馈线		m	264.6	14
转接头	N-50KK	个	10	15
转接头	N-50JJ	个	200	15
波纹管	直径 25 mm	m	1442.7	4.5
波纹管	直径 40 mm	m	264.6	5.5
电表		套	1	100
插座	五孔	个	1	30
空气开关箱(盒)	可安装 10 个单相双极 10 A 空开，满足 10 路供电	个	1	250
空气开关	10 A	个	1	20

4. 预算表格

预算表格主要包括：

(1) 工程预算表(表一)。

(2) 建筑安装工程费用预算表(表二)。

(3) 建筑安装工程量预算表(表三甲)。

(4) 建筑安装工程机械使用费预算表(表三乙)。

(5) 建筑安装工程仪器仪表使用费用预算表(表三丙)。

(6) 国内器材预算表(表四甲) (国内需要安装的设备)。

(7) 国内器材预算表(表四甲) (国内主要材料)。

(8) 工程建设其他费预算表(表五甲)。

预算表格样例如下：表 8-19 工程预算表(表一)、表 8-20 建筑安装工程费用预算表(表二)、表 8-21 建筑安装工程量预算表(表三甲)、表 8-22 建筑安装工程仪器仪表使用费用预算表(表三丙)、表 8-23 国内器材预算表（表四甲）(国内需要安装的设备)、表 8-24 国内器材预算表(表四甲) (国内主要材料)、表 8-25 工程建设其他费预算表(表五甲)。

备注：表格样例暂不涉及建筑安装工程机械使用费预算表(表三乙)。

表 8-19　工程预算表(表一)

建设项目名称：M 市 N 运营商 Y 年 S 市 NB-IoT 网络室内分布工程　　建设单位名称：M 市 N 运营商

单项工程名称：M 市 N 运营商 Y 年 S 市 D 公司 NB-IoT 网络室内分布工程　　表格编号：20180248S-B1

序号	表格编号	费用名称	小型建筑工程费	需要安装的设备费	不需要安装的设备、工器具费	建筑安装工程费	其他费用	预备费	总价值	
			元						人民币(元)	其中外币(未定)
I	II	III	IV	V	VI	VII	VIII	IX	X	XI
1		建筑安装工程费				49178.89			49178.89	
2		引进工程设备费								
3		国内设备费		40064.53					40064.53	
4		工具、仪器、仪表费								
5		小计(工程费)		40064.53		49178.89			89243.42	
6		工程建设其他费					6077.60		6077.60	
7		引进工程其他费								
8		合计		40064.53		49178.89	6077.60		95321.02	
9		预备费						2859.63	2859.63	
10		小型建筑工程费							0.00	
		总计		40064.53		49178.89	6077.60	2859.63	98180.65	
		生产准备及开办费								

设计负责人：张三　　审核：李四　　编制：QQ　　编制日期：Y 年 N 月

表 8-20　建筑安装工程费用预算表(表二)

建设项目名称：M 市 N 运营商 Y 年 S 市 NB-IoT 网络室内分布工程　　建设单位名称：M 市 N 运营商

单项工程名称：M 市 N 运营商 Y 年 S 市 D 公司 NB-IoT 网络室内分布工程　　表格编号：20180248S-B2

代号	费用名称	依据和计算方法	合计(元)	代号	费用名称	依据和计算方法	合计(元)
I	II	III	IV	I	II	III	IV
	建筑安装工程费	一直接费＋二间接费＋三计划利润＋四税金	49178.89	9	冬雨季施工增加费	人工费 × 1.8%	0.00
一	直接费	(一)直接工程费+(二)措施费	33946.50	10	生产工具用具使用费	人工费 × 1.5%	0.00
(一)	直接工程费	1 人工费＋2 材料费＋3 机械使用费＋4 仪表使用费	33946.50	11	施工用水电蒸汽费	按实计取	0.00
1	人工费	(1)技工费＋(2)普工费	14794.23	12	特殊地区施工增加费	按实计取	0.00
(1)	技工费	技工总计 × 技工单价	14794.23	13	已完工程及设备保护费	按实计取	0.00
(2)	普工费	普工总计 × 普工单价	0.00	14	运土费	按地方标准计取	0.00
2	材料费	(1)主要材料费＋(2)辅助材料费	16031.46	15	施工队伍调遣费	按工日里程分段计取	0.00
(1)	主要材料费	参见表四甲(国内主要材料)	15564.53	16	大型施工机械调遣费	单程运价 × 调遣距离 × 总吨位 × 2	0.00
(2)	辅助材料费	主要材料费 × 3%	466.94	二	间接费	(一)规费＋(二)企业管理费	9172.42
3	机械使用费	按实计取	0.00	(一)	规费	1 工程排污费＋2 社会保障费＋3 住房公积金＋4 危险作业意外伤害保险费	4734.15

续表

代号	费用名称	依据和计算方法	合计(元)	代号	费用名称	依据和计算方法	合计(元)
I	II	III	IV	I	II	III	IV
4	仪表使用费	参见表三丙	3120.81	1	工程排污费	按地方规定计取	0.00
(二)	措施费	1 环境保护费 + ··· + 16 大型施工机械调遣费	0.00	2	社会保障费	人工费 × 26.81%	3966.33
1	环境保护费	人工费 × 1.2%	0.00	3	住房公积金	人工费 × 4.19%	619.88
2	文明施工费	人工费 × 1%	0.00	4	危险作业意外伤害保险费	人工费 × 1%	147.94
3	工地器材搬运费	人工费 × 1.3%	0.00	(二)	企业管理费	人工费 × 30%	4438.27
4	工程干扰费	按实计取	0.00	三	计划利润	人工费 × 30%	4438.27
5	工程点交、场地清理费	人工费 × 0%	0.00	四	税金	(直接费 + 间接费 + 计划利) × 3.41%	1621.70
6	临时设施费	人工费 × 6%	0.00				
7	工程车辆使用费	人工费 × 6%	0.00				
8	夜间施工增加费	人工费 × 2%	0.00				

设计负责人：张三　　审核：李四　　编制：QQ　　编制日期：Y 年 N 月

表 8-21　建筑安装工程量预算表(表三甲)

建设项目名称：M 市 N 运营商 Y 年 S 市 NB-IoT 网络室内分布工程　　建设单位名称：M 市 N 运营商

单项工程名称：M 市 N 运营商 Y 年 S 市 D 公司 NB-IoT 网络室内分布工程　　表格编号：20180248S-B3

序号	定额编号	工程及项目名称	单位	数量	单位定额值(工日)		合计值(工日)	
					技工	普工	技工	普工
I	II	III	IV	V	VI	VII	VIII	IX
1	TSW1-038	安装波纹软管	十米	73	0.12	0	8.78	
2	TSW1-053	放绑软光纤 设备机架间放、绑 15 m 以下	米条	1	0.29	0	0.29	
3	TSW1-060	室内布放电力电缆(单芯相线截面积) 16 mm^2 以下	十米条	1	0.18	0	0.18	
4	TSW2-030	布放射频同轴电缆 7/8 英寸以下 每增加 1 m	米条	0	0.06	0	0.00	
5	TSW2-039	安装调测室内天、馈线附属设备 合路器、分路器(功分器、耦合器)	个	24	0.34	0	8.16	
6	TSW2-046	室内分布式天、馈线系统调测电缆	条	57	0.56	0	31.92	
7	TSW2-051	安装基站主设备 壁挂式	架	1	3.06	0	3.06	
8	TSW2-062	安装射频拉远设备 室内壁挂	套	1	1.94	0	1.94	
9	TSW2-023	安装调测卫星全球定位系统(GPS)天线	副	1	1.8	0	1.80	
10	TSW2-024	安装室内天线 高度 6 m 以下	副	22	0.83	0	18.26	
11	TSW2-026	安装室内天线 电梯井	副	3	2.13	0	6.39	
12	TSW2-028	布放射频同轴电缆 1/2 英寸以下每增加 1 m	米条	731.85	0.03	0	21.96	
	合计						102.74	

设计负责人：张三　　审核：李四　　编制：QQ　　编制日期：Y 年 N 月

表 8-22　建筑安装工程仪器仪表使用费用预算表(表三丙)

建设项目名称：M 市 N 运营商 Y 年 S 市 NB-IoT 网络室内分布工程　　建设单位名称：M 市 N 运营商

单项工程名称：M 市 N 运营商 Y 年 S 市 D 公司 NB-IoT 网络室内分布工程

序号	定额编号	工程及项目名称	单位	数量	仪表名称	单位定额值		合计值	
						数量台班	单价(元)	数量台班	单价(元)
I	II	III	IV	V	VI	VII	VIII	IX	X
1	TSW2-039	安装调测室内天、馈线附属设备 合路器、分路器(功分器、耦合器)	个	24	射频功率计	0.12	147	2.88	423.36
2	TSW2-039	安装调测室内天、馈线附属设备 合路器、分路器(功分器、耦合器)	个	24	微波信号发生器	0.12	140	2.88	403.2
3	TSW2-046	室内分布式天、馈线系统调测电缆	条	57	互调测试仪	0.07	310	3.99	1236.9
4	TSW2-046	室内分布式天、馈线系统调测电缆	条	57	天馈线测试仪	0.07	140	3.99	558.6
5	TSW2-046	室内分布式天、馈线系统调测电缆	条	57	操作测试终端(电脑)	0.07	125	3.99	498.75
		合计							3120.81

设计负责人：张三　　审核：李四　　编制：QQ　　编制日期：Y 年 N 月

表 8-23　国内器材预算表(表四甲) (国内需要安装的设备)

建设项目名称：M 市 N 运营商 Y 年 S 市 NB-IoT 网络室内分布工程　　建设单位名称：M 市 N 运营商

单项工程名称：M 市 N 运营商 Y 年 S 市 D 公司 NB-IoT 网络室内分布工程　　表格编号：20100248S-B4A-E

序号	名称	规格程式	单位	数量	单价(元)	合计(元)	备注
I	II	III	IV	V	VI	VII	VIII
1	BBU		套	1	15000	15000	BBU
2	RRU		个	1	5000	5000	RRU
3	壁挂式机柜室内	交流输入 220 V，48 V 机架总容量 120 A	套	1	4500	4500	机柜配备电源
5	小计					24500	小计
6	运杂费					0	实验不涉及
7	运输保险费					0	实验不涉及
8	采购及保管费					0	实验不涉及
9	采购代理服务费					0	实验不涉及
10	合计					24500	

设计负责人：张三　　审核：李四　　编制：QQ　　编制日期：Y 年 N 月

表 8-24　国内器材预算表(表四甲)(国内主要材料)

建设项目名称：M 市 N 运营商 Y 年 S 市 NB-IoT 网络室内分布工程　　建设单位名称：M 市 N 运营商

单项工程名称：M 市 N 运营商 Y 年 S 市 D 公司 NB-IoT 网络室内分布工程　　表格编号：20100248S-B4A-E

序号	名称	规格程式	单位	数量	单价(元)	合计(元)	备注
I	II	III	IV	V	VI	VII	VIII
1	15 dB 耦合器	HXCP2-0800-2500-10-200N	只	0	25	0	
2	10 dB 耦合器	HXCP2-0800-2500-10-200N	只	9	25	225	
3	6 dB 耦合器	HXCP2-0800-2500-10-200N	只	1	25	25	
4	室内全向吸顶天线	低频 2 dBi/高频 5 dBi	副	22	25	550	
5	定向壁挂天线	低频 90° 7 dBi　高频 75° 8 dBi	副	3	45	135	
6	二功分器	工作频段(800～2500) MHz，N 母头	只	14	22	308	
7	三功分器	工作频段(800～2500) MHz，N 母头	只	0	24	0	
8	四功分器	工作频段(800～2500) MHz，N 母头	只	0	25	0	
9	尾纤	3 m	根	1	15	15	
10	地线		m	1	11	11	
11	电源线	3 × 1.5	m	10	11	110	
12	1/2 馈线		m	731.85	12	8782.2	
13	7/8 馈线		m	0	14	0	
14	1/2 馈线		条	57		0	

续表

序号	名称	规格程式	单位	数量	单价(元)	合计(元)	备注
I	II	III	IV	V	VI	VII	VIII
15	7/8 馈线		条	0		0	
16	转接头	N-50KK	个	8	15	120	
17	转接头	N-50JJ	个	106	15	1590	
18	波纹管	直径 25 mm	米	731.85	4.5	3293.33	
19	波纹管	直径 40 mm	米	0	5.5	0.00	
20	电表		套	1	100	100	
21	插座	五孔	个	1	30	30	
22	空气开关箱(盒)	可安装 10 个单相双极 10 A 空开，满足 10 路供电	个	1	250	250	
23	空气开关	10 A	个	1	20	20	
25	小计					15564.525	
26	运杂费					0	本实验不涉及
29	运输保险费					0	本实验不涉及
30	采购及保管费					0	本实验不涉及
31	合计					15564.525	

设计负责人：张三　　审核：李四　　编制：QQ　　编制日期：Y 年 N 月

表 8-25　工程建设其他费预算表(表五甲)

建设项目名称：M 市 N 运营商 Y 年 S 市 NB-IoT 网络室内分布工程　　　建设单位名称：M 市 N 运营商

单项工程名称：M 市 N 运营商 Y 年 S 市 D 公司 NB-IoT 网络室内分布工程　　　表格编号：20100248S-B5A

序号	费用名称	计算依据和计算方法	金额(元)	备注
I	II	III	IV	V
1	建设用地及综合赔补费			
2	建设单位管理费	财建[2002]394 号规定，规模 2000000 亿以上，费率 0.1%	963.00	
3	可信性研究费			
4	研究试验费			
5	勘察设计费	计价格[2017]10 号规定	2213.05	
6	勘察费	室内勘察不计取	0.00	
7	设计费	工程费 200 万，设计费 9 万。按比例取	2213.05	
8	环境影响评价费			
9	劳动安全卫生评价费			
10	建设工程监理费	(建筑安装工程费) × 4.4%	2163.87	
11	安全生产费	(建筑安装工程费) × 1.5%	737.68	
12	工程质量监督费			
13	工程定额测定费			
14	引进技术及引进设备其他费			
15	工程保险费			
16	工程招标代理费			
17	专利及专利技术使用费			
18	其他费用			在运营费中列支
	总计		6077.60	

设计负责人：张三　　　审核：李四　　　编制：QQ　　　编制日期：Y 年 N 月

可通过《NB-IoT 无线室内分布系统设计——投资估算实验》，模拟概预算过程，如图 8-37 所示。

NB-IoT无线室内分布系统设计——投资估算实验

实验背景

某市某酒店新采购的智能家居系统因室内无线信号覆盖不足而无法启用，现委托当地运营商部署无线室内分布系统，实现室内信号覆盖，以启用智能家居系统。假设你是运营商的无线室内分布系统设计专业人员，请根据建设需求，完成无线室内分布系统概预算小实验。

实验目的

本实验考察无线室内分布系统的概预算过程。

实验要求

1. 请依据给定的天馈布放图，完成工程量估算以及投资估算。
2. 请先完成工程量估算，再进行投资估算。

图 8-37　无线室内分布系统设计投资估算实验

第 9 章　EPC 核心网规划

知识点

本章将基于“IUV-NB-IoT 全网规划部署与应用软件”，通过对站点网络拓扑规划、系统容量规划、IP 地址规划、物理设备布放及连线，以及核心网的主要网元 MME、SGW、PGW 及 HSS 的相关配置等内容进行讲解，让读者能通过仿真软件的操作实践，深入了解 EPC 网络的部署细节。本章主要介绍以下内容：

(1) EPC 核心网网络规划；

(2) EPC 核心网容量规划；

(3) EPC 核心网组网规划。

9.1　EPC 核心网网络规划

本节主要从 EPC 网元设置、EPC 主要接口的组网方案以及双平面组网设计三个方面进行介绍。

9.1.1　EPC 网元设置

目前国内三大运营商的 NB-IoT 业务在 EPC 核心网主要采用 CP 优化传输，即由移动性管理设备(MME)、服务网关(SGW)、分组数据网关(PGW)及存储用户签约信息的 HSS、策略控制单元(PCRF)等组成。与 LTE 相似，SGW 和 PGW 逻辑上分设，物理上可以合设，也可以分设，PCRF 物理上是与 PGW 合设。在电力、水务等一些小型专网中采用融合核心网(C-SGN)和 HSS 组成 EPC，在前面也提过，融合核心网 C-SGN 等价于 MME、SGW、PGW 三者逻辑功能，物理实体就在一块板子上，这样就节约了设备利用空间。当需要实现 NB-IoT 接入的基本功能时，EPC 核心网需要部署的网元包括 MME、SGW、PGW 及 HSS，NB-IoT 接入的系统架构如图 9-1 所示。

在运营商网络中这几种设备一般是如何部署的呢？

首先看 MME，MME 主要负责控制层面信息的处理，与 LTE 不同，NB-IoT 中 MME 可通过 NAS 层传输用户的小包数据，对传输带宽要求较小。MME 与 eNodeB 之间采用 IP 方式连接，不存在传输带宽瓶颈和传输电路调度困难的问题。另外 MME 与 eNodeB 之间本身就是采用“星型”组网模式。因此在实际组网时宜采用集中设置的方式，一般

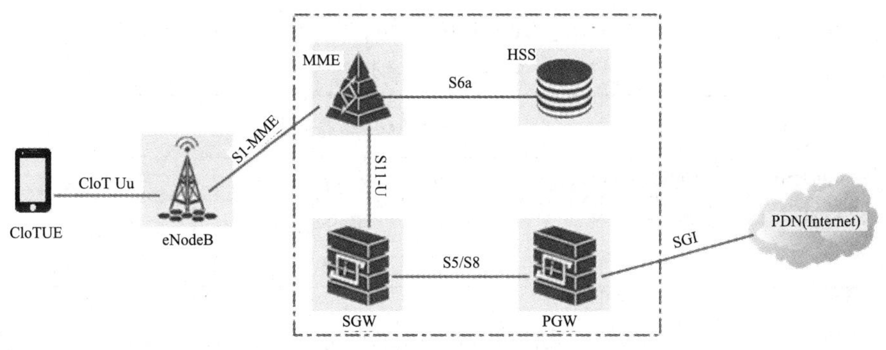

图 9-1　NB-IoT CP 模式网络架构

以省为单位设置，并采用大容量 MME 网元节点设置方式，有利于统一管理和维护，并且具有节能减排的优点。如果考虑到网元的备份冗余，可以引入 MME Pool 保证网络的安全可靠性。

HSS 负责存储用户数据、鉴权管理等功能，宜采用以省为单位集中设置的方式。

SGW 在 NB-IoT 中主要通过 S11 接口连接 MME，原 LTE 中 SGW 与 MME 的 S1-U 接口在 CP 优化传输中不采用，但在 UP 优化传输中采用。

PGW 主要负责连接外部数据网，以及用户 IP 地址管理、内容计费，在 PCRF 的控制下完成策略控制。从媒体流处理上看，SGW、PGW 负责用户媒体流的疏通，业务承载方案是：

(1) CP 优化传输采用“eNodeB-MME-SGW-PGW”方式；

(2) UP 优化传输与 LTE 相同，仍采用“eNodeB-SGW-PGW”方式，不存在“SGW- SGW”“eNodeB-eNodeB”的业务承载。

S/PGW 设置与媒体流的流量和流向相关，应根据业务量及业务类型，选择集中或分散的方式。因 NB-IoT 业务量较小且不需提供语音类点对点业务，主要数据业务类型为“点到服务器”类型时，S/PGW 连接的互联网出口一般为集中设置，因此 S/PGW 可采用集中设置的方式。当某些本地网业务量较大或需提供点对点业务时，可将 S/PGW 下移至本地网，尽量靠近用户，减少路由迂回。建网初期，互联网出口一般以集中设置为主，点对点业务量不大，因此建议采用集中设置的方式。EPC 网元部署如图 9-2 所示。

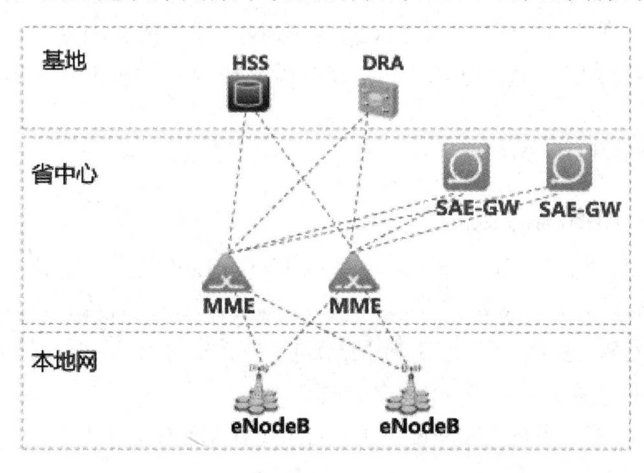

图 9-2　NB-IoT EPC 网元部署

SAE-GW 的设置方式可以分为 SGW 和 PGW 的合并设置和分开设置，分析见表 9-1。

表 9-1　SAE-GW 的设置方式

EPC 网元	用户面路由转发	设备信息处理	接入时网元选择		MME Pool 内移动时路由
			MME Pool 内 eNodeB 与 SGW 全互联	MME Pool 内 eNodeB 与本地 SGW 连接	
合并设置	将网间一跳变为设备内一跳，减少数据路由转发时延	SGW 和 PGW 的用户面处理和转发可进行优化，进一步提高效率	用户接入时，MME 先根据 APN 选 PGW，再选择与 PGW 合设的 SGW，无法就近接入	可保证合设的 SGW 和 PGW 就近接入	SGW 与 PGW 组网方式一致，Pool 内移动时，PGW 保持不变，SGW 根据 TAI 跟踪区标示配置来决定是否变化
分开设置	SGW 与 PGW 间路由转发通过承载网	必须按标准方式处理 S5 接口数据及信令	用户接入时，MME 先根据 APN 选择 PGW，再根据 TAI 选择 SGW，由于 SGW 与 Pool 内所有 TAI 都关联，无法做到就近接入	可保证 SGW 和 PGW 就近接入	SGW 容量和个数可以与 PGW 不同，按覆盖需求灵活部署，Pool 内移动时，SGW 改变，可随时保证就近接入，但 PGW 保持不变，数据路由距离与合设场景无区别

SGW 与 PGW 的合并设置和分开设置没有本质的区别，SGW 与 PGW 之间的合设通过承载网的路由转发变为设置内部的数据处理，从而减少了数据路由转发造成的时延。因此合设具有时延较小、转发效率较高的优点。另外从硬件投资角度考虑，例如，总容量需求为一万个承载，合设方式需要配置一个支持一万个承载的综合 SAE-GW，在独立采用 SGW 和 PGW 方式的情况下，需要配置一个支持一万承载的 SGW 和一套支持一万承载的 PGW，因此合设同时还有利于缩减开支、节能减排等。

因此对于通用数据业务 APN，建议 SGW 与 PGW 合设。随着用户数量的增长以及业务类型的不断丰富，如对于物联网等行业应用 APN，可设置专用独立的 PGW。在现实组网中，根据实际情况采用 SGW 和 PGW 的合并设置和分开设置的混合应用。

9.1.2　EPC 主要接口的组网方案

1. MME 与 eNodeB 间的互通

NB-IoT 沿用 LTE 组网方案，eNodeB 将直接与核心网互联，简化了无线系统的结构，但由于 EPC 采用控制与承载分离的架构，因此在业务处理过程中，eNodeB 需通过 S1 接口分别与 MME、SGW 互通。eNodeB 与 MME 间采用 S1 接口主要互通控制信令信息，其间的网络组织有两种方案：归属方式和全连接方式。

方案一：归属方式，即每个 eNodeB 固定由一个 MME 为之服务，点对点互联，如图 9-3 所示。

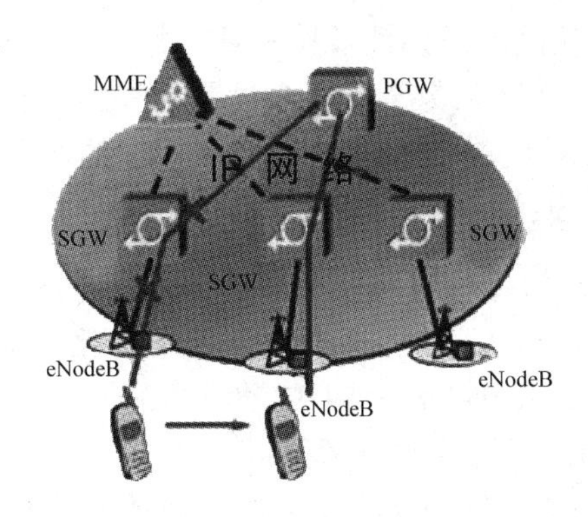

图 9-3　归属方式

该方案需在 MME 与其覆盖范围内的 eNodeB 间配置归属关系，通过 IP 承载网直接互联，这些 eNodeB 将用户发起的业务固定送到归属的 MME 进行处理。eNodeB 与 MME 间配置归属关系的方式有静态耦联和动态耦联两种。其中静态耦联是由 MME 和 eNodeB 相互预设对端耦联地址；动态耦联是由 eNodeB 预先配置 MME 地址，eNodeB 主动发起耦联建链，MME 保存 eNodeB 地址。

方案二：全连接方式，即每个 eNodeB 的业务由一组 MME 来处理，点对多点互连，如图 9-4 所示。

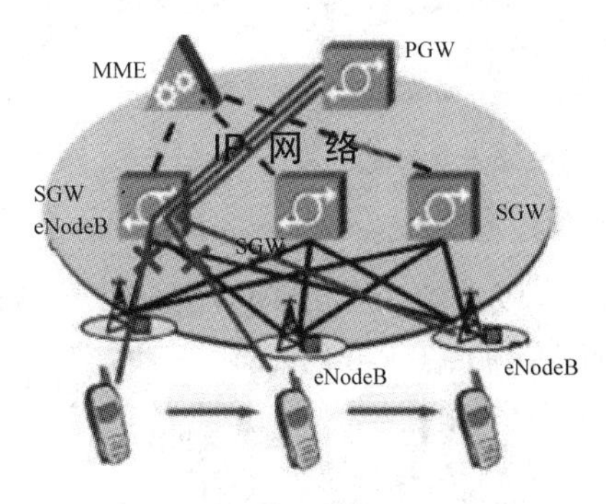

图 9-4　全连接方式

该方案将网络中的多个 MME 组成 Pool，一个 eNodeB 可与 MME Pool 中的多个 MME 互连，用户第一次附着在网络时，由 eNodeB 负责为用户选择 1 个 MME，同时 MME 为用户分配一个标识(GUTI)，来标识其归属的 Pool 及所在 MME，正常情况下，用户在 MME Pool 服务范围内漫游时不再更换为之服务的 MME。

如上所述，方案一中 MME 与 eNodeB 间网络组织相对简单，对网元的功能要求较低。该方案安全可靠性较低，当某一 MME 出现故障时，其覆盖区内 eNodeB 接入的业务均会受到影响，网内设有多个 MME 时，不能实现资源共享，会出现不同 MME 的负荷不均衡的情况。方案二由一组 MME 共同处理业务，具备容灾备份能力，网络安全可靠性较高。在 3GPP 关于 EPC 标准中定义的 MME Pool 与 MSC/SGSN Pool 相比，增加了 MME 向 eNodeB 反馈其负荷状态的机制，由 eNodeB 根据各 MME 对应的负荷权重比例进行选择，可使 Pool 内的 MME 负荷相对均衡，资源利用率高。该方案对 eNodeB 及 MME 的功能要求较高，eNodeB 需具备为用户选择服务 MME 的节点选择功能。eNodeB 与 MME 间的网络组织相对复杂。因此，从网络可靠性及技术发展角度，建议优选方案二。实际组网时，可将一定区域内(一般以省为单位或省内分区)设置的 MME 组成 Pool，这些 MME 与 Pool 内的 eNodeB 通过 IP 承载网互联，eNodeB 按预先设定的选择原则与相应 MME 互通。

2. SGW 与 eNodeB 间的互通

eNodeB 与 SGW 间采用 S1-U 接口，主要传送用户媒体流。当采用控制面优化传输方案(CP 优化传输)时，不采用 S1-U 接口；当采用用户面优化传输方案(UP 优化传输)时，S1-U 接口保留使用。所以实际现网中可保留 S1-U 的路由配置，但 MME 决定是否采用 S1-U 接口。eNodeB 与 SGW 间的组网方式也有两种：

方式一：eNodeB 与某个(或两个)SGW 配置归属关系并经 IP 承载网互联，其发起的业务由 MME 直接选择其归属的 SGW 来疏通，如图 9-5 所示。

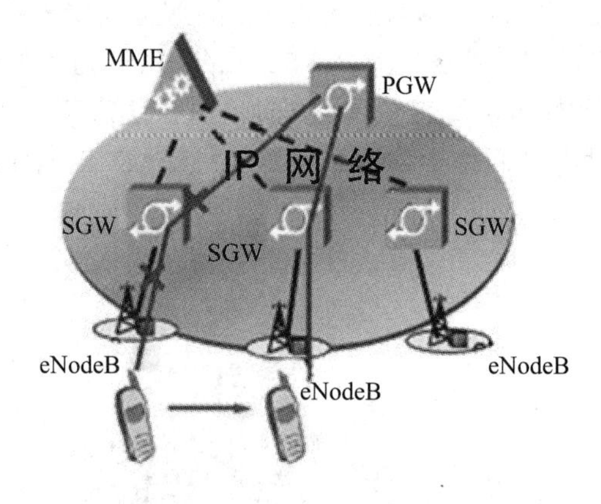

图 9-5　组网方式一

方式二：eNodeB 与所属区域内的多个 SGW 均经 IP 承载网互联，无归属关系，其业务由一组 SGW 负荷分担地疏通，如图 9-6 所示。

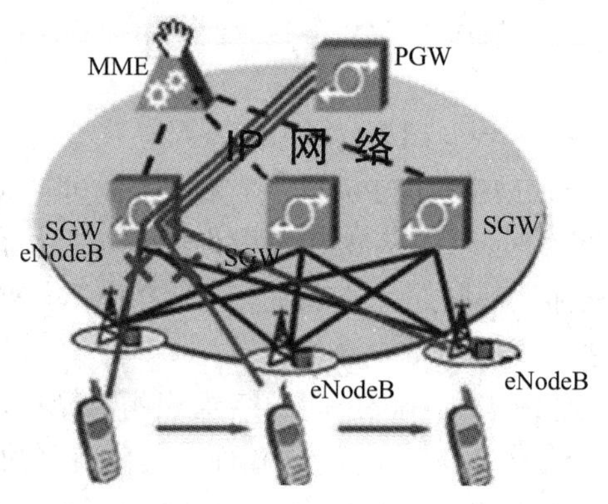

图 9-6　组网方式二

方式一的优点是易于规划 eNodeB 与 SGW 间的 IP 电路及配置接口带宽，局数据设置相对简单，对 MME 功能要求较低。其缺点是网络可靠性较低，当某一 SGW 出现故障时，其服务的所有 eNodeB 接入的业务均将受到影响；不同 eNodeB 覆盖范围内业务量不均衡时，其归属的 SGW 的负荷也将出现不均衡的现象，不能有效利用资源；另外，当用户在不同 eNodeB 覆盖范围内进行业务切换时，需切换到其他 SGW 为之服务，增加了信令处理需求。

方式二的优点是网络可靠性高，通过 DNS 和 MME 的数据配置，可以实现 SGW 的冗余备份；当用户在一组 SGW 服务区域内发生跨 eNodeB 业务切换时，仍由原 SGW 服务，可相对减少信令交互；一组 SGW 采用负荷分担方式工作，可避免服务区域内不同 eNodeB 接入业务量不均衡带来的问题，资源利用率高。其缺点是不易于规划 eNodeB 与 SGW 间的 IP 传输电路，接口带宽配置核算相对较难；对 MME 的功能要求较高，需要具备负荷分担选择 SGW 的功能。

综合上述分析，方式二优势较明显，建议采用。

在实际组网时，当省内 SGW 集中设置且数量较少时，可将这些 SGW 设置在同一组内，共同为省内的 eNodeB 服务；当 SGW 集中设置但数量较多时，可根据省内本地网划分、各地 LTE 业务量情况，将 SGW 分为多个组，每一组分别为所辖区域内的 eNodeB 服务；当 SGW 下放到本地网时，则将同一本地网内的 SGW 设为群组，只处理所辖本地网内 eNodeB 的业务。

3. MME 间及 MME 与 S/PGW 的互通

NB-IoT 中用户附着时是否建立默认承载是可选的，当采用用户面优化方案(UP 优化传输)时，必须激活默认承载，此时与 LTE 类似，在用户进行网络附着时，EPC 网络即为用户建立用户⇔eNodeB⇔SGW⇔PGW 的默认承载，MME 需为用户选择 PGW 和 SGW。MME 收到用户附着请求或 PDN 连接请求消息后，MME 从该用户在 HSS 中的签约信息中获取 APN，向 DNS 获取该 APN 对应的 SGW 和 PGW 地址列表，再根据配置的策略选择最优的 SGW 和 PGW 组合，为用户建立默认承载。

从上述过程来看，MME 选择 S/PGW 需根据 DNS 解析的结果来实现，同样 MME 间的选择也需通过 DNS 解析的结果来实现，因此在实际组网时不需特别规划其间的组网方式，只需在 MME、DNS 等节点配置相关数据。网元间经 IP 承载网直接互联。

(1) SGW 选择，用户建立 PDN 连接时，MME 根据 TAI 信息通过 DNS 进行选择，如图 9-7 所示。

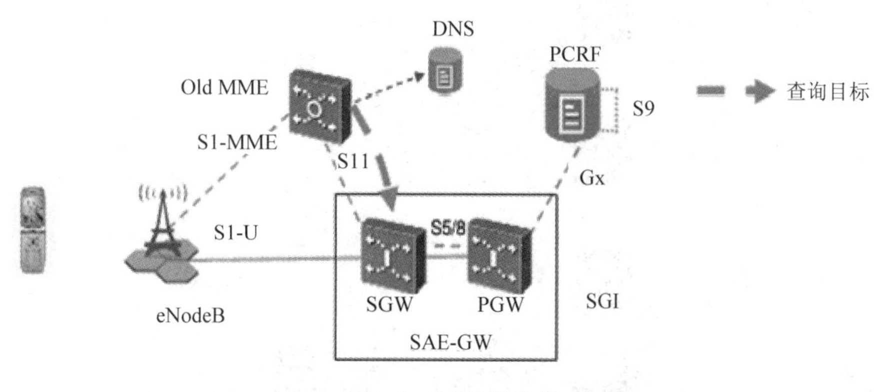

图 9-7　SGW 的选择

也就是在 DNS 中存储 tac-lb.tac-hb.tac.epc.mnc<MNC>.mcc<MCC>.3gppnetwork.org 与 SGW 地址的对应关系。

(2) PGW 选择，用户建立 PDN 连接时，MME 根据 APN 信息通过 DNS 来选择，如

图 9-8 所示。

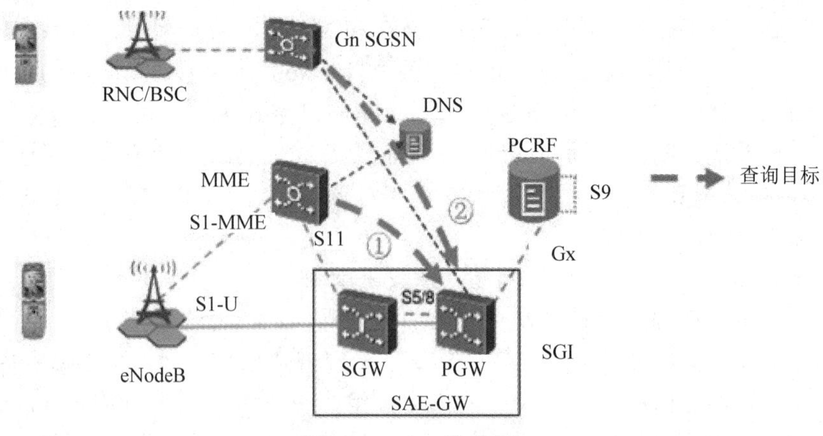

图 9-8　PGW 的选择

也就是在 DNS 中存储<APN-NI>.apn.epc.mnc<MNC>.mcc<MCC>.3gppnetwork.org 与 SGW 地址的对应关系。

4. MME 与 HSS 的互通

EPC 核心网中 MME 与 HSS 间采用 Diameter 协议互通，底层基于 SCTP 承载，需要静态配置信令连接，上层使用 IMSI 进行路由。为了支持漫游业务，全网大量网元之间需要存在信令全连接关系。同一本地网内的 MME 与 HSS 间可采用静态配置数据方式，直接经 IP 承载网互联；跨本地网及跨省的 MME 与 HSS 的互通一般采用 Diameter 中继代理方式。

方案一：如图 9-9 所示，MME 静态配置 HSS 地址数据，需 MME 配置外的所有 HSS 的地址(与 LTE IMSI 号码段有对应关系)。对于方案一，MME 与 HSS 间可直接互通信令，信令传送时延较小，服务质量较高，但该方案适合 MME 与 HSS 数量较少，网络规模较小的情况。当 EPC 网络规模比较大、网内 MME 和 HSS 较多时，MME 需配置大量路由数据，且每当网内新增 HSS 时，均需 MME 增加相应的数据，网络维护工作量大，不利于网元的稳定。

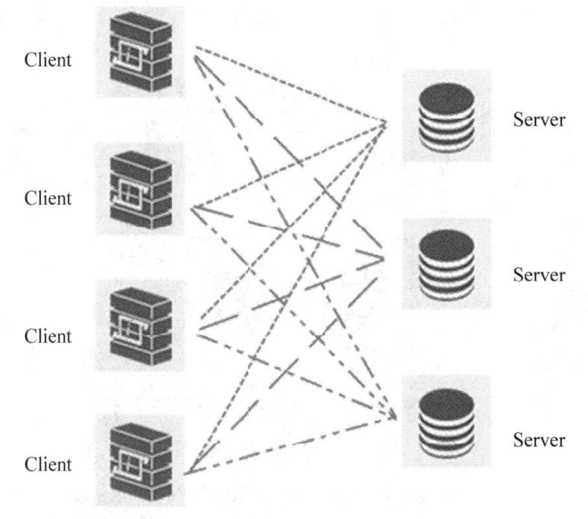

图 9-9　方案一

方案二：如图 9-10 所示，由 DRA 负责解析相应节点的地址并反馈给 MME。MME 的数据配置相对简单，且 MME 直接与 HSS 进行信令消息的交互，但在跨省寻址时，需要经多个 DRA 进行解析，特别是需经多级 DNS 解析地址，信令传送时延较长。当网络规模较大时，对 DRA 的解析能力要求较高。

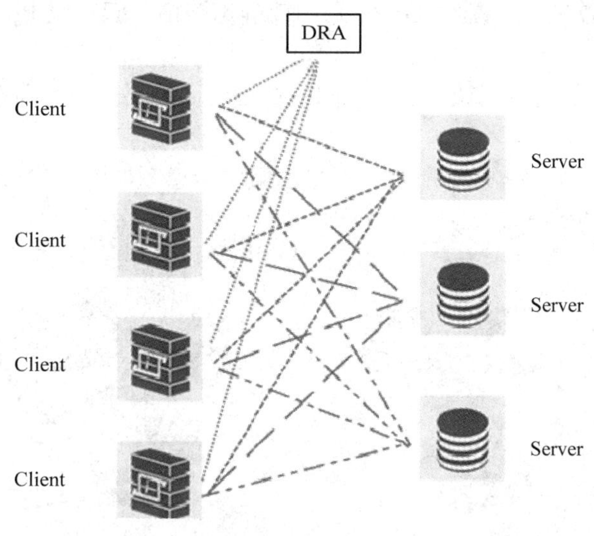

图 9-10　方案二

方案三：如图 9-11 所示，Diameter 代理中继类似于七号信令网中的 STP，转接 MME 与 HSS 间的 Diameter 信令，MME 的数据配置也相对简单，HSS、MME 拓扑对外隐藏，安全性高。但 Diameter 信令需经多个节点转接，传送时延将较长，且需考虑 Diameter 代理中继的设置和组网问题，在网络规模较小时，设置独立的 Diameter 代理中继服务器不太经济。Diameter 中继代理节点可以全国集中设置、分大区设置或以省为单位设置，具体采用哪种方式，需结合 EPC 网络建设范围和建设规模来选择。

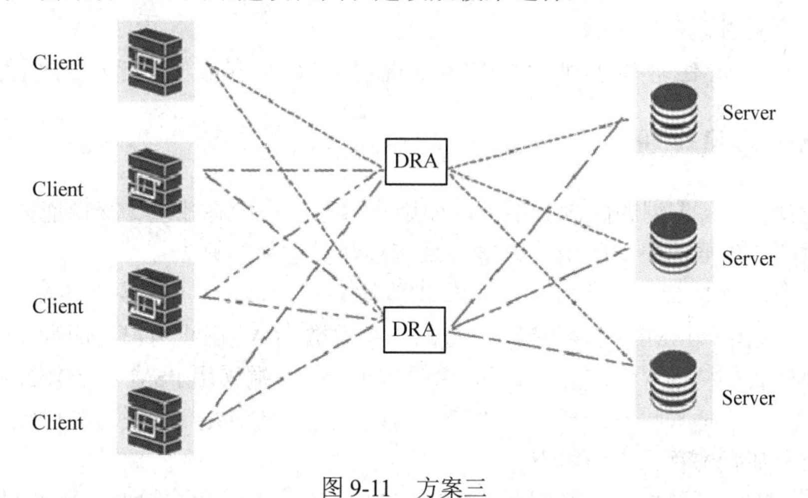

图 9-11　方案三

9.1.3　双平面组网设计

EPC 的网元，如 MME 的接口板具备千兆电口/光口，如 MME 接口同时连接两个交换机的两个接口实现链路备份，交换机启用层三功能，MME 的下一跳 IP 配置在交换机上。

交换机到 EPC 的网元的前向路由提供 OSPF 路由和静态路由两种方式，同样交换机和各网元之间启动 BFD 检测，配合 OSPF 路由或静态路由一起实现 PDSN 和交换机之间的前向路由备份。

交换机和承载网的路由器或 PTN 之间根据运营商的要求配置静态路由或动态路由实现互通。

单平面组网示意图如图 9-12 所示，双平面组网示意图如图 9-13 所示。

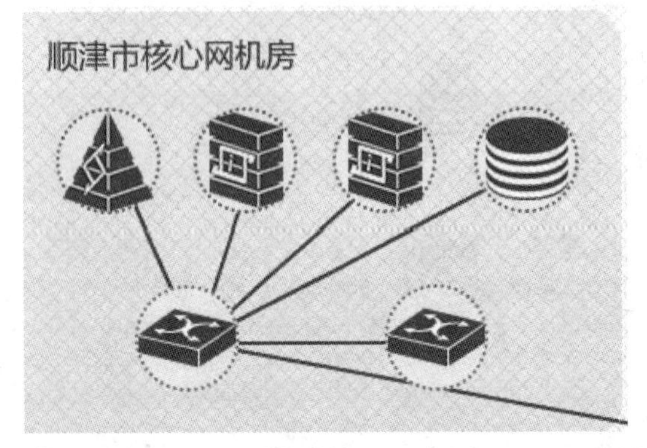

图 9-12　单平面组网示意图

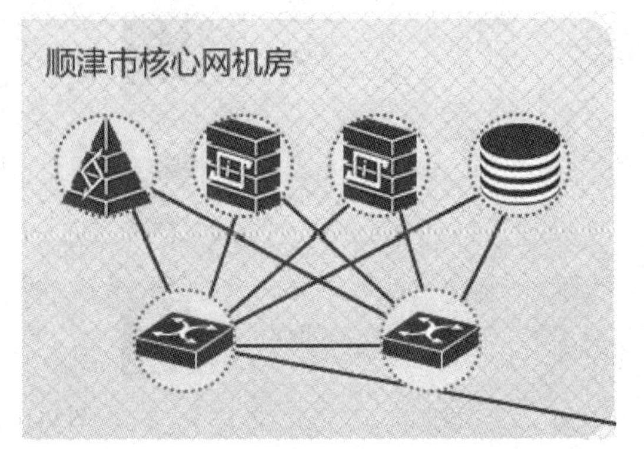

图 9-13　双平面组网示意图

9.2　EPC 核心网容量规划

EPC 系统中各个网元的功能不同，因此影响各个网元的容量的因素以及系统容量的估算方法也各不相同。

本节主要从 MME 容量规划、SGW 容量规划和 PGW 容量规划三方面进行介绍。

9.2.1　MME 容量规划

影响 MME 设备选型的因素有很多，如用户容量、系统吞吐量、交换能力、特殊业务等。下面对两个主要因素，即用户容量与系统吞吐量进行估算。

在系统中，SAU 代表用户容量。SAU 即为附着用户数，总用户数是 SAU 数与分离用户数之和。一般由于 MME 内存限制，支持的用户总数为 A，在线用户比例为 a，那么 MME 控制面处理模块支持的 SAU 就是 A × a。由于 NB-IoT 终端采用 PSM 和 eDRX 两种省电技术，多数时间处于睡眠状态，基站无法寻呼到终端，因此将终端睡眠与关机统称为离线状态，将正常业务状态称为在线状态。

MME 为 EPC 系统中的控制网元。NB-IoT 中采用 CP 优化传输时，可通过 NAS 信令携带用户数据，但携带信息量大小限制在 200 KB 以内；采用 UP 优化传输时，MME 只传送信令，因此影响 MME 系统吞吐量的只有信令流量。而 MME 处理的吞吐量即为各接口信令流量之和，MME 信令接口包括 S1-MME 接口、S11-C 接口及 S6a 接口。

各接口流量包括各种流程的信令消息的总流量，例如经过 S1-MME 接口的信令消息，包括附着、去附着、激活承载上下文、去激活承载上下文、修改承载上下文等信令消息，在现网对各接口的控制面吞吐量进行精密计算，计算公式为

各接口的控制面吞吐量总和 = Σ 根据话务模型计算的各个流程的每秒并发数 ×
每个流程经该接口的消息对数 ×
每个消息的平均大小

其中各流程的每秒并发数参照 MME 话务模型，如表 9-2 所示。

表 9-2　MME 话务模型

流　程	单　位	值
Attaches	event/peak　SAU@BH	0.3
Detaches	event/peak　SAU@BH	0.3
Average number of bearer context per SAU		2
Dedicated EPS bearer context activation	event/peak　SAU@BH	1.25
Dedicated EPS bearer context deactivation	event/peak　SAU@BH	1.25
EPS bearer context modification	event/peak　SAU@BH	0.07
S1 connect	event/peak　SAU@BH	6
S1 release	event/peak　SAU@BH	7
pagings	event/peak　SAU@BH	2.2

如图 9-14 所示，根据外场测算经验值给出 S1-MME 接口、S11-C 接口及 S6a 接口的每用户忙时单方向的平均信令流量的最大值。

某接口的信令流量 = 某接口的每用户平均信令流量 × 用户数

在线用户比	0.9
S1-MME 接口每用户平均信令流量/(kb/s)	10
S11-C 接口每用户平均业务流量/(kb/s)	11
S6a 接口每户平均信令流量/(kb/s)	9

图 9-14　简化的 MME 话务模型

基于以上经验值，对各接口的信令流量进行估算，方法如下：

(1) S1-MME 各接口吞吐量：

S1-MME 接口信令流量(Gb/s) = S1-MME 接口每用户平均信令流量(kb/s) ×
在线用户数(万) × 10000 ÷ 1024 ÷ 1024　　(9-1)

(2) S11-C 接口信令流量：

S11-C 接口信令流量(Gb/s) = S11-C 接口每用户平均信令流量(kb/s) ×
在线用户数(万) × 10000 ÷ 1024 ÷ 1024　　(9-2)

(3) S6a 接口信令流量：

S6a 接口信令流量(Gb/s) = S6a 接口每用户平均信令流量(kb/s) ×
在线用户数(万) × 10000 ÷ 1024 ÷ 1024　　(9-3)

MME 处理的吞吐量即为各接口信令流量之和，MME 信令接口包括 S1-MME 接口、S11-C 接口及 S6a 接口。因此，结合式(9-1)、式(9-2)、式(9-3)，可通过(9-4)式计算出系统信令吞吐量：

系统信令吞吐量(Gb/s) = S1-MME 接口信令流量(Gb/s) +
S11-C 接口信令流量(Gb/s) + S6a 接口信令流量(Gb/s)　　(9-4)

9.2.2 SGW 容量规划

SGW 的数据接口包括 S11-U 接口和 S5 接口。考虑 S11-U 接口和 S5 接口均采用 GTP 封装，开销长度为 62 Byte，典型包大小为 500 Byte，可以认为 S11-U 上行接口流量等同于 S5 上行接口流量，同理 S11-U 下行接口流量等同于 S5 下行接口流量。因此，SGW 接口进/出流量 = 1/2(S11-U 接口流量 + S5 接口流量)。

接下来进行 S11-U 接口流量的估算。S11-U 接口采用 GTP 协议进行封装，考虑到 S11-U 的包头长度为 62 Byte，如表 9-3 所示。

表 9-3　S11-U 包头长度明细表

协议包头	长度/Byte
GTP	8
UDP	8
IP	20
Ethernet	26
总开销	62

这样，S11-U 接口信令流量由式(9-5)确定：

S11-U 接口信令流量(Gb/s) = S11-U 接口每用户平均信令流量(kb/s) ×
在线用户数(万) × 10000 ÷ 1024 ÷ 1024　　(9-5)

S5 接口信令流量由式(9-6)确定：

S5 接口信令流量(Gb/s) = S5 接口每用户平均信令流量(kb/s) ×
在线用户数(万)× 10000 ÷ 1024 ÷ 1024　　(9-6)

结合以上计算过程，SGW 的系统吞吐量由式(9-7)确定：

SGW 系统吞吐量 = S11-U 接口信令流量(Gb/s) + S5 接口信令流量(Gb/s)　　(9-7)

9.2.3 PGW 容量规划

PGW 的数据接口包括 S5 和 SGi。SGi 接口一般考虑以太网接口封装，包头开销为 26 Byte。经统计计算 PGW 进流量约等于出流量，因此可按如下方法计算。

(1) 计算 S5 接口信令流量：

S5 接口信令流量(Gb/s) = S5 接口每用户平均信令流量(kb/s) × 在线用户数(万)× 10000 ÷ 1024 ÷ 1024　　(9-8)

(2) 计算 SGi 接口信令流量：

SGi 接口信令流量(Gb/s) = SGi 接口每用户平均信令流量(kb/s) × 在线用户数(万) × 10000 ÷ 1024 ÷ 1024　　(9-9)

(3) 计算 PGW 系统吞吐量：

SGW 系统吞吐量 = S5 接口信令流量(Gb/s) + SGi 接口信令流量(Gb/s)　　(9-10)

由式(9-8)、式(9-9)，再结合式(9-10)可以计算出 PGW 系统吞吐量。

9.3　EPC 核心网组网规划

本节从 EPC 网元硬件概述、MME 物理连接及地址规划、SGW 物理连接及地址规划、PGW 物理连接及地址规划、HSS 物理连接及地址规划几个方面进行介绍。

9.3.1　EPC 网元硬件概述

在“IUV-NB-IoT 全网规划部署与应用软件”的设备配置模块中，需要对机房进行硬件配置。软件要求需部署 MME、SGW、PGW 及 HSS 四种设备类型。

主流厂商设备的硬件架构为机架—机框—单板，如图 9-15 所示。

图 9-15　EPC 的主要设备硬件架构

每种类型根据系统处理能力的不同各分为大型、中型及小型三种型号。如 MME 可以提供大型 MME、中型 MME 及小型 MME，设备型号的选择取决于系统容量的估算。

目前主流厂商的硬件产品通常都支持以下硬件特性：

(1) 所有的硬件板卡均能实现 1∶1 的冗余.

(2) 所有硬件组件均可以实现热插拔。

(3) 业务面和底层的处理分离，由不同的专用硬件板卡实现。

(4) 支持网管接口。

9.3.2　MME 物理连接及地址规划

在“IUV-NB-IoT 全网规划部署与应用软件”软件中，为了方便理解，我们以最小的硬件配置为例进行介绍。如图 9-16 所示，比如为了使 MME 能够进行正常的工作，一个 MME 可能会配置多个机框，机框可能会包含多种类型的板卡，在软件中笼统分成了物理接口板卡以及业务处理板卡。不同厂商可能还会有交换板、操作维护板、业务处理板等。

图 9-16　MME 板位示例图

如图 9-17 所示，MME 的接口板提供一对或多对物理接口，在实际现网环境中，为便于维护和业务逻辑清晰，S1-MME 和 S6a 采用物理分离方式组网，S10/S11-C/S11-U 合用两个 GE 口。

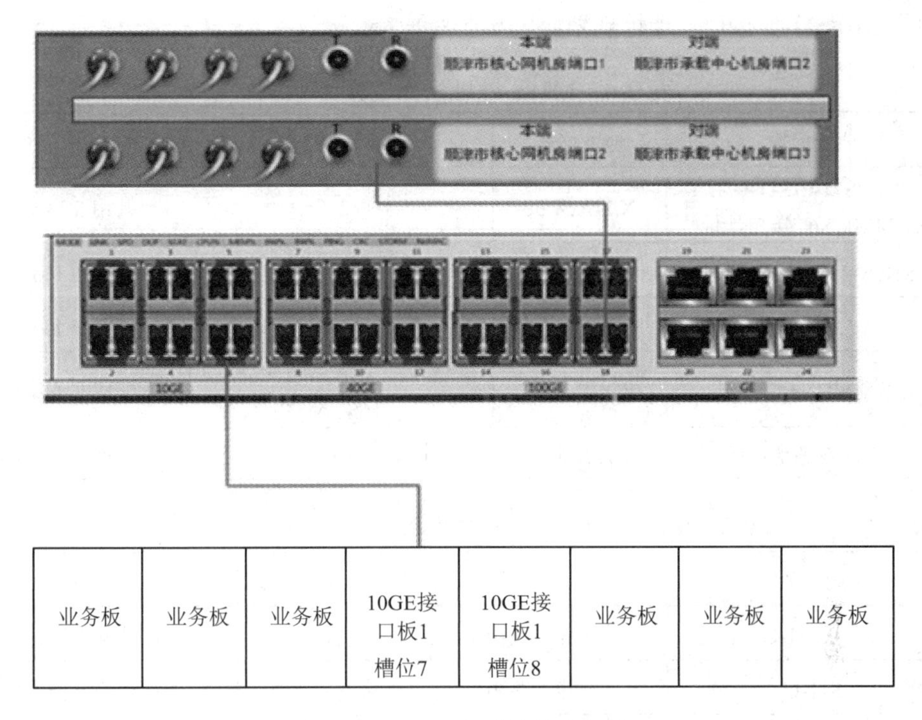

图 9-17　MME 物理连接示意图

(1) 接口地址分配原则：MME 的接口地址不能在相同网段，不同物理接口和 VLAN 子接口必须分配不同网段的接口地址。

(2) 接口工作方式原则：MME 支持接口负荷分担和主备，优选接口负荷分担方式。在接口负荷分担方式下，各业务接口最好对应启用 OSPF，也可启用静态路由。在接口主备方式下，通常启用静态路由。

在本仿真软件中，MME 通过连接三层交换机，使用静态路由对接承载网的路由器。同时 MME 支持接口主备，保证连接的可靠性。在这种简单组网下，S1-MME、S6a、S10/S11-C/S11-U 共用两个 GE 口，这两个 GE 口分别位于 MME 的两块接口单板上，两个专用接口工作在接口主备方式下，通过浮动静态路由实现两条链路负荷分担组网。以 S1-MME 接口为例，需要在 MME 上配置两条浮动静态路由，目的地为 eNodeB 的地址，下一跳分别指向路由器的两个接口上，其他接口同理。

MME 的 IP 地址分成两类：

(1) MME 接口地址。根据实际使用的物理接口配置接口地址，完成到外部网络的路由及报文转发，IP 网络的下一跳通常为站点路由器/交换机，所需要的 IP 地址网络掩码至少是 30 位，以保障至少有两个可用的 IP 地址来完成 MME 与站点路由器/交换机之间的点到点的通信。MME 的多个接口地址不能在同网段。

(2) MME 业务地址。此类地址完成的是和远端节点应用层端到端的通信，例如 MME 和 SGW 远端的 S11-C/S11-U 接口的通信。业务 IP 地址一般驻留在后台的业务处理板上，由于是端到端的高层通信，因此业务 IP 地址一般采用 32 位的网络掩码。根据需要规划一个或多个 Sigtran 地址用于 S1-MME 接口，一个 Sigtran 用于 S6a 接口，全局共享一个 GTPC

地址用于 S10/S11-C 接口。地址规划如表 9-4 所示。

表 9-4　MME 地址及路由规划示例

<table>
<tr><th>地址用途</th><th>地址格式</th><th>网段数量</th><th>注　释</th></tr>
<tr><td>S10/S11-C/S11-U/
S1-MME/S6a 接口地址</td><td>X.X.X.X/30</td><td>2 个</td><td>共用 2 个 GE 口</td></tr>
<tr><td>S10/S11-C 业务地址</td><td>X.X.X.X/32</td><td>全局共享一个 GTPC 地址</td><td>配置在 loopback</td></tr>
<tr><td>S11-U 业务地址</td><td>X.X.X.X/32</td><td>一个 GTPU 地址</td><td>配置在 loopback</td></tr>
<tr><td>S1-MME 业务地址</td><td>X.X.X.X/32</td><td>配置 1 或多个 Sigtran 地址用于 S1-MME</td><td>配置在 loopback</td></tr>
<tr><td>S6a 业务地址</td><td>X.X.X.X/32</td><td>配置 1 个 Sigtran 地址</td><td>配置在 loopback</td></tr>
<tr><td colspan="4">路由规划示例</td></tr>
<tr><td>业　务</td><td colspan="2">路 由 协 议</td><td>注　释</td></tr>
<tr><td>S10/S11-C</td><td colspan="2">静态路由(与数据侧协商)</td><td>浮动静态路由</td></tr>
<tr><td>S11-U</td><td colspan="2">静态路由(与数据侧协商)</td><td>浮动静态路由</td></tr>
<tr><td>S1-MME</td><td colspan="2">静态路由(与数据侧协商)</td><td>浮动静态路由</td></tr>
<tr><td>S6a</td><td colspan="2">静态路由(与数据侧协商)</td><td>浮动静态路由</td></tr>
</table>

9.3.3　SGW 物理连接及地址规划

在现网环境中，SGW 是用户面处理网元。S5/S8 流量较大，建议规划在单独的物理端口上。S1-U 是面向 eNodeB 的业务，当 MME 设置采用 UP 模式时，使用 S1-U 接口，当 MME 设置采用 CP 模式时，不使用 S1-U 接口。同时，为了提高数据的安全性，会将不同的业务划分到不同的 VRF 中实现业务隔离。

SGW 通过连接三层交换机，使用静态路由对接承载网的路由器。这种组网相对简单，SGW 接口数量有限，可以将 S5/S8-C、S5/S8-U、S1-U、S11-C、S11-U 合用物理接口。与 MME 类似为了实现双网双平面的链路备份，以上所有接口占用两个物理端口，同时启用静态路由，以 S11-U 接口为例，需要在 SGW 上配置两条浮动静态路由，目的地为 MME 的 S11-U 的地址，下一跳分别指向路由器的两个接口上，其他接口同理。

(1) 接口地址：根据实际使用的物理接口配置接口地址，SGW 的多个接口地址不能在同网段。

(2) 业务地址：GTP 业务包括 S5/S8-C、S5/S8-U、S11-C、S11-U，建议配置不同的 4 个 GTP 地址，分别用于上述 GTP 业务。UP 模式下，SGW 与 eNodeB 之间的 S1-U 接口规划一个 S1-U 的业务地址用于与 eNodeB 互通。CP 模式下无需配 SGW 与 eNodeB 之间的对接。

规划示例如表 9-5 所示。

表 9-5　SGW 地址及路由规划示例

<table>
<tr><td>地址用途</td><td colspan="2">地址格式</td><td>网段数量</td><td colspan="2">注　释</td></tr>
<tr><td>S5/S8-C、S5/S8-U
S11-C/S11-U/
S1-MME 接口地址</td><td colspan="2">X.X.X.X/30</td><td>S5/S8 物理口配 1 个</td><td colspan="2">S5/S8 独享物理接口</td></tr>
<tr><td>GTP-C 业务地址</td><td colspan="2">X.X.X.X/32</td><td>配置 4 个 GTP 地址</td><td colspan="2">配置在 loopback</td></tr>
<tr><td>GTP-U 业务地址</td><td colspan="2">X.X.X.X/32</td><td>配置 4 个 GTP 地址</td><td colspan="2">配置在 loopback</td></tr>
<tr><td>S1-U 业务地址</td><td colspan="2">X.X.X.X/32</td><td>配置 1 个 S1-U 地址</td><td colspan="2">配置在 loopback</td></tr>
<tr><td colspan="6">路由规划示例</td></tr>
<tr><td colspan="2">业　务</td><td colspan="3">路 由 协 议</td><td>注　释</td></tr>
<tr><td colspan="2">S5/S8-C、S5/S8-U
S4、S11-C、S11-U、S12</td><td colspan="3">静态路由(与数据侧协商)</td><td>浮动静态路由</td></tr>
<tr><td colspan="2">S1-U</td><td colspan="3">静态路由(与数据侧协商)</td><td>浮动静态路由</td></tr>
</table>

9.3.4　PGW 物理连接及地址规划

在现网环境中，PGW 是用户面处理网元。S5/S8 和 SGi 流量都较大，S5/S8、SGi 流量采用物理分离方式组网，即规划在单独的物理端口上。同时，为提高数据安全性，会将不同的业务划分到不同的 VRF 中实现业务隔离。

在本仿真软件中，暂不考虑 SGi 接口。PGW 通过连接三层交换机，使用静态路由对接承载网的路由器。考虑链路备份，S5/S8-C、S5/S8-U 单独规划两个物理接口，同时启用静态路由。需要在 PGW 上配置四条浮动静态路由，两条目的地址为 SGW S5/S8-C，两条目的地址为 S5/S8-U 业务地址，下一跳分别指向承载网的路由器的两个接口上。

(1) 接口地址：根据实际使用的物理接口配置接口地址，PGW 的多个接口地址不能在同网段。

(2) 业务地址：GTP 业务包括 S5/S8-C、S5.S8-U，建议配置两个 GTP 地址即可。规划示例如表 9-6 所示。

表 9-6　PGW 地址及路由规划示例

<table>
<tr><td>地址用途</td><td>地址格式</td><td colspan="2">网段数量</td><td>注　释</td></tr>
<tr><td>S5/S8-C、S5/S8-U
接口地址</td><td>X.X.X.X/30</td><td colspan="2">S5/S8-C、S5/S8-U 物理口配 1 个</td><td>S5/S8 独享物理接口</td></tr>
<tr><td>S5/S8-C、S5/S8-U
业务地址</td><td>X.X.X.X/32</td><td colspan="2">两个 S5/S8 GTP 地址</td><td>配置在 loopback</td></tr>
<tr><td colspan="5">路由规划示例</td></tr>
<tr><td>业　务</td><td colspan="2">路 由 协 议</td><td colspan="2">注　释</td></tr>
<tr><td>S5/S8-C、S5/S8-U</td><td colspan="2">静态路由(与数据侧协商)</td><td colspan="2">浮动静态路由</td></tr>
</table>

9.3.5　HSS 物理连接及地址规划

在本仿真软件中，HSS 通过连接三层交换机，使用静态路由对接承载网的路由器。考虑链路备份，HSS 单独规划两个物理接口，同时启用静态路由。需要在 HSS 上配置两条浮动静态路由，目的地为 MME S6a 接口的 Sigtran 业务地址，下一跳分别指向承载网的路由器的两个接口上。

(1) 接口地址：根据实际使用的物理接口配置接口地址，HSS 的多个接口地址不能在同网段。

(2) 业务地址：与 MME 侧相对应，建议配置 1 个 Sigtran 地址即可。规划示例如表 9-7 所示。

表 9-7　HSS 地址及路由规划示例

地址用途	地址格式	网段数量	注释
S6a　接口地址	X.X.X.X/30	每个 S6a 物理口配 1 个	S6a 独享物理接口
S6a　业务地址	X.X.X.X/32	一个 S6a 的 Sigtran 地址	配置在 loopback
路由规划示例			
业务	路由协议	注释	
S6a	静态路由(与数据侧协商)	浮动静态路由	

第 10 章　NB-IoT 关键参数配置

知识点

本章将基于“IUV-NB-IoT 全网规划部署与应用软件”，通过介绍 NB-IoT 无线基站和核心网 EPC 的关键参数配置，让读者能深入了解参数设置的细节。接下来主要介绍以下内容：

(1) 无线关键参数配置；

(2) 核心网关键参数。

10.1　无线关键参数配置

本节主要从无线关键参数概述、系统公共基础参数、移动性管理类以及接入控制类四个方面进行介绍。

10.1.1　无线关键参数概述

NB-IoT 组网模式是参考 FDD LTE 网络模式构建的，其关键参数类型与 FDD LTE 类似，部分参数配置可参考 LTE 网络的参数配置。由于不同厂家的中文参数名称不尽相同，因此参数仅对应给定 3GPP 协议规定名称。

10.1.2　系统公共基础参数

1. 公共陆地移动网络标识

公共陆地移动网络标识对应的 3GPP 协议规定参数为 plmn-IdentityList-r13。PLMN ID 是一个 PLMN 网络的唯一标识，结构为 MCC+MNC。该参数表示运营商的移动国家码/移动网络码(MCC/MNC)。MCC = 460 代表中国，MNC 值代表运营商，同一国家不同运营商的 MNC 值不同。

2. 下行频点/频段

下行频点对应的 3GPP 协议规定参数为 CarrierFreq-NB，工作频段对应的 3GPP 协议规定参数为 FreqBandIndicator-NB-r13。由于 NB-IoT 网络为上下行对称频段，下行频点表示下行载波的中心频点，因此不通过空口直接传输。当前 NB-IoT 可用的频段如表 10-1 所示。

表 10-1　NB-IoT 可用的频段

E-UTRA 频段指示	上行	下行	双工模式
	F_{UL_low}～F_{UL_high}	F_{DL_low}～F_{DL_high}	
1	(1920～1980)MHz	(2110～2170)MHz	FDD
2	(1850～1910)MHz	(1930～1990)MHz	FDD
3	(1710～1785)MHz	(1805～1880)MHz	FDD
5	(824～849)MHz	(869～894)MHz	FDD
8	(880～915)MHz	(925～960)MHz	FDD
12	(699～716)MHz	(729～746)MHz	FDD
13	(777～787)MHz	(746～756)MHz	FDD
17	(704～716)MHz	(73～746)MHz	FDD
18	(815～830)MHz	(860～875)MHz	FDD
19	(830～845)MHz	(875～890)MHz	FDD
20	(832～862)MHz	(791～821)MHz	FDD
26	(814～849)MHz	(859～894)MHz	FDD
28	(703～748)MHz	(758～803)MHz	FDD
66	(1710～1780)MHz	(2110～2200)MHz	FDD*

*注：当配置了载波聚合时，下行频段(2180～2200)MHz 会受到 E-UTRA 的限制。

当前 NB-IoT 主流频段为 Band5 与 Band8。中国电信 Band5 建议下行中心频点为 879.6 MHz；中国移动 Band8 建议下行中心频点为 953.4/953.6/953.8 MHz；受限于 900M 频率资源，中国联通 NB-IoT 站点主要选择 Band3 进行部署。

3. 上行频点

上行频点对应的 3GPP 协议规定参数为 ul-CarrierFreq-r13。一个小区的上下行载频必须归属于同一个频段，同一频段上下行频点间一一对应，上下行载波中心频点间隔为双工间隔(上下行频率间的有效间隔，以保证通信正常可靠进行)，例如 Band8 中下行 953.4 MHz 对应上行 908.4 MHz，上下行双工间隔为 45 MHz，用 SIB2 消息进行广播。

4. eNodeB ID&物理小区标识&小区标识

eNodeB ID 对应的 3GPP 协议规定参数为 eNodeB ID。该 ID 值表示业务协议接口中定义的基站标识，在一个 PLMN 内编号唯一，不可重复，取值范围为 0～1 048 575。修改该参数时需重启站点来生效。

物理小区标识对应的 3GPP 协议规定参数为 PCI。蜂窝小区组网环境下，PCI 规划时，单天线需规避 mod6 干扰；两天线需要规避 mod3 干扰；为了降低邻区上行 DMRS 的相互干扰，需规避 mod16 干扰。NB-IoT 共 504 个 PCI 值，分为 168 组，每组 3 个数值。

小区标识对应的 3 GPP 协议规定参数为 cellIdentity-r13，取值范围为(0～255)。eNodeB ID 与小区标识组合可表示为 Cell ID，该 ID 在同一个 PLMN 内编号唯一，对应一个特定无线小区。

5. 跟踪区域码

跟踪区域码对应的 3 GPP 协议规定参数为 trackingAreaCode-r13。一般对应厂家参数为 TAC，为 PLMN 内跟踪区域的标识，用于 UE 的位置管理，取值范围为 0～65 535。核心网通过 TAC 界定寻呼消息的发送范围，一个跟踪区可能包含一个或多个小区，若跟踪区包含区域过大，则会加大设备处理负荷，若包含区域过小，则会导致 TAU 位置更新频繁，影响业务体验甚至导致系统信道拥塞。

6. 工作模式与发射接收模式

工作模式对应的 3 GPP 协议规定参数为 operationModeInfo-r13。NB-IoT 中共有 inband_SamePCI_r13(带内部署：LTE 小区的 PCI 与 NB-IoT 相同)、inband_DifferentPCI_r13(带内部署：LTE 小区的 PCI 与 NB-IoT 不同)、guardband_r13(保护带部署)、standalone _r13(独立部署)四种模式，通过 MIB 消息广播。目前，考虑到建设成本，带内部署及独立部署均有大量商用局点，且部分 NB 站点与 GSM 或 FDD 共站部署。

发射接收模式无具体协议参数对应，该参数表示小区的逻辑天线发射端口数与基站接收天线数，需根据 RRU 支持的收发天线进行配置，常见配置有 1T1R(一发一收)、1T2R(一发两收)、2T2R(两发两收)、2T4R(两发四收)、4T4R(四发四收)、8T8R(八发八收)、2T8R(两发八收)、4T8R(四发八收)。NB-IoT 网络中，室分场景建议使用 1T1R；宏站建议使用 2T2R 或 2T4R，天馈系统多采用 4 端口天线设备。

10.1.3　移动性管理类

1. 小区选择

最小接入电平对应的 3 GPP 协议规定参数为 q-RxLevMin-r13，表示终端接入目标小区所需的最低接收电平，通过 SIB1 消息下发。q-RxLevMin 与 Qrxlevmeas(小区接收电平值)、Qrxlevminoffset(偏移)、Pcompensation(UE 最大发射功率)通过小区选择准则(S 准则)判决公式得出 Srxlev(小区选择接收电平值)，进而决定终端是否驻留在该小区。最小接收电平值增大，会使得该小区更难符合 S 准则，更难成为 Suitable Cell，UE 选择该小区的难度增加，反之亦然。该参数的取值应使得被选定的小区能够满足基础类业务的信号质量要求。由于 NB-IoT 网络良好的覆盖增强特性及复杂的无线环境，因此其最小接入电平取值一般远小于 LTE 网络，取值范围为(−144～40)dBm，建议网络配置为 −140 dBm。

2. 小区重选

1) 同频测量启动门限

同频测量启动门限对应的 3 GPP 协议规定参数为 S-IntraSearch。该参数具体内容通过 SIB3 消息广播，指示了小区重选的同频测量触发门限 S-IntraSearch，被 UE 用来判决是否执行频内测量。如果服务小区质量大于 S-IntraSearch，则不执行频内测量；如果服务小区质量小于等于 S-IntraSearch，则 UE 执行频内测量。参数取值范围为(0～62)dB，NB-IoT 网络由于其低移动性特征，因此建议配置为 62 dB。

2) 频内/频间小区重选最小接收电平

频内小区重选最小接收电平(dBm)对应的 3GPP 协议规定参数为 QrxLevMin。该参数指示了小区满足频内小区重选条件的最小接收电平门限，同频采用的该参数在 SIB3 消息中广播，异频采用的该参数在 SIB5 消息中广播，取值范围为(-144～40)dBm，建议配置为 -132 dBm。

3) 异频测量启动门限

异频测量启动门限(dB)对应的 3 GPP 协议规定参数为 S-NonIntraSearch-r13。该参数指示了小区重选的异频的测量触发门限 S-NonIntraSearch，UE 用来进行异频载频测量的判决。如果服务小区质量大于 S-NonIntraSearch，则不执行异频测量；否则要进行异频测量。该参数取值范围为(0～62)dB，建议配置为 14 dB。

4) 重选时间

同频/异频重选时间(s)对应的 3 GPP 协议规定参数为 t-Reselection-r13。新小区信号质量在重选时间内始终优于服务小区且 UE 在当前服务小区驻留超过 1 秒时，UE 才会向新小区发起重选。重选时间可取值为(0，3，6，9，12，15，18，21)s，建议 NB-IoT 网络配置为 1。

10.1.4 接入控制类

1. 随机接入

1) SIB1 接入控制

SIB1 接入控制对应的 3 GPP 协议规定参数为 cellBarred-r13。该参数是小区禁止接入指示。小区禁止接入指示为 barred 时，UE 不能选择和重选此小区，即便紧急呼叫也不支持接入。SIB1 接入控制可取值为[not barred(允许接入)，barred(禁止接入)]，建议配置为 not barred。

2) RSRP 门限列表

RSRP 门限列表(dBm)对应的 3GPP 协议规定参数为 rsrp-ThresholdsPrachInfoList-r13。该参数用于判定 UE 所处的覆盖等级，UE 根据所处位置测量所得电平值选择对应覆盖等级，再按相应等级选取对应的参数配置进行随机接入过程。NB-IoT 最多可以配置两个 RSRP 门限(rsrp-Threshold1、rsrp-Threshold2)，对应 3 个覆盖等级。当 UE 实际 RSRP 测量值比 RSRP 一级门限值(rsrp-Threshold1)高时，选择覆盖等级 0 发起随机接入。当 UE 实际 RSRP 测量值介于 RSRP 一级门限值(rsrp-Threshold1)和 RSRP 二级门限值(rsrp-Threshold2)之间时，选择覆盖等级 1 发起随机接入。当 UE 实际 RSRP 测量值比 RSRP 二级门限值(rsrp-Threshold2)低时选择覆盖等级 2 发起随机接入。仅配置一个数值时，该门限无效。该门限取值为(-141～44)dBm，当 RS 信号功率为 29.2 dBm 时，建议取值为(-112，-122)dBm。

3) NPRACH 周期

NPRACH 周期(ms)对应的 3 GPP 协议规定参数为 nprach-Periodicity-r13，不同覆盖等级需分开设置。NPRACH 周期取值越大，对应覆盖等级的 UE 等待发起随机接入的时间越长，占用资源越多；该参数设置得越小，对应覆盖等级 UE 等待发起随机接入的时间越短。NPRACH 周期不能低于最大覆盖等级配置的 NPRACH 时长加上最大覆等级的偏置之和，后一级覆盖等级的偏置不低于前一级覆盖等级的 NPRACH 时长加上前一级覆盖等级的偏置之和，后一级覆盖等级的偏置和前一级覆盖等级的偏置的差不低于 40 ms。因此，不同小区各覆盖等级的 NPRACH 发送周期配置值要相同，否则会导致不同覆盖等级间的 NPRACH 资源重叠，影响 NPRACH 接收成功率。如果该参数配置较小导致不同覆盖等级间 NPRACH 资源重叠，则小区无法激活。

考虑不同小区之间的 NPRACH 资源可能重叠，影响 NPRACH 解调性能，所以适当拉长 NPRACH 周期，可以增加不同小区之间 NPRACH 偏置的可选性，从而错开 NPRACH 资源，减少干扰。该参数取值范围为(40，80，160，240，320，640，1280，2560)ms，在配置 3 个覆盖等级前提下，建议取值为 320 ms、1280 ms、2560 ms。

4) NPRACH 前导重复次数

NPRACH 前导重复次数对应的参数为 numRepetitionsPerPreambleAttempt-r13，表示对应覆盖等级前导发送的重复次数。该参数设置越大，UE 在对应覆盖等级发送的前导被基站正确接收的概率越大，但 NRACH 接入成功的时长可能越长；该参数设置越小，UE 在对应覆盖等级发送的前导被基站正确接收的概率越小，但 NRACH 接入成功的时长可能越短。若该参数配置不合理，则会影响不同覆盖等级的覆盖能力。NPRACH 前导重复次数取值范围为(1，2，4，8，16，32，64，128)，不同覆盖等级分开配置，在配置 3 个覆盖等级前提下，建议取值为 2、8、32。

5) NPRACH 时域起始位置

NPRACH 时域起始位置(ms)对应的 3GPP 协议规定参数为 nprach_StartTime。该参数表示 NPRACH 的起始时间，不同 CEL 分开配置。NPRACH 时域起始位置取值范围为(8，16，32，64，128，256，512，1024)ms，建议配置为 16 ms、32 ms。

6) NPRACH 频域起始位置

NPRACH 时域起始位置对应的 3 GPP 协议规定参数为 nprach_SubcarrierOffset。该参数为 NBPRACH 资源的频域起始位置，不同 CEL 分开配置。NPRACH 频域起始位置取值范围为(0，12，24，36，2，18，34)子载波，参数取值需根据网络实际情况配置。

2. 控制信道

1) NPDCCH 最大重复次数

NPDCCH 分为公共搜索空间(CSS)和专用搜索空间(USS)。CSS 包含 Type1 寻呼消息和 Type2 RAR 消息。用于寻呼的 CSS 最大重复次数 npdcch-NumRepetitionPaging-r13 通过 SIB2 消息无线资源公共配置指示；用于 RAR 公共搜索空间的最大重复次数 npdcch-NumRepetitions-RA-r13 通过 SIB2 消息无线资源公共配置指示。USS 的最大重复次数 npdcch-NumRepetitions-USS 通过 RRC 信令配置。该参数与其他参数耦合较为密切，与不同厂家算法密切相关，影响到覆盖、容量等参数，建议根据网络具体环境采用厂家建议配置。

2) NPDCCH 周期因子

NPDCCH 周期因子对应的参数为 npdcch-StartSF-CSS-RA-r13，npdcch-StartSF-USS-r13 表示 NPDCCH RAR 周期因子，NPDCCH 周期因子和 NPDCCH 最大重复次数相乘可求得 NPDCCH 周期。该参数为自适应参数，参数在基站运行后根据情况自适应调整。

3. 调度算法

1) 上行/下行初始 MCS

两个参数均为非协议参数，用户的上行初始 MCS 越大会使得频谱效率越高，解调成功概率越小，初始上行调度时延越小(攀升至峰值速率所需的时间)；该参数配置得越小会使得用户的上行初始MCS越小，频谱效率越低，解调成功概率越大，初始上行调度时延越大。

用户的下行初始MCS越大，初始下行调度时延越小；该参数取值越小会使得用户的下行初始MCS越小，初始下行调度时延越大。该参数取值范围和实际取值范围(MCS0～MCS12)均是以NB-IoT的standalone场景为例，inband场景该参数的界面取值范围和实际取值范围均为MCS_0、MCS_1、MCS_2、MCS_3、MCS_4、MCS_5、MCS_6、MCS_7、MCS_8、MCS_9、MCS_10。

2) 上行/下行初始传输重复次数

两个参数均为非协议参数，上行初始传输重复次数越大，要求的SINR解调门限越低，解调成功概率越大，但需要更多的传输资源，会造成容量下降；该参数配置越小，用户传输重复次数越小，要求的SINR解调门限越高，解调成功概率越小，需要更少的传输资源。在用户数较多、覆盖等级取值高的时候，该参数配置过大，会增大时延、增加资源占用、增大拥塞程度。不同厂家对于3.75 kHz以及15 kHz(Single-Tone及Multi-Tone)的设置不同，建议值有所不同，因此各厂家之间无法统一参数配置。

下行初始传输重复次数越大，消耗的时域资源越多；该参数配置越小，消耗的时域资源越少。在用户数较多、覆盖等级取值高的时候，该参数配置过大，会增大时延、增加资源占用、增大拥塞程度。

3) ACK/NACK重传次数

ACK/NACK重传次数对应的参数为ACK-NACK-NumRepetitions-NB-r13，表示某个覆盖等级下的用户上行传输、下行调度的ACK/NACK反馈的次数。该参数配置越大会使得用户传输ACK/NACK重复次数越大，接收性能越好，解调成功概率越大，但需要更多的传输资源；参数配置越小会使得用户传输的ACK/NACK重复次数越小，接收性能越差，解调成功概率越小，需要更少的传输资源。不同覆盖等级分开配置，取值范围为(1，2，4，8，16，32，64，128)。15 kHz子载波间隔推荐取值为1、8、64；3.75 kHz子载波间隔推荐取值为1、16。

4) 业务类型QCI编号

后台配置此参数，目的是根据SAE建立消息中的QCI信息索引到相关的业务QoS参数，给相关配置的人员以参考。标准化的QoS分类标识(QCI)表示QoS的属性，如分组调度、处理时延、分组丢失率等。通过标准化的QCI参数在EPS的不同网元之间进行传递，方便了不同厂商设备之间的互通和运营商灵活配置。业务类型QCI编号取值范围为0～256，外场根据实际情况配置。

4. 定时器设置

1) T300

该参数是UE等待RRC连接响应的定时器(T300)长度(ms)，当UE发送RRC连接请求消息后将启动定时器T300。在定时器超时前，如果发生以下事件，则定时器停止：

(1) UE收到RRCConnectionSetup或RRCConnectionReject；

(2) 触发Cell-reselection过程；

(3) NAS层终止RRC connection establishment过程。

如果定时器超时，则 UE 触发以下操作：

(1) 重置 MAC 层；

(2) 释放 MAC 层配置；

(3) 重置所有已建立 RBs(Radio Bears)的 RLC 实体，通知高层 RRC connection establishment 失败。

参数取值范围为(2500，4000，6000，10000，15000，25000，40000，60000)ms，建议配置为 6000 ms。

2) T301

该参数是 UE 等待 RRC 重建响应的定时器。当 UE 发送 RRC 连接重建请求消息时，打开 T301 定时器。当 UE 收到 RRC 连接重建消息或 RRC 连接重建拒绝消息后，停止 T301 定时器；当定时器超时，UE 进入 IDLE 态。不同覆盖等级分开配置取值范围为(2500，4000，6000，10000，15000，25000，40000，60000)ms，建议配置为 6000 ms、10000 ms、40000 ms。

3) T310

UE 监测无线链路失败的定时器(T310_UE)(ms)，作用为当 UE 监测到无线链路有问题时，启动 T310_UE 定时器；在接收到 N311_UE 个 in-sync 指示或者触发切换流程和 RRC 连接重建流程时，停止定时器。当定时器超时时，如果没有激活安全模式，则进入 IDLE 态，否则发起 RRC 连接重建流程。不同覆盖等级分开配置，取值范围为(0，200，500，1000，2000，4000，8000)ms，建议取值 2000 ms、8000 ms。

4) T311

该参数是 UE 监测到无线链路失败后转入 IDLE 状态的定时器(T311_UE)，作用为当 UE 发起初始 RRC 连接重建时，打开 T311 定时器；当选择到了一个合适 E-UTRAN 小区或者 inter-RAT 小区后，停止 T311 定时器；当定时器超时时，UE 进入 IDLE 状态。取值范围为(1000，3000，5000，10000，15000，20000，30000)ms，建议取值 5000 ms。

5) 控制面 User-Inactivity 定时器

该定时器为 UE 不活动定时器，对应的 3GPP 协议规定参数为 ue-InactiveTime，当 User-Inactivity 使能功能开启后生效。该参数表示 eNodeB 对 NB-IoT UE 是否发送或接收数据进行监测，如果 NB-IoT UE 一直都没有接收或发送数据，并且持续时间超过该定时器时长，则释放该 UE。该参数配置越小，NB-IoT UE 在没有业务情况下，越早被释放，会导致用户频繁发起 RRC 连接请求，且由于正常释放次数增多，会使得统计的掉话率等网络性能指标变好；该参数配置越大，NB-IoT UE 在没有业务的情况下，越晚被释放，UE 会保持更长的在线时间，占用无线资源，且由于正常释放次数减少，会导致统计的掉话率等网络性能指标恶化。控制面 User-Inactivity 定时器取值范围为(1 s，2 s，3 s，5 s，7 s，10 s，15 s，20 s，25 s，30 s，40 s，50 s，1 min，1 min 20 s，1 min 40 s，2 min，2 min 30 s，3 min，3 min 30 s，4 min，5 min，6 min，7 min，8 min，9 min，10 min，12 min，14 min，17 min，20 min，24 min，28 min，33 min，38 min，44 min，50 min，1 h，1 h 30 min，2 h，2 h 30 min，3 h，3 h 30 min，4 h，5 h，6 h，8 h，10 h，13 h，16 h，20 h，1 Day，1 Day 12 h，2 Day，2 Day 12 h，3 Day，4 Day，5 Day，7 Day，10 Day，14 Day，19 Day，24 Day，30 Day，大于 30 Day)，建议取值 20 s。

6) 等待RRC建立完成的定时器

等待RRC建立完成的定时器对应的3 GPP协议规定参数为rrcSetupTimerArr。RRC连接建立时，eNodeB给UE发送RRC连接建立消息后，启动该定时器，收到UE的RRC连接建立完成消息，停止该定时器；定时器超时，进行异常处理。等待RRC建立完成的定时器取值范围为(10～120000)ms，建议取值10000 ms、15000 ms、70000 ms。

7) RRC连接释放定时器

RRC连接释放定时器对应的3 GPP协议规定参数为RrcConnRelTimer。释放UE时，为保证RRC连接释放消息能发下去，eNodeB给UE发送RRC连接释放消息后，启动该定时器，定时器超时后释放eNodeB本地实体。不同覆盖等级分开配置，取值范围为(10～60000)ms，建议配置为6000 ms、10000 ms、30000 ms。

10.2　核心网关键参数

NB-IoT核心网基于LTE核心网部署，开户、对接等参数大体上与FDD LTE网络类似，但为了满足低功耗、低成本等特性，NB-IoT核心网新增CIoT特性参数配置。

1. PSM

1) T3324

UE在进入IDLE态后启动T3324(ACTIVE TIMER)，在超时之前可以被寻呼到。在超时之后，UE进入节电模式，不可被寻呼到，从而达到节能的目的。T3324取值范围(0～1860 s或Deactived)，建议取值180s。

2) T3412

T3412表示TAU周期请求定时器，为了支持PSM，协议对T3412的时长进行了扩展，增加了T3412 extended字段，最大时长可达31×320小时。3 GPP协议规定默认为54 min。

2. eDRX

寻呼时间窗口(Paging Time Window)表示UE在IDLE态监听寻呼的长周期和窗口，在“支持eDRX”打开后，完成对eDRX的控制。

3. CP模式

1) 支持CP/UP优化

当前支持CP模式优化参数配置为“支持”，支持UP优化配置为“不支持”。支持CP优化开关打开后，数据传输支持CP模式传输，3GPP Rel-13协议规定NB-IoT网络采取CP模式，预留UP模式方案。

2) 支持S1-U

配置为“不支持”后，若CP优化开关打开，则通过S1-MME传输数据，不再通过S1-U传输数据，无需建立BBU与SGW之间的通道。

4. 开户管理

1) QoS分类识别码

表示用户开户时选定的服务质量等级指示，应用于GBR和Non-GBR承载，用于指定访问节点内定义的控制承载及分组转发方式(如调度权重、接纳门限、队列管理门限、链路层协议配置等)，取值范围为 QCI1～QCI9，不同业务对应着不同 QCI 取值，普通业务选 QCI8 或 QCI9。

2) APN 非 GBR 最大上行/下行带宽

表示某 APN 对应的 Non-GBR 支持的最大上行或下行带宽，用户进行 Non-GBR 业务时，上行/下载速率不超过配置的 APN 非 GBR 最大上行/下行带宽值。

3) 用户非 GBR 最大上行/下行带宽

表示用户进行 Non-GBR 业务时支持的最大上行或下行带宽，用户上行/下载速率不超过配置的 APN 非 GBR 最大上行/下行带宽值。

4) IMSI

国际移动用户识别码(International Mobile Subscriber Identification Number，IMSI)是区别移动用户的标志，储存在 SIM 卡中，是用于区别移动用户的有效信息。其总长度不超过 15 位，使用 0～9 的数字。其中 MCC 是移动用户所属国家代号，占 3 位数字，中国的 MCC 规定为 460；MNC 是移动网号码，由两位或者三位数字组成。

第 11 章　业务开通及网络优化基础

知识点

本章将基于“IUV-NB-IoT 全网规划部署与应用软件”，通过介绍 NB-IoT 业务开通及网络优化基础，让读者深入了解业务开通及网络优化工作的细节。接下来主要介绍以下内容：

(1) 站点开通验收规范；

(2) 业务吞吐量计算；

(3) 网络优化基础。

11.1　站点开通验收规范

本节主要从单站测试和网格测试两个方面进行介绍。

11.1.1　单站测试

NB-IoT 基站开通后应进行相应验证，检测基站运行状态、功能是否正常等，主要包括：

(1) 基站状态检查：检测基站告警、上行 RSSI、驻波比是否正常。

(2) 基础信息核查：确保站点经纬度、扇区 CellID、PCI 与规划一致。

(3) 基础业务验证：测试 Attach 成功率、单用户上/下行峰值吞吐率、Ping 时延等基础业务性能是否正常。

相关测试要求包括覆盖率要求，见表 11-1，验收要求见表 11-2。

表 11-1　覆盖率要求表

类　型	穿透损耗	NB-IoT (覆盖率 95%)
		NRSRP/dBm
主城区	高	≥-84
主城区	低	≥-87
一般城区		≥-87
县城及乡镇		≥-89

注：表 11-1 中主城区楼高有阻挡，所以会区分是否有穿透损耗，一般城区和县城及乡镇不区分。最后一列是 NRSRP 值满足其中数字条件的比例要求达到 95%以上。

表 11-2　相关验收要求表

测试条目	测试条件	验收条件
覆盖性能验证	RSRP≥-80 dBm，SINR≥20 dB	Attach 成功率 100% (5/5)
重选性能验证	站间小区重选至少 5 次，站内小区间重选至少 5 次	重选成功率 100%
接入性能验证	RSRP≥-80dBm，SINR≥20dB，做 Ping 业务测试，每次 Ping 间隔 10 s(大于 UE 不活动定时器)，确保终端可以回到空闲态	RRC 连接成功率 100% (10/10)
Ping 时延性能验证	Ping 包大小 32 Bytes，RSRP≥-80 dBm，SINR≥20dB	Ping 时延小于等于 1.5 s (10 次)
上行峰值速率测试	RSRP≥-80 dBm，SINR≥20 dB	MAC 层上行平均吞吐率大于等于 10 kb/s
下行峰值速率测试	RSRP≥-80 dBm，SINR≥20 dB	MAC 层下行平均吞吐率大于等于 13 kb/s

11.1.2　网格测试

NB-IoT 网络移动性中无切换业务，仅存在小区选择与重选业务。单站验证通过后，为验证 NB-IoT 网络的移动性能，需对区域进行拉网测试，以保证重选时机及目标小区的合理性。此外，NB-IoT 网络同频组网且单小区覆盖范围较大，下行同频干扰严重，网格 DT 优化需重点对下行 SINR 进行优化。

NB-IoT 室外道路测试除测试终端外，还需要采用 NB-IoT 扫频仪进行网络性能测试，网格道路测试性能评估指标包括覆盖类和干扰类，覆盖类见表 11-3，干扰类见表 11-4。

表 11-3　覆　盖　类

序号	指标	定　义	说　明	单位
1	覆盖率	$覆盖率=\frac{条件采样点}{总采样点}\times 100\%$ NB-IoT 条件采样点： RSRP≥-84 dBm，SINR≥-3 dB	综合接收场强和信干比，描述全网的覆盖情况	%
2	平均 RSRP	参考信号平均接收电平	从参考信号平均接收信号与干扰噪声比角度，评估全网的平均干扰强度	dBm
3	边缘 RSRP	取 RSRP 中 CDF 等于 5%的值	如果边缘 RSRP 太低，则不能达到网络最低覆盖要求。如果边缘 RSRP 过高，则小区间干扰也会严重。故 NB-IoT 更加重视利用边缘覆盖电平，来评估小区边缘的覆盖	dBm

续表

序号	指标	定　义	说　明	单位
4	RSRP分段占比	$\frac{\text{RSRP分段采样点}}{\text{NB-IoT测试总采样点}}$	通过对RSRP采样点分段统计情况，客观反映整体覆盖质量。其中分段为RSRP＜-110、-110≤RSRP＜-94、-94≤RSRP＜-84、-84≤RSRP＜-74、-74≤RSRP＜-60、RSRP≥-60(RSRP单位为dBm)	%
5	RSRP连续弱覆盖比例	$\frac{\text{NB-IoT连续覆盖里程}}{\text{NB-IoT测试里程}}\times 100\%$	评估路测中参考信号RSRP接收功率情况，反映服务小区覆盖的主要指标。其中：弱覆盖里程的定义为持续10 s且70%的采样点路段满足RSRP＜-84 dBm	%
6	RSRP连续无覆盖比例	$\frac{\text{NB-IoT连续无覆盖里程}}{\text{NB-IoT测试里程}}\times 100\%$	评估路测中参考信号RSRP接收功率情况，反映服务小区无覆盖的情况。连续无覆盖里程的定义为持续10 s且70%的采样点路段满足RSRP＜-94 dBm	%

表11-4　干　扰　类

序号	指标	定　义	说　明	单位
1	平均RS-SINR	参考信号平均接收信号与干扰噪声比	从参考信号平均接收信号与干扰噪声比角度，评估全网的平均干扰强度	dB
2	边缘RS-SINR	参考信号平均接收信号与干扰噪声比取CDF (累计概率分布)5%对应的值	从参考信号平均接收信号与干扰噪声比角度，评估全网各小区边缘的干扰强度	dB
3	SINR分段占比	$\frac{\text{SINR分段采样点}}{\text{NB-IoT测试总样点}}$	通过对SINR采样点分段统计情况，客观反映整体覆盖质量。其中分段为SINR＜-10、-10≤SINR＜-5、-5≤SINR＜0、0≤SINR＜5、5≤SINR＜10、10≤SINR＜15、15≤SINR＜20、SINR≥20(SINR单位为dB)	%
4	连续SINR质差里程占比	$\frac{\text{连续SINR质差里程}}{\text{NB-IoT测试里程}}\times 100\%$	评估RS-SINR质差里程；其中：SINR质差里程定义为持续10 s且70%的采样点CRS-SINR＜-3 dB的连续路段	%
5	重叠覆盖率	道路重叠覆盖率＝$\frac{\text{重叠覆盖度}\geq 4\text{的采样点}}{\text{总采样点}}\times 100\%$ 重叠覆盖度指与最强信号电平的差距在6dB范围内的电平数量，且最强信号RSRP＞-84 dBm	重叠覆盖度≥4，即认为存在较严重的重叠覆盖情况；从参考信号平均接收信号电平角度，评估服务小区覆盖范围内强信号邻区叠加的程度	%

续表

序号	指标	定　义	说　明	单位
6	重叠覆盖里程占比	道路重叠覆里程占比 = $\frac{\text{连续重叠覆盖度}\geqslant 4\text{的里程}}{\text{总测试里程}}\times 100\%$	评估全网内重叠覆盖里程占比，一定程度上反映网络建设合理性	%
7	Mod3 冲突比例	Mod3 冲突采样点比例= $\frac{\text{Mod3冲突采样点小区数量}}{\text{采样点测量到的邻区数量总数}}\times 100\%$ 最强信号 RSRP 门限 = −84 dBm	PCI = 3 × Group ID (S-SS) + Sector ID(P-SS)，如果 PCI mod 3 值相同的话，就会造成 P-SS 的干扰；实际网络必然中存在两邻区 PCI 模 3 无法错开的情况。模 3 会造成 CRS 信号相互干扰，使 SINR 降低；重叠覆盖和模 3 干扰同时存在，以重叠覆盖影响为主	%

11.2　业务吞吐量计算

本节主要从下行吞吐量计算和上行吞吐量计算两个方面进行介绍。

11.2.1　下行吞吐量计算

NB-IoT 下行采用 15 kHz 子载波间隔，在 200 kHz 带宽内，除去 20 kHz 保护带宽外，共有 12 个子载波，时域上子帧结构与 LTE 常规 CP 一致，如图 11-1 所示。

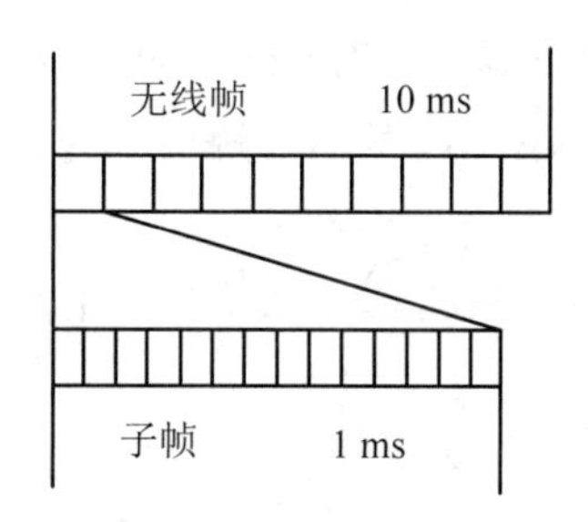

图 11-1　NB-IoT 子帧结构

下行调度中，单用户的最小调度单元为 1 个子帧，时域上为 1 ms。具体调度机制为 NPDCCH 下发调制编码方式、时频资源位置及数据量等信息，由 NPDSCH 承载业务数据，然后由 NPUSCH 反馈 HARQ ACK。具体流程如图 11-2 所示。

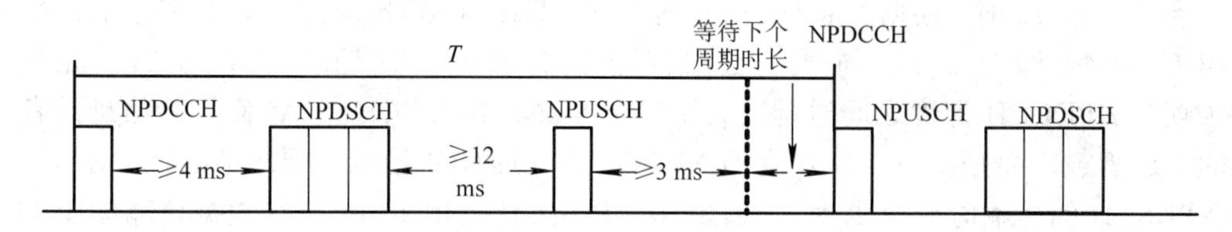

图 11-2　NB-IoT 数据调度方式

NPDCCH 时域上占用 1 个子帧，即 1 ms。单次调度的 NPDCCH 及 NPDSCH 不在同一子帧内，要求两者间隔大于或等于 4 ms。若需达到峰值吞吐量，根据 I_{TBS} 与 I_{SF} 的 TB size 对应关系及 I_{SF} 与 N_{SF} 的对应关系，则可知最少需 3 个子帧可完成 TBS = 680 bit 的传输，即为 3 ms。需注意：I_{TBS} 等于 11 或 12 仅在独立部署或 FDD LTE 保护带内部署两种场景下支持。NPDSCH 的 ACK 反馈信息由 NPUSCH format2 承载，两者最小间隔为 12 ms。NPUSCH 传输时域上占用 1 ms。另外 UE 发送 ACK/NACK 后，存在调度限制，用于基站接收并解调 ACK 消息，固定 3 ms 不监听 NPDCCH。整个传输过程占用 1 个 HARQ 进程，称为 HARQ RTT。

NB-IoT 的 NPDCCH 与 LTE 不同，并非包含于每个下行子帧，而是周期性地出现。NPDCCH 周期由最大重复次数 R_{max} 和占空比 G 相乘得到，根据 3GPP 协议规定，R_{max} 与 G 取值分别由 npdcch-NumRepetitionPaging 与 npdcch-StartSF-USS 决定，R_{max} 取值范围为(r1，r2，r4，r8，r16，r32，r64，r128，r256，r512，r1024，r2048)，G 取值范围为(1.5，2，4，8，16，32，64)，单位为 ms。

根据图中 T 的构成，可计算得

$$T = t_{\text{NPDCCH}} + 4 + t_{\text{NPDSCH}} + 12 + t_{\text{NPUSCH}} + 3 + \text{等待时长} \tag{11-1}$$

代入各参数得

$$T = 1 + 4 + 3 + 12 + 1 + 3 + \text{等待时长} = 24 + \text{等待时长} \tag{11-2}$$

由于 T 需满足整数倍 NPDCCH 周期，因此等待时长≥0。根据 R_{max} 与 G 的取值范围，可知当 $R_{max} \times G = 32$ 时，等待时长最小，为 8 ms，此时 $T_{min} = 32$ ms。

代入 $TBS_{max} = 680\text{bit}$，可得 NB-IoT 的下行峰值吞吐量为

$$\text{下行吞吐量} = \frac{TBS_{max}}{T_{min}} = \frac{680}{32} = 21.25 \text{ kb/s} \tag{11-3}$$

11.2.2　上行吞吐量计算

NB-IoT 上行有 Single-Tone 和 Multi-Tone 两种不同传输方式，且 Single-Tone 有 3.75 kHz 及 15 kHz 两种子载波间隔。上行采用资源单元 RU 作为单用户上行可调度的最小单元。为得到峰值速率，选取 Multi-Tone 12 个子载波同时调度，此时 RU 为 1 ms。

当 MCS = 12 时，根据 I_{TBS} 与 I_{RU} 对应关系，TBS=1000 bit 时，所需的最小 I_{RU} 为 3，对应 $U_{RU} = 4$，即为 4 ms。同样，上行数据传输需 NPDCCH 调度，NPUSCH 开始传输的子帧与 NPDCCH 调度之间时延需大于等于 8 ms。NPUSCH 的 ACK 反馈信息没有专门的信道承载，而是由下一次调度的 NPDCCH 中的 NDI 指示，要求 ACK 开始的子帧与 NPUSCH 的传输时延至少为 3 ms，其中 NPDCCH 占用 1 ms。上行数据传输如图 11-3 所示。

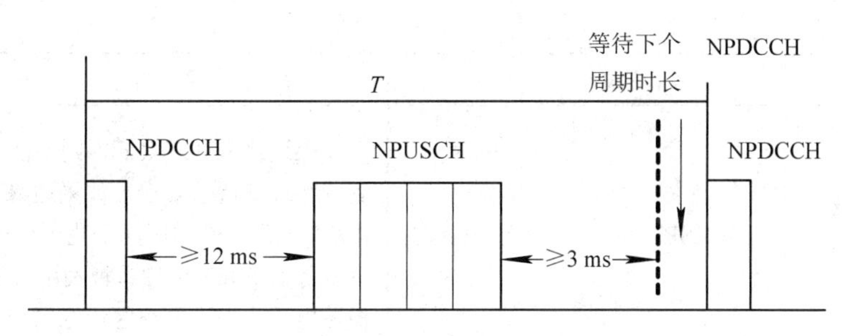

图 11-3　上行数据传输

由图 11-3 可知，一次上行数据的完整传输过程所需的时间 T 如下：

$$T = t_{\text{NPDCCH}} + 8 + t_{\text{NPUSCH}} + 3 + \text{等待时长} \tag{11-4}$$

代入得

$$T = 16 + t_{\text{等待时长}} \tag{11-5}$$

因为 NPDCCH 周期由最大重复次 $R_{\max}$ 数和占空比相乘得到，所以 T 需满足整数倍 NPDCCH 周期，当 NPDCCH 周期为 16 时，等待时长为 0，此时 $T_{\min} = 16$ ms。所以上行吞吐量由式(11-6)确定如下：

$$\text{上行吞吐量} = \frac{TBS_{\max}}{T_{\min}} = \frac{1000}{16} = 62.5 \text{ kb/s} \tag{11-6}$$

11.3　网络优化基础

本节主要从信号强度专题以及干扰专题两个方面进行介绍。

11.3.1　信号强度专题

RSRP(参考信号接收功率)为反映无线信号强度的重要指标，表示在某个符号内承载参考信号的所有 RE(资源粒子)上接收到的信号功率的平均值，数值越大表明信号越强。根据运营商最新 NB-IoT 网络性能评估标准，RSRP 相关 KPI 考核标准如表 11-5 所示。

表 11-5　运营商 KPI 考核表

序号	指标	定　义	说　明	单位
1	覆盖率	$\text{覆盖率} = \frac{\text{条件采样点}}{\text{总采样点}} \times 100\%$ NB-IoT 条件采样点：RSRP≥-84 dBm，SINR≥-3dB	综合接收场强和信干比，描述全网的覆盖情况	%
2	平均 RSRP	参考信号平均接收电平	从参考信号平均接收信号与干扰噪声比角度，评估全网的平均干扰强度	dBm

续表

序号	指标	定 义	说 明	单位
3	边缘 RSRP	取 RSRP 中 CDF 等于 5%的值	如果边缘 RSRP 太低，则不能达到网络最低覆盖要求。如果边缘 RSRP 过高，则小区间干扰也会严重。故 NB-IoT 更加重视利用边缘覆盖电平，来评估小区边缘的覆盖	dBm
4	RSRP 分段占比	$\frac{\text{RSRP分段采样点}}{\text{NB-IoT测试总采样点}}$	通过对 RSRP 采样点分段统计情况，客观反映整体覆盖质量。其中分段为 RSRP＜-110、-110≤RSRP＜-94、-94≤RSRP＜-84、-84≤RSRP＜-74、-74≤RSRP＜-60、RSRP≥-60(RSRP 的单位为 dBm)	%
5	RSRP 连续弱覆盖比例	$\frac{\text{NB-IoT连续弱覆盖里程}}{\text{NB-IoT测试里程}}\times 100\%$	评估路测中参考信号 RSRP 接收功率情况，反映服务小区覆盖的主要指标。其中：弱覆盖里程的定义为持续 10 s 且 70%的采样点路段满足 RSRP＜-84 dBm	%
6	RSRP 连续无覆盖比例	$\frac{\text{NB-IoT连续无覆盖里程}}{\text{NB-IoT测试里程}}\times 100\%$	评估路测中参考信号 RSRP 接收功率情况，反映服务小区无覆盖的情况。连续无覆盖里程的定义为持续 10 s 且 70%的采样点路段满足 RSRP＜-94 dBm	%

覆盖率与边缘 RSRP 为国内各大运营商重点关注的 KPI 指标，由表中评估标准可得，当 RSRP 大于等于 -84 dBm 时，表示对应位置的信号强度好，当 RSRP 小于 -110 dBm 时，表明此位置为弱覆盖区域。弱覆盖优化可根据成因分为参数优化和工程优化两大类：

(1) 参数优化。此类弱覆盖成因为无线参数配置不合理导致，主要原因是参数类原因导致，例如参考信号功率设置过小、互操作参数设置不合理、接入参数错误导致。参考信号功率过小，小区整体覆盖电平较低；互操作参数不合理会导致在小区边界位置，无法及时完成小区重选；若某位置规划小区的接入参数错误，则终端在此位置发起随机接入时无法正常接入，被迫接入非此位置规划主服务小区等。一般优化方法如下：

① 合理增大服务小区参考信号功率。此参数调节需考虑小区间同频干扰，不可盲目增加。

② 调整重选参数，最优重选时机。设计参数内容详见 3.2.2 节。

③ 根据工参信息与终端物理位置，调整随机接入参数，保证终端接入最佳服务小区。相关参数有 NPRACH 周期、重复次数、NPRACH 频域位置、NPRACH 发送时机等。

(2) 工程优化。此类弱覆盖成因主要为无线环境的变化导致天线遮挡、天线角度错误偏离热点覆盖区域。随着城市基建的快速发展，一批批高楼大厦如雨后春笋逐渐落成，而多数 NB-IoT 基站天线建设时，多为与现有 GSM/LTE 站点共址建设，受高楼建筑阻挡，虽然 NB-IoT 比 GSM 多 20 dB 的信号增益，但遇到建筑物遮挡信号时，也会引发弱覆盖问题。一般优化方法如下：

① 调整天线下倾角，增大小区覆盖范围。

② 调整天线方位角，使天线主波瓣方向对正用户密集区域。

11.3.2　干扰专题

SINR(信号与干扰加噪声比)为反映信号质量的重要指标之一，指接收到的有用信号的强度与接收到的干扰信号(噪声和干扰)的强度的比值，通常中文简称为“信噪比”。数值越大表示干扰越小，最大值为 30 dB。根据运营商最新 NB-IoT 网络性能评估标准。

SINR 相关 KPI 考核标准如表 11-6 所示。

表 11-6　运营商干扰性能 KPI 表

序号	指 标	定 义	说 明	单位
1	平均 RS-SINR	参考信号平均接收信号与干扰噪声比	从参考信号平均接收信号与干扰噪声比角度，评估全网的平均干扰强度	dB
2	边缘 RS-SINR	参考信号平均接收信号与干扰噪声比取 CDF (累计概率分布)5%对应的值	从参考信号平均接收信号与干扰噪声比角度，评估全网各小区边缘的干扰强度	dB
3	SINR 分段占比	$\frac{\text{SINR分段采样点}}{\text{NB-IoT测试总采样点}}\times 100\%$	通过对 SINR 采样点分段统计情况，客观反映整体覆盖质量。其中分段为 SINR＜-10、-10≤SINR＜-5、-5≤SINR＜0、0≤SINR＜5、5≤SINR＜10、10≤SINR＜15、15≤SINR＜20、SINR≥20(SINR 的单位为 dB)	%
4	连续 SINR 质差里程占比	$\frac{\text{连续SINR质差里程}}{\text{NB-IoT测试里程}}\times 100\%$	评估 RS-SINR 质差里程。其中：SINR 质差里程定义为持续 10 秒且 70%的采样点 CRS-SINR＜-3dB 的连续路段	%
5	重叠覆盖率	道路重叠覆盖率 = $\frac{\text{重叠覆盖度}\geq 4\text{的采样点}}{\text{总采样点}}\times 100\%$ 重叠覆盖度指与最强信号电平差距在 6 dB 范围内的电平数量，且最强信号 RSRP＞-84 dBm	重叠覆盖度≥4，即认为存在较严重的重叠覆盖情况；从参考信号平均接收信号电平角度，评估服务小区覆盖范围内强信号邻区叠加的程度	%

续表

序号	指 标	定 义	说 明	单位
6	重叠覆盖里程占比	道路重叠覆盖里程占比 = $\frac{\text{连续重叠覆盖度}\geq 4\text{的里程}}{\text{总测试里程}}\times 100\%$	评估全网内重叠覆盖里程占比，一定程度上反映网络建设合理性	%
7	Mod3 冲突比例	Mod3 冲突采样点比例 = $\frac{\text{Mod3冲突采样点小区数量}}{\text{采样点测量到的邻区数量总数}}\times 100\%$ 最强信号 RSRP 门限 = −84 dBm	PCI = 3 × Group ID (S-SS) + Sector ID (P-SS)，如果 PCI 模 3 值相同，就会造成 P-SS 的干扰。实际网络中必然存在两邻区 PCI 模 3 无法错开的情况。模 3 会造成 CRS 信号相互干扰，使 SINR 降低。重叠覆盖和模 3 干扰同时存在，以重叠覆盖影响为主	%

SINR 为无线网络优化中重要指标，其直接影响用户感知体验，若某区域 SINR 小于 −3dB，则认为此处已无法进行正常网络业务。根据 SINR 大于 −3 dB 的采样点占比，可直观反映单无线小区的信号质量。一般情况下，SINR 优化与 RSRP 协同考虑，根据 RSRP 与 SINR 值具体数据可将 SINR 优化分为两大类：

(1) RSRP 低，SINR 低。此类情况多为弱覆盖导致，优化方法可参考 RSRP 优化方法，优化时需考虑同频邻区的功率影响，不可盲目提升 RSRP 值。

(2) RSRP 高，SINR 低。此类情况多为干扰导致，根据干扰源不同主要分为系统内干扰、系统外干扰两种类型。系统内干扰主要是指当处于同频情况下，NB-IoT 小区间干扰等，主要表现为同频小区干扰；系统外干扰指的是非 NB-IoT 其他电气系统工作时产生特定的频率，影响 NB-IoT 系统，主要表现为互调干扰、阻塞干扰、杂散干扰。在日常网络优化中，需根据不同的干扰源与干扰类型，采取有效的优化措施。

① 系统内同频干扰。当服务小区与邻小区为同一频点时，在某些区域存在同频小区信号交叠，引发 SINR 劣化。可采取的优化措施如下：

a. 检查同频邻小区的 RS 参考信号功率，可适当调低邻小区 RS 功率值；

b. 检查同频邻小区 PCI，若同频邻区 PCI 模 3 与服务小区 PCI 模 3 结果相同，则需修改任意 1 个小区的 PCI 值，以避免同频模 3 干扰；

c. 调整服务小区或干扰源小区的天线角度，减少重叠覆盖区域。

② 系统外干扰。系统外干扰的产生，与干扰源以及被干扰系统的工作特性、设备指标密切相关，当找到干扰源之后，需要进一步研究干扰产生的原因，为解决干扰提供分析依据。干扰的定性通常与干扰源的排查同步展开。

由于 NB-IoT 网络主要部署在 900M、1800M 两个频带上，因此会受到 FDD1800、GSM900、GSM1800 系统的干扰，引起 KPI 恶化。具体优化措施为，运用扫频仪定位干扰源，协调解决干扰源影响。

③ 接入参数配置错误。NB-IoT 网络引入了覆盖等级的概念，当不同覆盖等级的相关接入参数配置错误时，也可引发 SINR 恶化，例如：同小区 PRACH 频域位置 3 个 CEL 需保持一致，服务小区与同频邻区各覆盖等级的 NPRACH 发送周期配置值要相同等。

参 考 文 献

[1] 戴博，袁戈非，余媛芳．窄带物联网(NB-IoT)标准与关键技术．北京：人民邮电出版社，2016.
[2] 温金辉．深入了解 NB-IoT 基于 3GPP Release-13 协议.
[3] 郭宝，张阳，顾安，刘毅，等．万物互联 NB-IoT 关键技术与应用实践．北京：机械工业出版社，2017.
[4] 吴细刚．NB-IoT 从原理到实践．北京：电子工业出版社，2017.
[5] 江林华．5G 物联网及 NB-IoT 技术详解．北京：电子工业出版社，2018.
[6] 陈佳莹，张溪，林磊．IUV-4G 移动通信技术．北京：人民邮电出版社，2016.
[7] 3GPP, TS23.401. General Packet Radio Service (GPRS) enhancements for Evolved Universal Terrestrial Radio Access Network(E-UTRAN) access.
[8] 3GPP, TS23.272. Circuit Switched (CS) fallback in Evolved Packet System (EPS);Stage 2.
[9] 3GPP, TS23.682. Architecture enhancements to facilitate communications with packet data networks and applications.
[10] 3GPP, TS24.008. Mobile radio interface Layer 3 specification Core network protocols; Stage 3.
[11] 3GPP, TS24.301. Non-Access-Stratum (NAS) protocol for Evolved Packet System (EPS);Stage 3.
[12] 3GPP, TS29.128. Mobility Management Entity (MME) and Serving GPRS Support Node (SGSN) interfaces for interworking with packet data networks and applications.
[13] 3GPP, TS36.101. Evolved Universal Terrestrial Radio Access (E-UTRA);User Equipment (UE) radio transmission and reception.
[14] 3GPP, TS36.211. Evolved Universal Terrestrial Radio Access (E-UTRA);Physical channels and modulation.
[15] 3GPP, TS36.300. Evolved Universal Terrestrial Radio Access (E-UTRA) and Evolved Universal Terrestrial Radio Access Network (E-UTRAN);Overall description;Stage 2
[16] 3GPP, TS36.304. Evolved Universal Terrestrial Radio Access (E-UTRA); User Equipment (UE) procedures in IDLE mode.
[17] 3GPP, TS36.331. Evolved Universal Terrestrial Radio Access (E-UTRA);Radio Resource Control (RRC);Protocol specification.
[18] 3GPP, TR36.888. Study on provision of low-cost Machine-Type Communications (MTC) User Equipments (UEs) based on LTE.
[19] 3GPP, TR45.820. Network;Cellular System Support for Ultra Low Complexity and Low Throughput Internet of Things.